国家出版基金项目
NATIONAL PUBLICATION FOUNDATION

"十三五"国家重点出版物出版规划项目

光电子科学与技术前沿丛书

印刷显示材料与技术

彭俊彪 兰林锋 等/著

科学出版社

北京

内 容 简 介

　　印刷电子学是一门新兴的学科，是电子学的未来发展方向。印刷显示是印刷电子领域中较接近应用的一个方向，其具有低成本、柔性化、可大面积生产等显著特点，是解决高成本问题和实现超大面积量产的有效途径。本书较全面地介绍了印刷显示前沿领域的重要研究成果，主要包括印刷有机发光材料与器件工艺，印刷薄膜晶体管材料与器件工艺，印刷显示集成技术、驱动技术、封装技术，以及印刷显示的未来发展方向等。

　　本书可以为高等学校材料、物理、化学和信息等专业的本科生、研究生和相关领域的科研或生产工作者提供参考。

图书在版编目(CIP)数据

印刷显示材料与技术/彭俊彪等著. —北京：科学出版社，2019.10
（光电子科学与技术前沿丛书）

"十三五"国家重点出版物出版规划项目　国家出版基金项目
ISBN 978-7-03-062357-7

Ⅰ．印… Ⅱ．彭… Ⅲ．印刷材料-显示材料 Ⅳ．TS802.6

中国版本图书馆 CIP 数据核字(2019)第 201525 号

责任编辑：张淑晓　付林林/责任校对：杜子昂
责任印制：肖　兴/封面设计：黄华斌

科 学 出 版 社 出版
北京东黄城根北街 16 号
邮政编码：100717
http://www.sciencep.com

北京通州皇家印刷厂 印刷
科学出版社发行　各地新华书店经销

*

2019 年 10 月第 一 版　开本：720×1000　1/16
2019 年 10 月第一次印刷　印张：18 3/4　插页：2
字数：360 000

定价：128.00 元
（如有印装质量问题，我社负责调换）

丛书序

光电子科学与技术涉及化学、物理、材料科学、信息科学、生命科学和工程技术等多学科的交叉与融合，涉及半导体材料在光电子领域的应用，是能源、通信、健康、环境等领域现代技术的基础。光电子科学与技术对传统产业的技术改造、新兴产业的发展、产业结构的调整优化，以及对我国加快创新型国家建设和建成科技强国将起到巨大的促进作用。

中国经过几十年的发展，光电子科学与技术水平有了很大程度的提高，半导体光电子材料、光电子器件和各种相关应用已发展到一定高度，逐步在若干方面赶上了世界水平，并在一些领域实现了超越。系统而全面地整理光电子科学与技术各前沿方向的科学理论、最新研究进展、存在问题和前景，将为科研人员以及刚进入该领域的学生提供多学科、实用、前沿、系统化的知识，将启迪青年学者与学子的思维，推动和引领这一科学技术领域的发展。为此，我们适时成立了"光电子科学与技术前沿丛书"专家委员会，在丛书专家委员会和科学出版社的组织下，邀请国内光电子科学与技术领域杰出的科学家，将各自相关领域的基础理论和最新科研成果进行总结梳理并出版。

"光电子科学与技术前沿丛书"以高质量、科学性、系统性、前瞻性和实用性为目标，内容既包括光电转换导论、有机自旋光电子学、有机光电材料理论等基础科学理论，也涵盖了太阳电池材料、有机光电材料、硅基光电材料、微纳光子材料、非线性光学材料和导电聚合物等先进的光电功能材料，以及有机/聚合物光电子器件和集成光电子器件等光电子器件，还包括光电子激光技术、飞秒光谱技术、太赫兹技术、半导体激光技术、印刷显示技术和荧光传感技术等先进的光电子技术及其应用，将涵盖光电子科学与技术的重要领域。希望业内同行和读者不吝赐教，帮助我们共同打造这套丛书。

在丛书编委会和科学出版社的共同努力下，"光电子科学与技术前沿丛书"获得 2018 年度国家出版基金支持，并入选了"十三五"国家重点出版物出版规划项目。

我们期待能为广大读者提供一套高质量、高水平的光电子科学与技术前沿著作，希望丛书的出版为助力光电子科学与技术研究的深入，促进学科理论体系的建设，激发创新思想，推动我国光电子科学与技术产业的发展，做出一定的贡献。

最后，感谢为丛书付出辛勤劳动的各位作者和出版社的同仁们！

"光电子科学与技术前沿丛书"编委会

2018 年 8 月

前　言

新型显示技术已成为引领国民经济发展的变革性技术之一。从笨重的显像管(如 CRT)显示器发展到平面液晶(如 TFT-LCD)显示器,再到柔性有机发光二极管(OLED)显示器,每一发展阶段都对人们的生活产生了巨大影响。显示器的轻、薄、柔特点使移动更加便利,加上通信网络的普及,使得功能强大的智能手机成为人们生活的必备品,极大地改变了人们的生活方式。

随着新材料、新工艺和新型仪器设备的不断涌现,新型显示正朝着超高分辨率、大尺寸、轻薄柔性和低成本方向发展。传统的基于真空镀膜的显示技术存在成本高、制备工艺复杂、能耗高等问题,而印刷显示技术具有低成本、柔性化、可大面积生产等显著特点,是解决高成本问题和实现超大面积量产的有效途径。

目前在印刷显示方面出版的著作中,大多只集中在印刷显示的某一方面,如OLED、印刷有机薄膜晶体管(OTFT)、印刷导电材料等。然而,印刷显示是一个系统工程,其工业化还需要解决核心材料、器件、印刷工艺及设备等方面的诸多问题,只有将这些内容结合起来进行综合考虑,才能更深入地理解印刷显示技术的精髓,为更系统、更深入地研究印刷显示提供参考。因此,有必要组织各方优势力量,进行全面深入的讨论并形成一部关于印刷显示方面的著作。

本书作者课题组多年来一直从事印刷有源矩阵有机发光二极管(AMOLED)显示的研究,在印刷 OLED 和印刷薄膜晶体管(TFT)等方面进行了一些特色研究,在国际上首次实现了用全溶液方法印刷制备的 OLED 显示(包括金属阴极),在国内率先突破了基于稀土氧化物 TFT 的彩色、透明、柔性 AMOLED 显示技术。我们将尽可能地把国内外在印刷显示方面的主要研究成果与我们自身的研究成果结合起来，全面反映在本书中，力求做到概念清晰、易于理解，体现当今印刷显示的先进成果，并提供相应的分析与解读。

本书基本涵盖了印刷显示各个节点的关键技术，除了 OLED 和 TFT 外，还包括了集成技术、驱动技术、封装技术以及印刷显示材料与技术的发展趋势等。每章的作者和主要内容如下：第 1 章绪论(彭俊彪)，简述印刷显示的基本概念、历史过程和发展趋势；第 2 章印刷 OLED 材料与器件工艺(彭俊彪、应磊、郑华、邹建华)，从 OLED 结构和原理出发，介绍可印刷 OLED 的发光材料、界面材料及相关的印刷制备工艺；第 3 章印刷 TFT 材料与器件工艺(兰林锋、应磊、宁洪龙、姚日晖、彭俊彪)，介绍 TFT 的原理、分类、材料及制备技术，着重介绍可印刷的 TFT 材料与工艺，包括可印刷半导体层、电极、栅介电材料及其印刷制备方法；第 4 章印刷显示阵列制备、封装及驱动技术(郑华、兰林锋、吴为敬、徐苗、彭俊彪)，介绍印刷显示的阵列制备技术、彩色化技术、封装技术和驱动技术；第 5 章印刷显示材料与技术展望(应磊、兰林锋)，介绍新型可印刷发光材料(包括热激活延迟荧光材料、杂化"局域-电荷转移"材料、量子点发光材料、聚集诱导发光材料、钙钛矿发光材料)，一维半导体(或电极)材料，二维半导体(或电极)材料，高分辨率印刷技术，柔性卷对卷印刷技术等。

我们诚挚地感谢国家出版基金的资助，感谢姚建年院士和科学出版社对本书出版的全力支持，并衷心感谢曹镛院士的指导。

由于印刷显示材料与技术跨越了材料、物理、化学及电子信息等学科领域，还涉及到了一些生产工艺，涉及的理论较深、较广、较新，加上我们的水平有限，书中的疏漏难免，敬请读者批评指正。

目　录

第 1 章

绪　论

1.1　印刷显示的概念

随着中国"十三五"规划的推出和中央对"中国制造 2025"关注的逐渐增强，中国显示面板产业逐步增加了投资，并进入快速成长期。虽然传统的液晶显示 (liquid-crystal display，LCD) 依然占据着市场的主流地位，但是，其显示效果及利润率都逐渐失去优势。近年来有机发光二极管 (organic light-emitting diode，OLED) 以其自身所具备的自发光、高对比、广色域、大视角、响应快、可实现柔性显示等一系列突出优点[1-3]，被认为是最具潜力的下一代新型平板显示技术之一。从市场表现看，中小尺寸的 OLED 成长强劲，大尺寸 OLED 还处于市场导入期。国内京东方科技集团股份有限公司 (京东方)、深圳市华星光电技术有限公司 (华星)、天马微电子股份有限公司 (天马)、信利光电股份有限公司 (信利)、维信诺科技股份有限公司 (微信诺)、上海和辉光电有限公司 (和辉) 等国内显示面板制造和生产的龙头企业开始布局并投资建立数条 OLED 生产线。为了突破海外的技术壁垒和实现产业链的升级，各企业和单位也逐渐增加了对下一代 OLED 显示技术研发的投入。就制作工艺而言，由于传统精细金属掩模 (fine metal mask，FMM) 技术的局限，各厂商对以印刷方式制作 OLED 显示器的工艺兴趣也越发浓厚，"如何实现更快地降低制造成本和提供更具竞争力的市场价格"成为进一步扩大其市场份额的关键问题。

印刷显示技术指以旋涂、丝印或喷墨打印等方法，将金属、无机材料、有机材料转移到衬底上，制成发光显示器件的技术。印刷显示技术是未来显示技术发展的重要方向，其终极目标是在常温、常压下以按需给料方式实现全印刷发光显示器件，以达到"像印报纸一样制造显示器"的目的。

随着 OLED 产业的日益成熟，印刷电子在材料和装备方面拥有了良好的积累，其应用及工艺也均获得了较快的发展。印刷显示技术作为一种具有生产快速、低成本等优势的工艺技术受到业内广泛关注，它的出现，有望破解大尺寸 OLED 瓶颈。

对比目前已经实现应用的真空蒸镀制造 OLED 显示技术，印刷显示技术具有如下优点：

第一是材料利用率高，在传统 OLED 蒸镀技术中，若不考虑 OLED 蒸镀材料的回收使用，材料利用率为 5%～20%；而印刷显示技术只是在需要的地方才喷涂有机发光材料，如图 1-1 所示，极大提高了材料的利用率，理论上可以达到 90%，甚至 100%，也更加环保。

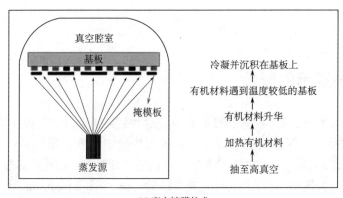

(a) 真空镀膜技术

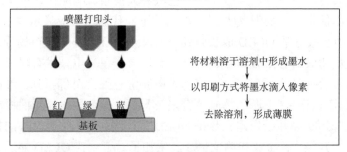

(b) 印刷成膜技术

图 1-1　真空镀膜技术和印刷成膜技术的对比

第二是不受设备与大尺寸精细金属掩模板的限制，印刷技术可以制备大尺寸显示面板。

第三是由于印刷技术不需要真空蒸镀腔体和精密金属掩模板等，再加上节省材料及无须维护真空蒸镀设备，可有效降低成本。同时，用印刷技术取代真空蒸镀技术还有可能实现柔性和卷对卷的生产，大幅提高效率、降低成本。

从驱动方式角度看，OLED 显示可以分为被动式(无源矩阵有机发光二极管，passive-matrix organic light-emitting diode，PMOLED)和主动式(有源矩阵有机发光二极管，active-matrix organic light-emitting diode，AMOLED)两种[4]。PMOLED 在大尺寸显示上面临整体亮度大幅降低的问题，只能用在小尺寸的显示屏上。大尺寸的 OLED 显示必须采用有源矩阵驱动的方式。

AMOLED 主要由 OLED 发光单元和薄膜晶体管(thin-film transistor，TFT)控制单元两部分组成，因此，这两个组成部分都用印刷工艺制备才是真正的印刷显示。

相比于印刷 OLED，印刷 TFT 起步较晚，还较不成熟[5-7]。由于 TFT 的沟道尺寸通常在 10μm 以内，远小于 OLED 发光单元的尺寸，所以印刷 TFT 对印刷精度提出了更高的要求。此外，全印刷 TFT 还需要实现包括电极布线、栅绝缘层、钝化层材料的印刷，因此，实现全印刷 TFT 需要在材料、墨水、印刷设备、印刷工艺等多个方面进行突破。

1.2 印刷技术的发展历史

印刷术是中国古代四大发明之一。它始于隋朝的雕版印刷，经宋仁宗时期毕昇的发展、完善，产生了活版印刷[图 1-2(a)]，并传至欧洲。在欧洲，印刷术得到了进一步发展和完善，其中，德国人谷登堡(Gutenberg)对其进行了突出改进和重大发展，他于约 1440 年创造的铅合金活版印刷术[图 1-2(b)]被世界各国广泛应用，直到现在，仍被使用[8]。活版印刷加快了知识的传播，也提高了人们的读写

(a) 毕昇(约971—1051年)

(b) 谷登堡(1398—1468年)

图 1-2 (a)毕昇及其发明的活版印刷；(b)谷登堡及其创造的铅合金活版印刷

能力。常见的大批量印刷(mass printing)技术根据印刷版的类型可以分为：凸版印刷(flexographic printing)、凹版印刷(gravure printing)、平版印刷(planographic printing)和透印(也称丝网印刷，screen printing)[9]。

传统的大批量印刷技术通过对衬底施加压力实现墨水的转印，为接触式印刷技术。由于接触式印刷技术会产生墨水较大的浪费，人们发明了非接触式印刷技术，如喷墨打印或者喷雾式打印。墨水按照数字图像要求通过喷嘴驱动沉积到衬底上。由于不需要使用印刷版，非接触式印刷更加灵活，而且印刷过程中化学药品及打印材料的损耗更小。

印刷技术的应用领域持续扩展，从最基本的在纸面上印刷文字延伸至在各种纺织品或者聚合物薄膜上印刷图案，再后来发展到 3D 打印和印刷电子器件。最近，印刷电子学推动了柔性器件的快速发展，这一发展动力来自于使用低成本、大规模和高产量的卷对卷(roll-to-roll，R2R)或者片对片(sheet-to-sheet，S2S)生产线制备出小巧轻便、轻薄柔韧、价格便宜且方便回收的电子部件或电子设备的愿望。这其中具备代表性的前景就是制备出可弯曲甚至可折叠的柔性电子器件，如 OLED 显示、电子纸、射频识别(radio frequency identification，RFID)标签和有机光伏(organic photovoltaic, OPV)等。

相比于大规模的集成电路，平板显示的像素集成度较低、对器件性能的要求较低，因此相对易于通过印刷的方法制备。特别是 OLED 显示，由于很多有机(聚合物)发光材料的可溶解性，可与印刷技术天然匹配；另外，由于有机物的可弯曲(甚至可拉伸)特性，OLED 还与柔性衬底相匹配，也使得采用卷对卷的方式生产 OLED 显示成为可能。因此，显示的印刷制备是可行的。印刷显示技术能够最大限度地降低显示器的制造成本，是未来显示制造技术的一个重要的发展方向。

1.3　本书的内容与结构

本书从 OLED 原理出发，分别介绍印刷 OLED 材料与器件工艺、印刷 TFT 材料与器件工艺、OLED 与 TFT 的集成与驱动技术、印刷 AMOLED 的封装技术，最后概括性介绍印刷显示的未来发展方向，包括新型印刷有机发光材料、量子点发光材料、聚集诱导发光材料、钙钛矿发光材料、一维或二维 TFT 材料、高分辨率印刷显示、柔性印刷显示等。

参 考 文 献

[1] Tang C W, Vanslyke A. Organic electroluminescent diodes. Appl Phys Lett, 1987, 51(12): 913-915.

[2] Burroughes J H, Bradley D D C, Brown A R, et al. Light-emitting diodes based on conjugated polymer. Nature, 1990, 347(6293): 539-541.

[3] Braun D, Heeger A J. Visible-light emission from semiconducting polymer diodes. Appl Phys Lett, 1991, 58: 1982-1984.

[4] 文尚胜, 黄文波, 兰林锋, 等. 有机光电子技术. 广州: 华南理工大学出版社, 2013.

[5] Garnier F, Hajlaoui R, Yassar A, et al. All-polymer field-effect transistor realized by printing techniques. Science, 1994, 256: 1684-1686.

[6] Sirringhaus H, Kawase T, Friend R H, et al. High-resolution inkjet printing of all-polymer transistor circuits. Science, 2000, 290: 2123-2126.

[7] Mizukami M, Cho S I, Watanabe K, et al. Flexible organic light-emitting diode displays driven by inkjet-printed high-mobility organic thin-film transistors. IEEE Electr Device L, 2018, 39(1): 39-42.

[8] Meggs P B, Purvis A W. Megg's History of Graphic Design. 4th ed. Hoboken: John Wiley & Sons, Inc, 2006.

[9] Pieter F M, Iryna Y, Jurriaan H. Fabrication of transistors on flexible substrates: From mass-printing to high-resolution alternative lithography strategies. Adv Mater, 2012, 24(41): 5526-5541.

第 **2** 章

印刷 OLED 材料与器件工艺

20 世纪 80 年代以来，作为光电功能材料研究的前沿领域，有机电致发光(electroluminescence, EL)材料与器件研究取得了较快的进展。有机电致发光指发光材料在电场作用下，受到电场的激发而产生发光的现象，它是将电能直接转化为光能的一种电光转换过程。根据电致发光材料的不同，人们将有机小分子发光材料制成的器件称为 OLED(狭义 OLED)；而将聚合物发光材料制成的器件称为聚合物发光二极管(polymer light-emitting diode，PLED)。通常，人们习惯将狭义 OLED 和 PLED 统称为 OLED，本书后面提到的"OLED"均为广义的 OLED。有机电致发光器件具有超轻薄、主动发光(不需要背光源)、对比度高、工作电压低、视角广、响应快、耐低温和抗震性能好等优势，尤其是它的加工工艺相对简单、制造成本较低以及柔性与个性化的设计，成为最有发展前景的新一代平板显示技术之一。由于高性能发光材料的快速发展，目前基于真空蒸镀的小分子 OLED 显示技术比较成熟，已有相关产品面世，如智能手机、大尺寸电视产品。但蒸镀小分子薄膜需要昂贵的真空设备，材料消耗量大，且良率不高，成本较高。用印刷技术取代真空蒸镀生产 OLED 显示产品，不仅无需昂贵的真空设备，而且材料的利用率可以接近 100%，同时，用印刷技术还有可能实现卷对卷的生产工艺，可以大幅提高生产效率并降低制造成本，因此吸引了众多学界和业界的研发者参与研究。

本章将从 OLED 器件的结构、原理、历史及现状出发，介绍用于印刷 OLED 的发光材料、界面材料及相关的印刷制备工艺。

2.1　印刷 OLED 器件结构、工作原理、性能评测及发展历史

2.1.1　OLED 器件结构及工作原理

1. OLED 器件结构

印刷 OLED 结构与真空蒸镀型 OLED 结构基本一致，也为"三明治"的夹层结构，发光层（EML）与辅助功能层夹在阳极和阴极之间，其结构如图 2-1(a) 所示。尽管印刷 OLED 器件的工作原理与蒸镀型 OLED 器件相同，为"双注入式"器件，但是，由于薄膜加工工艺的特点，印刷型器件结构的层数相对较少，对材料特性和器件结构的要求较高。OLED 器件的工作原理是在直流驱动的正向偏压下，电子和空穴分别从阴极和阳极注入，在电场的作用下分别向对面电极迁移，相遇后相互作用形成激子，激子复合发光。为了获得高效率的器件，要求阴、阳电极材料的费米能级与功能层材料的费米能级相匹配，使载流子可以高效率地注入，最佳状态是注入的电子和空穴载流子数量达到平衡。因此，阳极一般采用功函数较大的材料，以减少空穴的注入势垒，提高空穴注入效率。通常采用对可见光透过率较大的氧化铟锡（indium tin oxide, ITO）导电玻璃作为空穴注入的阳极，发光从该阳极出射。阴极一般采用功函数较小的金属材料，如碱金属或者碱土金属，如钡、钙、钠、锂等。一般情况下，这种简单结构器件的缺点是容易导致载流子的注入不平衡，因为大多数印刷型发光材料都以传输单种载流子为主；而且载流子迁移率的差异容易使载流子复合区域靠近迁移率小的注入电极的一侧（通常落在金属阴极一侧界面），因而容易导致电极对发光的猝灭，使得器件效率较低。为解决这类问题，一般在 ITO 阳极侧添加空穴传输层（ETL）、电子阻挡层（EBL），或在金属阴极侧添加电子传输层（ETL）、空穴阻挡层（HBL），从而达到改善界面特性、实现能级匹配及平衡载流子注入的目的，如图 2-1(b) 所示为优化后的器件结构。

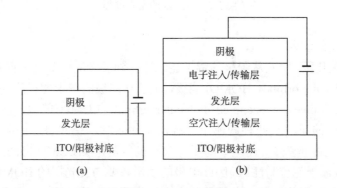

图 2-1　典型的印刷型发光器件结构(a)和优化的器件结构(b)

2. 有机电致发光器件工作原理

目前，无机半导体的理论已经十分成熟，有机半导体理论还处于不断完善的阶段。印刷 OLED 属于电流驱动型器件，为了更好地理解其机理，目前一般仍采用无机半导体中的理论对有机半导体的电子过程进行解释。OLED 的发光过程可以总结为以下三个步骤：载流子的注入，载流子的传输，载流子的复合及激子的产生、衰减与辐射发光，具体过程如图 2-2 所示。

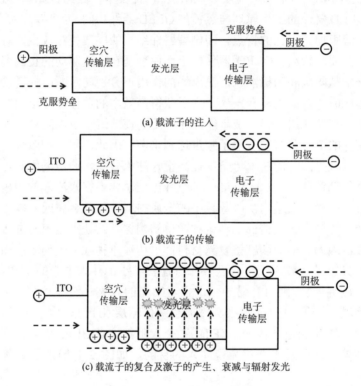

图 2-2　OLED 的发光过程

1) 载流子的注入

在正向偏压下，空穴从阳极的费米能级注入到发光层的最高占据轨道(highest occupied molecular orbital，HOMO)能级，电子从阴极的费米能级注入到发光层的最低未占轨道(lowest unoccupied molecular orbital，LUMO)能级，形成有机电致发光过程需要的正、负两种载流子。载流子注入时，空穴要克服阳极与发光层 HOMO 之间的能量势垒，而电子则要克服阴极与发光层 LUMO 之间的能量势垒。势垒越小，载流子越容易注入，因此电极的功函数要与发光层的 HOMO 和 LUMO 相匹配。图 2-3 表示 OLED 单层器件在电场作用下的能带图[1]。电子从阴极注入到发光层的 LUMO 能级，需要克服的势垒的高度等于发光层的 LUMO 能级与阴极金属的费米能级 E_{F2} 之差。如果作简单假设，假定体系有相同的真空能级，则电子的注入势垒也等于阴极金属的功函数 Φ_c 与发光层的电子亲和势 EA（electron affinity）的差 ΔE_e。类似地，空穴的注入势垒相当于阳极的费米能级 E_{F1} 与发光层的 HOMO 能级之差，或者等于发光层的电离势 IP（ionization potential）与阳极的功函数 Φ_a 的差 ΔE_h。通过调节发光层与电极之间的势垒差，可以控制载流子的注入，继而改变器件的光电特性，当势垒差小于 0.4 eV 时一般视为欧姆接触[2]，此时可以认为载流子的注入是没有势垒的。因此一般选用高功函数的透明导电材料作阳极，如氧化铟锡；低功函数的金属作阴极，如 Ba、Ca、Mg 等，由于低功函数的金属化学性质活泼，通常采用金属 Al 作保护层。但是一般的印刷型发光材料的 HOMO 和 LUMO 与阳极和阴极的能级匹配并不理想，存在较大的载流子注入势垒，导致器件的启亮电压较高，能耗较高，器件性能较低。

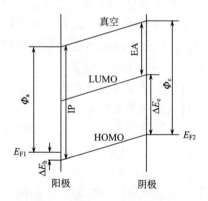

图 2-3　OLED 单层器件在电场作用下的能级结构示意图

印刷 OLED 发光的载流子注入有两种理论机制，隧道贯穿机制[3-5]和空间电荷限制效应机制[6-9]。一般情况下，当电子和空穴载流子的注入都不存在势垒时，载流子的注入机制符合空间电荷限制效应理论，即此时的电荷注入取决于发光层材料的载流子迁移率，较低的载流子迁移率会导致电荷在界面层的积累，阻止载流子的进一步注入[10-12]。当界面不是欧姆接触时，要将加在器件上的电场增大到一定的程度才能使载流子克服势垒实现注入，电子和空穴载流子开始同时注入时的电压称为阈值电压，阈值电压的大小取决于载流子注入能量势垒的高低，此时的载流子注入机制符合隧道贯穿机制。但是，实际情况下上面两种载流子的注入情况并不是孤立存在的。

2）载流子的传输

载流子注入后，在直流外电场的作用下，注入的电子和空穴在发光层中分别向正极和负极相向迁移,载流子的传输性能主要取决于发光材料的载流子迁移率。载流子迁移率指在单位电场下,单位时间内载流子迁移的距离。载流子在有机半导体薄膜中的迁移一般采用"跳跃模型"来解释,这种跳跃运动是靠电子云的重叠实现的。因为用于 OLED 器件的有机半导体薄膜结构一般为无定形形态,电子基本上被局限在分子的范围内运动,要从一个分子向另一个分子跳跃是比较困难的,所以有机半导体薄膜的迁移率比较低,一般在 $10^{-5}\sim10^{-3}\ cm^2/(V\cdot s)$ 的量级。另外,在有机发光薄膜中存在一定量的杂质和缺陷,较低的迁移率会导致载流子容易被这些杂质和缺陷俘获而失活,降低激子的形成概率。因此,载流子迁移率是影响印刷 OLED 器件发光性能的重要参数。

载流子迁移率也会影响电子电流和空穴电流的传输平衡,进而影响发光器件的性能。电子和空穴相遇后复合形成激子,这就要求发光层中的电子和空穴电流相平衡。电子和空穴电流的平衡需要在正负电极都是欧姆接触的前提下,有相同的载流子迁移率,否则会引起空间电荷在发光层或界面的积累,形成高的注入势垒。而且,没有复合的载流子将在外加偏压的作用下,迁移到对面的电极,引起猝灭而降低器件的发光性能。但是,绝大多数的 OLED 材料是"空穴传输型",或者是"电子传输型"材料[13,14],载流子电流严重失衡。为了改善载流子在阳极或阴极引起猝灭的情况,材料化学家和器件物理学家分别从化学和物理的角度提出了不同的解决方案。从材料合成的角度来说,具有电子和空穴双载流子传输特性的可溶性有机发光材料相继被研制出来,不过,虽然这种材料的电子和空穴传输特性得到了改善,但是发光性能并没有达到预期的效果。对于印刷 OLED 器件,由于工艺条件的限制,多层器件结构很难实现,因此,通常采用物理共混的办法,在发光材料中混入具有电子传输或者空穴传输特性的材料,来达到调控载流子输运的目的。

3)载流子的复合与激子的形成

注入的电子和空穴载流子在外电场的作用下输运到发光层以后,由于库仑力的束缚作用形成"电子–空穴对"——激子。在无机半导体中,由于载流子的离域较大,一般的激子束缚能较小,激子只有在低温甚至极低温度条件下才能存在;而在有机半导体材料中,由于激子被空间尺寸所限,束缚能较大,如聚苯乙烯撑(PPV)激子的束缚能达 $100\sim800$ MeV,因而在室温时,激子仍是稳定的。基于这一点,激子发光理论认为,电子和空穴在相反电极上注入,在外加电场的作用下相向迁移,在发光薄膜中的某一区域相遇,由于库仑力的作用而形成激子,激子形成后很快发生弛豫,类似于极化子的形成,因而这种激子通常也称为极化子激子,极化子激子发生辐射衰减而发光。

载流子复合形成激子后,因为电子是费米子,具有量子数为 1/2 的自旋,在 Z 方向,自旋角动量的分量可以取为 $\pm\hbar/2$,当两个电子的自旋角动量发生耦合时,根据量子力学耦合法则，耦合后自旋角动量量子数可取为 0 或 1：当量子数为 0 时，自旋角动量在 Z 方向的分量只能取 0，这样电子只有一个状态；而当量子数为 1 时，自旋角动量在 Z 方向的分量可以表示为 $+\hbar/2$、0、$-\hbar/2$，有三个不同的状态。根据泡利(Pauli)不相容原理，每一个量子态上最多能容纳自旋相反的两个电子，它们总的自旋角动量为 0。当其中一个电子被激发到激发态(LUMO)上时，它和处于基态(HOMO)的电子总的自旋角动量仍然为 0。这种总的自旋角动量为 0 的激发状态，称为单线态(singlet state)激子。如果形成激子的电子和空穴不是来自光激发，而是来自外部注入，则所形成的激子总的自旋角动量量子数既可能是 0，也可能是 1，此时，由于在 Z 方向上它的分量可以取为 $+\hbar/2$、0、$-\hbar/2$ 三个不同的状态，因此，处于这三个状态的激子称为三线态(triplet state)激子。

所以，如上所述，载流子复合形成激子后，电子自旋对称方式不同，会产生两种激发态形式。一种是非自旋对称的基态电子形成的单线态激发态形式，会以荧光的形式释放出能量回到基态。而由自旋对称的基态电子形成的三线态激发态形式，则是以磷光的形式释放能量回到基态。单线态激子和三线态激子是按照概率同时产生的。按照自旋统计理论的预计及实验研究，形成的自旋单线态激子和自旋三线态激子比例大概约为 1∶3。

由于绝大多数有机发光材料的基态是单线态，因此，形成的激子中只有大约 25%是可以用来产生荧光的，75%的三线态激子由于跃迁禁阻将以非辐射的方式白白浪费掉。因此，充分开发利用三线态发光，减少非辐射跃迁是有机电致发光器件的重要研究方向。

4) 激子的衰减与辐射发光

当电子和空穴复合后，产生相互作用形成了激子，激子将在有机薄膜中不断地做自由扩散运动，并以辐射或无辐射的方式消失。当激子以辐射跃迁的方式消失时，就可观察到电致发光现象，而发射光的颜色则由激发态到基态的能级差决定。在电激发条件下，载流子的自旋状态是随机的，不存在三线态与基态之间的跃迁自旋禁阻。生成的单线态激发态是 S_1、S_2、…，三线态激发态是 T_1、T_2、…，S_2 等会很快弛豫到最低单线态激发态 S_1，然后通过 S_1 发生光化学和物理过程；同样，高能级三线态激发态 (T_2、T_3、…) 失活很快弛豫到最低三线态激发态 (T_1)。激子的能量可以通过光化学和光物理过程耗散掉，如辐射跃迁、无辐射跃迁、能量转移等。

(1) 辐射跃迁。

当载流子由激发态以辐射跃迁的方式回到基态时，可观察到电致发光现象，而发射光的颜色是由激发态到基态的能量差或带隙决定的。一般情况下，电致发光(EL)光谱与光致发光(PL)光谱基本相同，因此可以用光致发光来阐述电致发光过程。图 2-4 表示分子内的光物理过程，电子从 S_1 单线态向 S_0 基态的辐射跃迁过程称为荧光发射，而从 T_1 三线态到 S_0 基态的辐射跃迁则为磷光发射。前者跃迁过程一般发生在纳秒级，后者由于受跃迁规律的限制，要慢得多，一般可达微秒甚至毫秒级。在电致发光过程中电子和空穴复合后形成激子，假设这个过程是自旋独立的(Langevin 模型)，那么根据统计规律形成的三线态激子与单线态激子的比例是 3∶1。由于三线激发态到基态的跃迁是自旋禁阻的，大部分分子的三线态激子的发光效率极低，形成的激子将有 75% 是以非辐射的方式白白浪费掉。但对于一些具有重金属原子的聚合物来说，由于自旋轨道耦合作用很强，此时，处于三线态上的激子的跃迁由于有轨道角动量的参与，也能在保持总角动量守恒的情况下跃迁回基态而发光，这就是磷光。

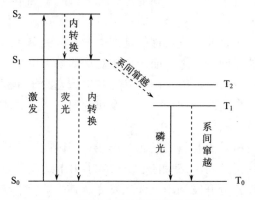

图 2-4 分子内光物理过程的示意图

(2)无辐射跃迁。

有机分子-激子由激发态回到基态或由较高激发态弛豫到较低激发态,不发射光子的过程称为无辐射跃迁。无辐射跃迁过程中电子的激发能变为较低能级电子态的振动能，总体系能量不变，但不发射光子。无辐射跃迁包括内转换和系间窜越，内转换指分子的激发态通过电子无辐射跃迁过程损耗掉而电子落回相同自旋多线态低能态的过程。内转换发生的实际时间尺度一般在 10^{-12} s 左右，它不但发生在 S_1 和 S_0 态之间，而且可能发生在与 S_2 和 S_1、T_2 和 T_1 等自旋多重度相同的激发态之间。由于激发态之间的弛豫时间很短，一般很难观察到由 S_2 以上的激发单线态向基态的荧光辐射跃迁，绝大多数分子的荧光跃迁发生在 $S_1 \rightarrow S_0$。

系间窜越指激发态分子通过无辐射跃迁到达自旋多重度不同的较低能态过程。分子吸收光能被激发到 S_1 态，如果 S_1 态与 T_1 态有很好的耦合，分子会从 S_1 态过渡到 T_1 态，并最终到达最低能态。由激发三线态的最低能态辐射跃迁至基态是磷光发射过程。如果两个态的耦合较小，则大部分分子将在 S_1 态内弛豫，最终以荧光或者内转换的方式失掉能量回到基态。

　　(3) 能量转移。

　　激发态分子的另一种去激发的途径是能量传递，即一个激发态分子(D^*) 和一个基态分子(A) 之间相互作用，将激发态的能量无辐射地传递给基态分子，使后者处于激发态，受体分子辐射跃迁产生发光。这种能量传递可发生在分子间，也可以发生在分子内。对分子间能量传递来说，它既可以发生在不同种的分子间，也可以发生在相同种的分子间，如染料小分子掺杂到聚合物中，或聚合物与聚合物的共混等体系，主要发生分子间的能量传递。而分子内的能量传递则是指同一分子中的两个或多个发色团之间的能量转移，如宽带隙的芴链段与不同窄带隙的单体共聚实现红、绿、蓝三基发光的体系，就是典型的分子内能量转移。能量转移分为辐射能量转移和无辐射能量转移。

　　辐射能量转移如式(2-1) 和式(2-2) 所示：

$$D^* \longrightarrow D + \hbar\nu \tag{2-1}$$

$$\hbar\nu + A \longrightarrow A^* \tag{2-2}$$

即首先激发的给体 D^*(共混器件中的主体) 发射一个光子 $\hbar\nu$，然后受体 A(共混器件中的客体) 吸收这个光子而处于激发态 A^*，最后受体 A^* 辐射跃迁到基态而发光。这种能量转移的特点是：处于基态的受体接受处于激发态给体发射的一个光子而被激发，这种能量转移不涉及给体和受体的直接接触，两者间距可在 5～10 nm。研究表明，这种能量转移的概率与激发态给体 D^* 的发射量子效率、受体 A 的吸收系数及 D^* 的发射光谱与 A 的吸收光谱的重叠有关。这种能量转移在光密介质中是非常有效的，在 PLED 中却很少发生。因为在 PLED 中发光层必须很薄(<100 nm)，在这样的厚度下，不可能有足够多的受体聚合物去吸收光子；另外要有效吸收给体发射的光子，作为共混的聚合物必须达到很高的浓度，而要达到这么高的共混浓度，就会发生自猝灭而降低器件的性能。

　　无辐射能量转移过程是个一步过程：

$$D^* + A \longrightarrow D + A^* \tag{2-3}$$

这就要求 $D^* \rightarrow D$ 和 $A^* \rightarrow A$ 的能量相同，而且要求自旋守恒，但是后一个条件是不严格的。无辐射能量转移过程是受不同机理支配的，主要有单线态之间的福斯特(Förster) 能量转移和三线态之间的德克斯特(Dexter) 能量转移等。

　　Förster 能量转移也称库仑转移，这种转移机理是通过外部的电磁场使分子产生诱导偶极实现的，是一种外接触型的长距离能量转移，作用范围在 5～10 nm。发生 Förster 能量转移时，光子从一个处于激发态的分子(给体 D^*) 发出，被另一个处于基态的分子(受体 A)所吸收，因此，其发生的概率正比于给体分子的荧光光谱和受体分子的吸收光谱的交叠程度。通常认为，能量从主体材料向掺杂染料传递的方式就是 Förster 能量转移。

Dexter 能量转移也称交换转移，这种转移机理是通过电子云的重叠实现的，因此给体受体间应有碰撞，是一种接触型的短距离能量转移，作用范围为 0.5～1 nm。Dexter 能量转移以载流子直接交换的方式传递能量。当一个处于激发态的分子和另外一个处于基态的分子距离很近，以至于电子云彼此交叠时，处于激发态分子上的电子和空穴就能直接迁移到那个处于基态的邻近分子上，在完成载流子迁移的同时完成能量的转移。

2.1.2 有机发光二极管性能评价指标

评价印刷 OLED 器件的电致发光性能一般由发光亮度(L)、量子效率(η)、流明效率(LE)和能量效率(PE)、CIE 色坐标等指标来评价。

OLED 器件的发光亮度(luminance, L)：衡量器件明亮程度的重要的技术参数。发光亮度指在垂直于光束传播方向上单位面积的发光强度，单位是 cd/m^2(坎德拉每平方米)。有机电致发光器件的发光遵循朗伯定律，为余弦分布，在各个方向的亮度相同，因此测量时只需测量其法向亮度即可。另外，亮度是一个生理物理量，不仅与发光器件辐射出的能量有关，还与人的生理视觉有关。只有在人眼能够感觉到的可见光范围内的光才能对人眼产生刺激作用，因此计算亮度时必须考虑视见函数的影响，用辐射能量乘以视见函数才是有效的视见光能量。

量子效率分为内量子效率(η_{int})和外量子效率(η_{ext})，内量子效率指产生的光子数与注入的电子-空穴对数的比值；外量子效率定义为某个方向上(或全空间)出射的光子数(N_p)与注入到发光层的电子数(N_c)的比值。内量子效率描述的是器件内部激子形成和激子辐射衰减的概率。而形成的光子要经过材料的吸收、波导等光的耦合效应后才能出射到器件外，被观测到。所以外量子效率定义中的光子数只是内量子效率定义中的光子数的一小部分，由此可知，内量子效率远远大于外量子效率。

$$\eta_{ext} = N_p/ N_c \tag{2-4}$$

流明效率(luminance efficiency, LE)：量子效率测试记录的是光子数和电子数，但实际上人眼所观测到的发光效率还与人眼对不同光谱的响应有关。考虑了人眼视觉因素的器件性能参数是流明效率，即

$$LE= L/ J \tag{2-5}$$

式中，L 为实际的发光亮度；J 为电流密度；LE 为亮度为 L 时的电流与有效的发光面积的比值，有效的发光面积并不总是等于实际的发光面积，单位为 cd/A。一般情况下，流明效率与外量子效率的值保持一致，但是因为流明效率考虑了人眼对光谱的响应，其只能测试可见光区域的发光效率，而量子效率则适用于所有区域的发光效率的测试。

能量效率(power efficiency，PE)：定义为器件正前方出射的光亮度(L)与此时的总功率($I \cdot V$)的比值，单位为 lm/W，即

$$PE = L/(I \cdot V) \tag{2-6}$$

能耗是衡量 OLED 发光器件的一个很重要的参数，而能量效率能够反映出器件在一定功率下的亮度，所以被看作是衡量器件性能的一个非常重要的参数。

CIE 色坐标：国际照明委员会(CIE)于 1931 年规定了一套颜色测量、表征的方法，称为 CIE 标准色度学系统，简称 CIE 1931。CIE 是在三原色的基础上建立的。以波长为 700 nm、546.1 nm、435.8 nm 的光作为三原色，将三原色按照数量相加使其匹配成等能白光，此时三者的亮度比值为 1.0000：4.5907：0.0601。将此时三者的亮度分别作为一个色度学单位，以 x(R)、y(G)、z(B)表示，三者之和为 1，此时 $x=y=z=1/3$。任何颜色都可通过这三个值表示出来，其中只有两个值是独立的，选 x、y 为坐标绘制出色度图，称为色度坐标，又称色坐标，如图 2-5 所示。

2.1.3 有机发光二极管的发展历史及其现状

在 20 世纪 50 年代，有机电致发光器件开始逐渐引起科研工作者的兴趣，到 1963 年，美国纽约大学的科学家 Pope 等[15]利用电解质溶液作为电极，在蒽单晶上首次观测到了有机电致发光现象，但是器件的工作电压过高(约 400 V)，因此在当时并没有引起足够的重视。

随后的十余年间，不断有其他有机单晶电致发光现象的报道，但是固体电极无法提供高效的载流子注入，加上厚度为微米级的有机单晶需要高电压驱动，难以获得可靠的晶体等原因，大大限制了有机发光器件的发展。直到 1982 年 Vincett 小组[16]利用真空蒸发制备了厚度为 0.6μm 的蒽薄膜，将器件驱动电压降至 30V 以内，才使得有机电致发光器件的研究重新得到瞩目。

而高性能有机发光二极管的突破来自于 1987 年，美国伊士曼柯达公司的美籍华裔科学家 Tang(邓青云)博士等[17]采用三苯胺(TPD)作为空穴传输层、三(8-羟基喹啉)铝(Alq_3)作为发光层，通过真空沉积的方法制备出双层异质结结构的器件，器件的工作电压小于 10 V，发光亮度可以达到 1000 cd/m²。这项突破使有机发光材料与器件的研究工作进入一个崭新的时代，而邓青云也被誉为有机发光二极管的发明人。

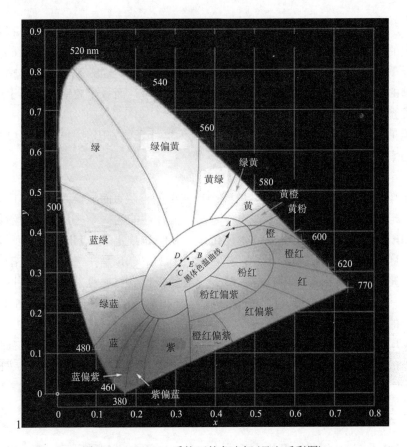

图 2-5　CIE 1931 系统下的色坐标（见文后彩图）

A 点为 CIE 规定的一种标准白光光源的色度坐标点，对应一种纯钨丝灯，CCT=2856 K；*B* 点为 CIE 规定的一种标准光源坐标点，代表直射日光 CCT=4874 K；*C* 点为 CIE 确认的一种标准日光光源坐标点（昼光），CCT=6774 K；*D* 点为典型日光，或重组日光，CCT=6500 K；*E* 点为等能白光点的坐标点，是三种基色光以相同的刺激光能量混合而成的，但三者的光通量并不相等，*E* 点的色温值（CCT）=5400 K

　　此后不久，1990 年英国剑桥大学卡文迪许实验室的 Friend 小组[18]在 *Nature* 杂志上首次报道了溶液加工的印刷型 PPV 的聚合物电致发光。紧接着，1991 年美国加州大学圣芭芭拉分校的 Heeger 小组[19]用甲氧基异辛氧基取代的聚[2-甲氧基-5-(2-乙基己氧基)-1,4-亚苯基乙撑](MEH-PPV)在 ITO 上实现溶液加工的旋涂成膜，制备了量子效率为 1％的橘红色发光二极管。1992 年，美国尤尼艾克斯(Uniax)公司的曹镛和 Heeger 等[20]用 MEH-PPV 在柔性塑料衬底上通过可弯曲的印刷实现了溶液加工的印刷 OLED 器件，再次展示了溶液法制备 OLED 技术的魅力。这几项研究成果揭开了可溶液加工聚合物发光二极管研究的序幕。

　　这些可溶性材料能采用溶液法加工成膜，如旋涂、喷涂、喷墨打印等印刷技术，拓宽了 OLED 的可加工性和材料选择范围。同时，印刷技术不需要昂贵的真空工艺设备，被认为是有效降低 OLED 成本和实现超大面积制备的有效途径，具有广阔的发展前景。特别是印刷工艺中的喷墨打印技术，由于其可以实现精准定位，具有高精度图案制作能力，同时可提高材料的利用率和生产效率，并与几乎所有类型的衬底兼容，是实现低成本、全彩色印刷 OLED 显示具有竞争优势的技术，引起了学界和产业界的广泛关注。

　　1998 年，美国加州大学洛杉矶分校的 Bharathan 和 Yang[21]首次将喷墨打印技术应用在有机电致发光二极管领域，制作出第一个喷墨打印型 OLED 器件。同年，Yang 等[22]采用混合喷墨打印(hybrid inkjet printing, HIJP)技术，即先在底部旋涂一层宽带隙的蓝光材料作为缓冲层，然后在缓冲层上喷墨打印红光材料，实现了蓝红双色的 OLED 器件。长期以来，虽然 OLED 的各有机功能层已经实现了溶液加工，但阴极制备的印刷工艺一直无法突破，仍须采用真空热蒸镀技术进行制备。OLED 通常采用低功函数的活泼金属，或碱金属、碱土金属的卤化物作为阴极，这些阴极材料只能采用蒸镀或者溅射等真空工艺制备，无法实现溶液加工。通行的工艺是在有机功能层上蒸镀数纳米的 Ca、Ba、LiF 等，再蒸镀 100 nm 以上的高功函数保护金属 Al、Au、Ag 等。美国 Add-Vision 公司[现被住友化学工业株式会社(Sumitomo Chemical)收购]曾采用丝网印刷法制备阴极，实现了全印刷制备发光电化学电池(light-emitting electrochemical cell, LEC)[23]。然而，丝网印刷法制备的阴极分辨率低，且 LEC 固有响应速度慢，因此并不适用于平板显示。

　　近年，华南理工大学研究团队发明了一种新型水/醇溶性共轭聚合物——聚[9,9-二辛基芴-9,9-双(*N*,*N*-二甲基胺丙基)芴](PFNR2)，该聚合物可用于有机发光层与高功函数阴极之间的高效电子注入层[24]。这种水/醇溶性电子注入材料使全印刷工艺制备 OLED 器件成为可能，在这一研究成果基础上，他们将水/醇溶性阴极界面修饰聚合物材料与可溶液加工的金属电极(如导电银胶)相结合，首次实现了"全印刷"工艺制备的高效三基色高分子发光器件[25]，进而实现了喷墨打印制备阴极的全溶液加工三基色及彩色高分子 PMOLED 显示屏[26]，如图 2-6 所示。这为进一步研究高性能全印刷 OLED 显示屏奠定了基础。

　　在前面研究的基础上，2016 年，华南理工大学研究团队首次采用喷墨打印聚合物发光材料实现了 120 ppi(pixels per inch，像素密度，表示每英寸所拥有的像素数量)的全彩色 AMOLED 显示屏，见图 2-7，驱动背板为稀土掺杂氧化物 TFT。

图 2-6　全喷墨打印制备的聚合物单色和彩色发光显示屏（见文后彩图）

图 2-7　分辨率为 200×(RGB)×150 的 2 in 喷墨打印 AMOLED 显示屏

1 in≈2.54 cm

　　鉴于喷墨打印技术的优势与前景，国内外的一些公司和科研机构在喷墨打印等印刷技术方面开展了一些关键技术与工艺的基础研究与布局。1999 年，日本精工爱普生(Seiko Epson)公司与英国剑桥显示技术(Cambridge Display Technology)公司合作，在国际信息显示学会(The Society for Information Display，SID)的显示周上展示了第一台使用喷墨打印技术制作的全彩 OLED 显示屏。之后美国杜邦(DuPont)等多家公司的研发机构使用喷墨打印技术先后研发出了各自的全彩PLED 显示屏。

　　2003 年，DuPont 公司展示了 5.1 cm (2 in) 80 dpi 无源全彩 82×(RGB)×128 点阵显示屏[27]，该显示屏像素大小为 100 μm×300 μm，每个子像素内打印 2～6 滴溶液，保证子像素内聚(3,4-乙烯二氧噻吩)(PEDOT)空穴注入层的厚度为 100～200 nm，发光层的厚度控制在 60～100 nm。在薄膜制备过程中，他们使用高沸点溶剂防止溶液堵住喷射口。

2004 年是喷墨打印 PLED 技术发展较快的一年，Seiko Epson 公司使用拼接技术制成了对角线 102 cm (40 in)、厚度仅为 2.1 mm、寿命达 2000 h 以上的喷墨打印全彩色 PLED 显示屏。飞利浦 (Philips) 公司使用自组装的打印机，研制出 33 cm (13 in) 有源全彩色 576×(RGB)×324 像素、厚度为 1.2 mm 的 PLED 显示屏，亮度达到 600 cd/m^2 [28]。欧司朗 (OSRAM) 光电半导体公司使用 Spectra SX 128 型号打印头打印 PEDOT 层和发光层，制备了无源驱动 160×(RGB)×128 点阵全彩色显示屏[29]。

2005 年，基于喷墨打印技术制备的有源驱动 OLED 显示屏问世，英国剑桥显示技术公司通过改进溶液配方及薄膜干燥条件，改善了像素内薄膜质量，获得了均匀性良好的薄膜，成功制备出 17.8 cm (7 in) a-Si TFT 驱动的 480×(RGB)×320 像素有源全彩色显示屏[30]。同年，美国杜邦公司展出 35.8 cm　(14.1 in) a-Si TFT 驱动的 1280×(RGB)×768 像素的有源全彩色显示屏[31]，分辨率为 106 ppi，对比度高达 2 000∶1，亮度为 500 cd/m^2，能量效率为 5 lm/W，亮度均匀性为 85%。

2006 年，英国剑桥显示技术公司探讨了基于打印技术生产聚合物 OLED 显示屏的可行性，他们使用多喷口喷墨工艺开发出了数个 14 in 彩色显示屏原型，这种显示屏的分辨率为 1024×768，由 30 000 000 以上的墨点构成，比之前推出的 5.5 in 有源矩阵显示屏有更高的工艺实用性。很重要的一点是这一技术使用近 128 个喷口，适合未来对产量要求更高的商业化生产。

随后，经过多年的发展，在国际各大公司的参与下，印刷显示技术、设备等方面都取得了较好的进展。印刷显示技术开始可以与蒸镀 OLED 技术媲美。

索尼 (Sony)、松下 (Panasonic) 公司于 2012 年 6 月 25 日宣布，将携手研发可用于电视/大尺寸显示屏的新一世代 OLED 技术，且双方所共同研发的印刷式新一代 OLED 技术将是适合低成本、高产量、大尺寸、高精度 OLED 技术。

大日本网屏制造株式会社也开发出了利用涂布法的大型 OLED 面板一条龙生产设备，使用美国杜邦公司开发的可溶性低分子 OLED 材料的"多喷嘴印刷法"的 OLED 制造技术。该设备支持第 4 代以上的底板尺寸，具备从底板投放、清洗到基于线型涂布机 (linear coater) 的多层膜形成、基于喷嘴印刷法的发光层涂布及干燥功能。

2013 年，日本住友化学工业株式会社宣布已研发出利用喷墨法 (印刷方式) 生产高分子 OLED 显示的技术，及由该技术可生产出分辨率达 423 ppi 的 OLED 显示 (使用 370 mm×470 mm 尺寸的玻璃衬底)，其分辨率已接近由蒸镀的生产技术 (在玻璃衬底上蒸镀红绿蓝有机材料) 所生产的 OLED 显示。

2014 年，经过 5 年的研究，德国联邦教育与研究部资助的印刷 OLED 项目 (Print OLED) 成功完成。该项目作为"有机电子"尖端集群的组成部分，成功从溶液中开发出大面积、均匀的有机功能材料涂层，以及从黏度非常低的溶液中实现超薄 OLED 材料涂层(低于 100 nm)的生产。此外，还通过凹版印刷和狭缝式挤出涂布工艺，成功示范了面积为 10 cm^2 和 27 cm^2 的 OLED 均匀涂层的制备。这些进展都为印刷显示技术积累了大量的经验。据了解，该项目由德国默克(Merk)公司主导，并有巴斯夫公司、卡尔斯鲁厄理工学院、欧司朗公司、飞利浦公司、布伦瑞克工业大学、达姆施塔特工业大学等参与。

2017 年 6 月，日本 JOLED 公司宣布使用印刷方法已经生产出 21.6 in 4K 像素的 OLED 面板样品，并计划在其 4.5 代喷墨打印生产线开始量产。随后不到半年时间，他们在 2017 年 12 月就宣称其印刷的 OLED 产品质量及生产力均已达到商品化水平，可以开始商业化量产出货，产品将首先选定用于医疗监护仪。首款印刷 OLED 显示屏的量产，成为印刷 OLED 发展的里程碑。

国内企业，2012 年，京东方发布了全球首款融合了氧化物 TFT 背板技术和喷墨打印技术的 17 in AMOLED 彩色显示屏。2018 年，国家印刷及柔性显示创新中心——广东聚华印刷显示技术有限公司研制了 31 in 的印刷全高清 OLED 显示。采用印刷工艺开发全彩色 OLED 显示屏是一个崭新的技术领域，凭借大面积、低成本、柔性、绿色环保等突出优势，印刷 OLED 很可能成为下一代显示产业的发展方向。

2.2　可印刷有机/聚合物发光材料

自 20 世纪 90 年代初以来，作为光电功能材料研究的前沿领域，有机电致发光材料得到了快速发展。有机电致发光器件具有能耗低、更薄更轻、主动发光(不需要背光源)、亮度高、对比度好、工作电压低、低温和抗震性能优异、广视角、高清晰、响应快速等显著优势，尤其是其具有相对简单的加工处理过程、潜在的低制造成本及柔性与环保设计，成为最有前途的下一代平板显示技术。与采用真空蒸镀有机小分子发光材料相比，可印刷型电致发光材料由于可通过溶液旋涂、喷墨打印等方法制成大面积薄膜的优点而成为具有良好商业前景的电致发光材料。

印刷型(溶液加工型)发光材料作为印刷显示发光层的基础，对器件的性能起着决定性的作用。因此，开发新型高效溶液加工型发光材料对于推动 OLED 器件广泛应用具有十分重要的意义。材料的性能主要表现在材料的发光效率、色纯度、稳定性及材料成本。衡量材料的发光效率的基本指标是量子效率。材料的载流子传输特性、可辐射跃迁激子生成比例及荧光量子效率都对器件的量子效率产生十分重要的影响，因此，在发光材料开发时需要考虑到这些因素对器件性能的影响。一般有机发光材料是由芳香环及芳香杂环构成的共轭分子，大部分的发光材料表现出单极性载流子传输特性。因此，在制备 OLED 器件时，需要使用复杂的器件结构实现电子和空穴载流子的传输平衡，然而使用复杂的器件结构对降低生产成本十分不利。为了有效简化器件结构及其制备工艺，提高器件的载流子传输平衡，需要开发新型的双极性载流子传输发光材料，平衡器件的电子和空穴的传输。通过在高荧光效率材料中引入合适的空穴或者电子传输单元，调节材料的载流子传输特性，使该发光层在简单器件结构上即可实现载流子的传输平衡。材料载流子传输双极性化使器件中注入的电子和空穴可以有效地生成激子，从而有效地提高器件的效率。

目前常用的发光材料包括荧光材料及磷光材料，虽然经过多年的发展，荧光材料及磷光材料在效率方面有了长足的进步，但其自身的缺点也限制了 OLED 器件的发展。荧光材料由于受三线态激子自旋禁阻限制，生成的 75% 的三线态激子不能通过辐射跃迁的方式实现发光，只有 25% 的单线态激子可以，因此，该类材料生成的激子大部分通过非辐射跃迁的方式而损耗掉，使得这类材料的器件效率普遍偏低，难以满足 OLED 在照明及显示领域的应用需求。相对荧光材料而言，磷光材料由于一般含有重金属元素，因此生成的三线态激子可以在重金属的耦合作用下发生辐射跃迁，使材料的激子利用率大大提高，有效提高了材料的发光效率。虽然磷光材料的激子利用效率很高，但是它存在价格昂贵、色度不纯、高效重金属资源紧缺等问题，使得磷光材料难以实现大范围的使用，严重阻碍了 OLED 的发展。针对荧光及磷光材料面临的问题，开发新型低成本、高效率的发光材料是目前材料开发的重要任务之一。最近几年，各研究机构和业界正积极投入研究高激子利用效率的新一代发光材料，包括热激活延迟荧光(thermally activated delay fluorescence，TADF)、热激子荧光(hot exciton fluorescence, HEF)、杂化"局域-电荷转移"(hybrid localized charge transfer, HLCT)及聚集诱导发光(aggregation induced fluorescence, AIE)等新材料体系(这些将在第 5 章详细介绍)。

可印刷有机/聚合物发光材料可以分为可印刷有机小分子发光材料和聚合物发光材料，下面分别介绍这两类材料。

2.2.1　可印刷有机小分子发光材料

有机小分子发光材料由于其结构确定、材料批次稳定性好及具有较高的发光效率等优势，受到产业界和学术界的广泛关注和重视。然而，有机小分子材料的分子量低，其玻璃化转变温度偏低，使得器件的薄膜形貌稳定性较差，而且也可能制备的薄膜形成结晶而导致器件不工作。因此，发展这类材料，应重点考虑材料的玻璃化转变温度及成膜性，通过有效的分子设计提高材料的玻璃化转变温度及薄膜的形貌稳定性。由于目前所开发的小分子材料大部分是单极性发光材料(主要是 p 型材料)，因此在器件结构设计时，为实现发光层的电子和空穴传输平衡，通常需要采用复杂的器件结构，如通过引入合适的载流子传输和阻挡层以提高器件的效率等。然而，在利用溶液方式进行加工过程中，由于多层器件的电荷传输层材料和有机发光层材料具有相似的溶解性，因此在连续成膜过程中，后续的加工溶剂将不可避免地对已经制备的薄膜产生侵蚀,导致多层器件的薄膜形貌变差，甚至发生薄膜被洗掉的状况，严重降低器件的发光效率。为解决这一问题，可以通过发展具有双极性载流子传输特性的有机小分子/聚合物发光材料，制备单层器件以满足器件的加工工艺。

1. 溶液加工型有机小分子荧光材料

Zhu 课题组[32-35]在研究可溶液加工的荧光小分子方面做了大量的工作。该课题组报道了基于蒽的可溶液加工蓝光小分子 **1**(图 2-8)。该小分子显示了纯的蓝光

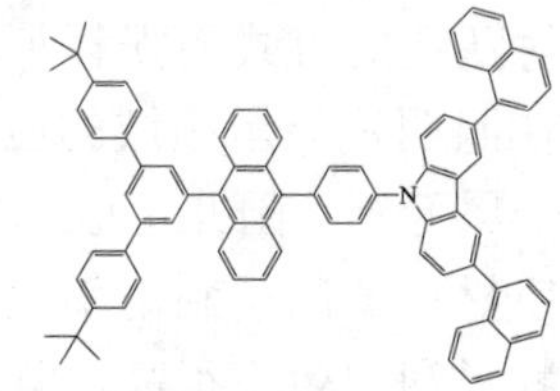

1a

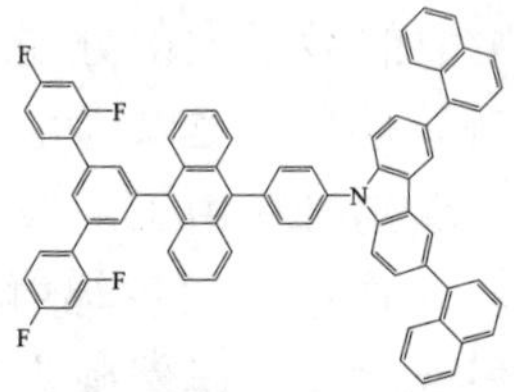

1b

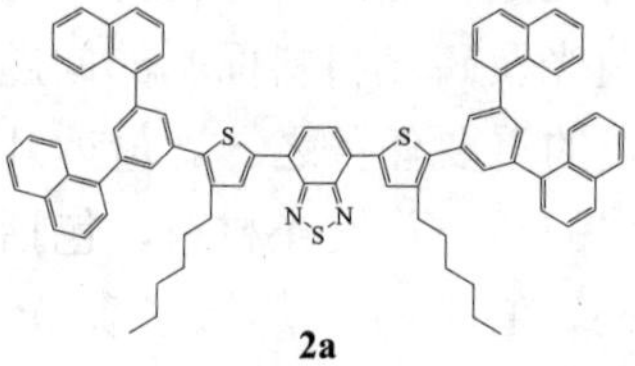

2a

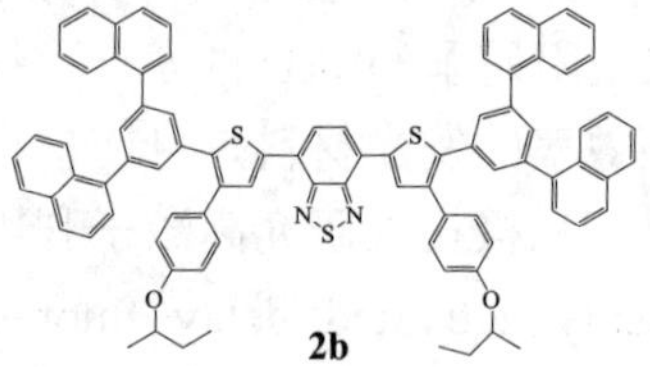

2b

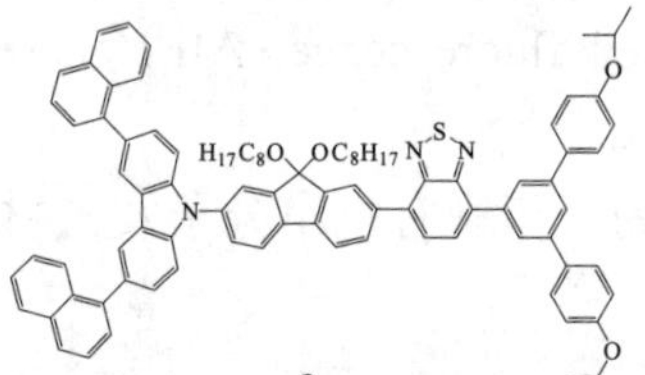

3a

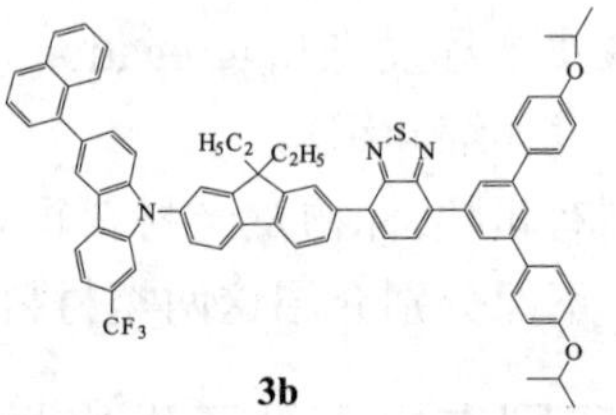

3b

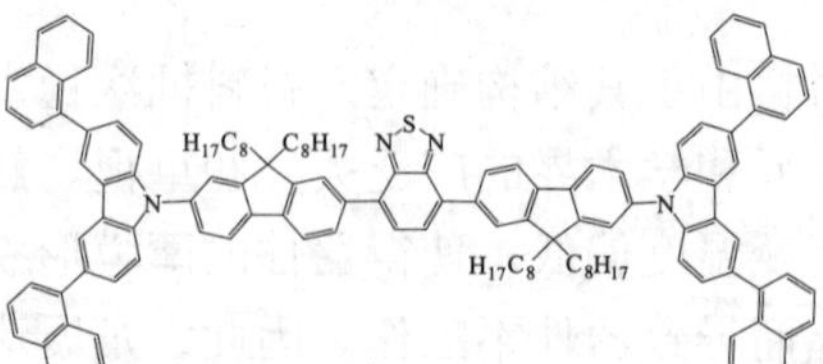

4

图 2-8　小分子荧光材料的结构式

发射和高的荧光量子效率。该课题组还报道了基于己基噻吩-苯并噻二唑-己基噻吩的可溶液加工非掺杂红光电荧光小分子玻璃材料 **2**，非掺杂的红光材料通常需要避免固态聚集导致的发光猝灭现象。以 **2a** 作为发光层，通过改变空穴传输材料的厚度及增加一层空穴阻挡层材料，分别制备了三个器件 D1、D2 和 D3，从图 2-9 可以看出，增加一层空穴阻挡层能够显著降低流明效率随着电压的滚降。**2b** 具有较高的玻璃化转变温度，EL 器件的流明效率为 2.1 cd/A，色坐标为 (0.646,0.350)。基于苯并噻二唑的可溶液加工绿光电荧光小分子玻璃材料 **3**，端基接上3,5-二(p-丁氧基苯基)基团能够有效地降低分子间相互作用，增加发射绿光的色纯度和光致发光效率。

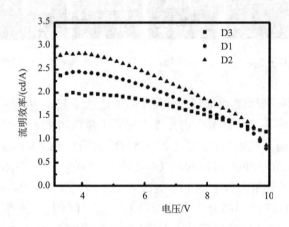

图 2-9　器件的流明效率-电压曲线

Liu 等[36]报道了可溶液加工的小分子 **4**，将该材料溶解在 3,4-二甲基苯甲醚和对二甲苯(P-XY)的混合溶剂中，可用喷墨打印出平整的线。通过增加混合溶剂中对二甲苯的含量，可以得到宽度较窄、表面平整的线，当对二甲苯含量高于 50% 时，打印的线逐渐变宽，但是当对二甲苯含量为 100% 时，宽度再次变窄(图 2-10)。说明喷墨打印线的表面性能可以通过以体积比混合的高沸点和低沸点溶剂来调控。

2. 溶液加工型有机小分子磷光材料

将小分子磷光材料掺杂到聚合物主体中可实现溶液加工 OLED 器件，并可以得到高效率的电致发光。2000 年，Lee 等[37]报道了以聚乙烯基咔唑(PVK)为主体的电磷光器件，通过将铱配合物 Ir(ppy)$_3$ (**5**) (图 2-11)掺杂到 PVK(**6**)中，得到器件的最大外量子效率为 1.9%，最大亮度达到 2500 cd/m²，引起了人们对聚合物磷光 LED 研究的关注。Gong 等[38]将铱配合物 Ir(DPPY)$_3$(**7**)掺杂到共混高分子主体 PVK＋40% PBD(**8**)中，得到器件的最大外量子效率接近 10%。Zhu 等[39]合成了用烷基取代的 2-苯基吡啶铱配合物 Ir(Bu-ppy)$_3$(**9**)，并将其掺杂到高分子主体材

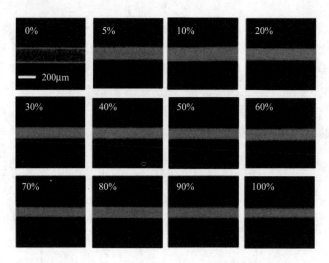

图 2-10 基于 3,4-二甲基苯甲醚和对二甲苯混合溶剂喷墨打印膜的光致发光

料 CN-PPP(**10**)中，得到器件的最大外量子效率达到 5.1%。华南理工大学在合成小分子磷光材料及将其掺杂到聚合物主体中做了大量的研究工作。Jiang 等[40]报道了通过将[双(1-苯基异喹啉)-N,C2']乙酰丙酮合铱(Ⅲ)(piq)$_2$Ir(acac)(**11**)掺杂到共轭聚(9,9-二辛基芴)(PFO)(**12**)和 2-(4-联苯基)-5-(4-叔丁基)苯基-1,3,4-噁二唑(PBD)中，得到了外量子效率为 12%的高效红色磷光发射。Zhang 等[41]将配合物 Ir(PPF)$_2$(PZ)(**13**)掺杂到高分子聚硅芴 PSiFC$_6$C$_6$(**14**)中，获得了外量子效率为 5%、色坐标为(0.15, 0.26)的蓝光发射。Zhang 等[42]将钌配合物(**15**)共混到 PVK 和 30% PBD 中，实现了红光发射，器件最大外量子效率为 1.9%。Wu 等[43]合成了聚[9,9-二(2-乙基己基)-3,6-芴](P36EHF)(**16**)，该聚合物的三线态能级(E_T = 2.58 eV)明显高于聚(2,7-芴)(E_T = 2.15 eV)。并且将铱配合物 FIrpic(**17**)掺杂在该聚合物中，当 FIrpic 的掺杂浓度为 10 wt%(质量分数，下同)时，主体的发光被有效地猝灭而仅出现配合物的发光，表明从主体 P36EHF 到铱配合物发生了完全的能量转移。Chen 等[44]设计新型的器件结构，将 Ir(Bu-ppy)$_3$配合物掺杂在共轭聚合物主体材料 PFO 中，并在主体 PFO 与阳极之间引入高三线态能级的电子阻挡层(PVK)调控发光区域，使磷光猝灭被有效抑制，器件的工作电压大幅降低，首次获得了以 PFO 为绿光配合物主体材料的高效发光器件。这对开拓共轭聚合物作为三线态主体材料来实现高效电磷光器件有重要意义。Wu 等[45]将小分子铱配合物 FIrpic、(piq)$_2$Ir(acac)和 **18** 掺杂到聚合物主体 PVK 和 PBD 中，获得最大流明效率和最大外量子效率分别为 16.1 cd/A 和 10%，色坐标为(0.329, 0.362)的单一白光发射。Wu 等[46]报道了将蓝光小分子铱配合物 FIrpic，黄光小分子铱配合物 **19** 和 **20** 掺杂到聚合物主体 PVK 中，通过掺杂电子传输材料 OXD-7(**21**)，制备的双

层聚合物白光器件显示了最大功率效率为 20.3 lm/W，最大流明效率为 42.9 cd/A。当亮度为 1000 cd/m² 时，功率效率可达到 16.8 lm/W，流明效率保持 41.7 cd/A。

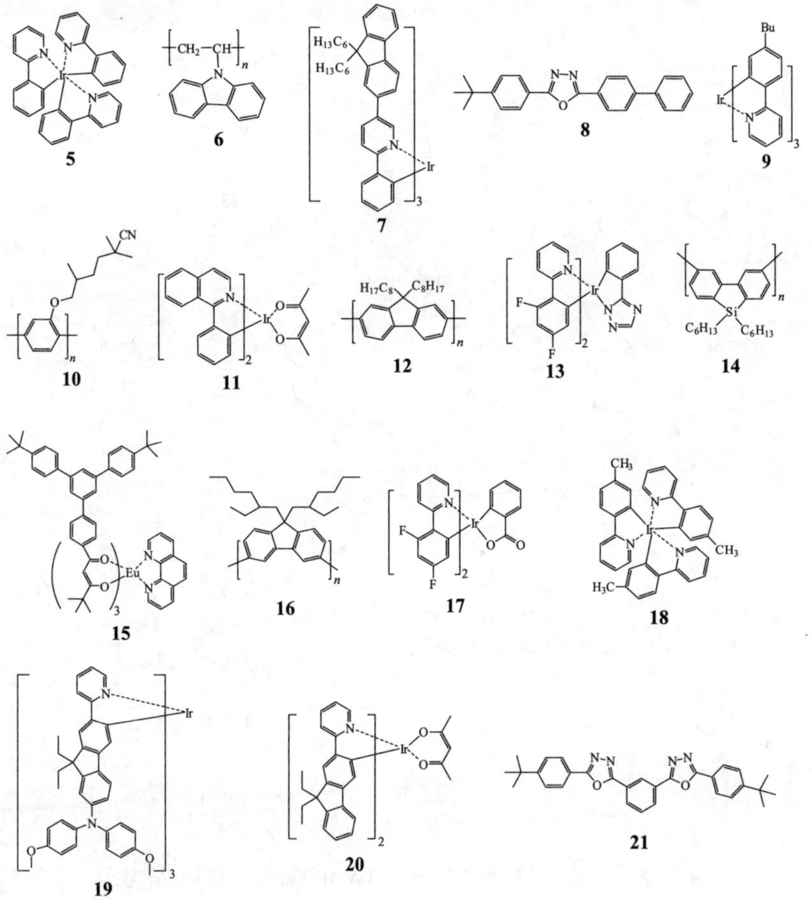

图 2-11　小分子磷光材料的结构式

3. 溶液加工型小分子延迟荧光材料

Su 等[47]发展了两种小分子延迟荧光材料 ACRDSO2(**22**)（图 2-12）和 PXZDSO2(**23**)，它们既可用于真空蒸镀，又能用于溶液加工，其中溶液加工的 ACRDSO2 和 PXZDSO2 器件性能分别达到了 53.3 cd/A 和 45.1 cd/A 的流明效率，前者为黄绿光，后者为黄光，色坐标分别为 (0.32, 0.58) 和 (0.42, 0.55)。随后该课题组采用小分子延迟黄绿色荧光染料作为敏化剂 DC-TC(**24**)，共掺杂到主体 CBP(**25**) 中，提高溶液加工的传统红色荧光染料 DBP(**26**) 的器件效率。优化后的器件流明效率高达 10.15 cd/A，色坐标为 (0.61, 0.38)，外量子效率为 6.65%，超过了传统荧光材料的理论上限 5%[48]。该课题组又开发了树枝状的有机小分子延迟荧光染料 **27**，具有极好的溶解性。基于客体分子 **27** 和主体 CBP 的溶液加工型器件的外量子效率达到了 22.1%，可以媲美同结构的蒸镀型器件效率(外量子效率 23.4%)[49]。

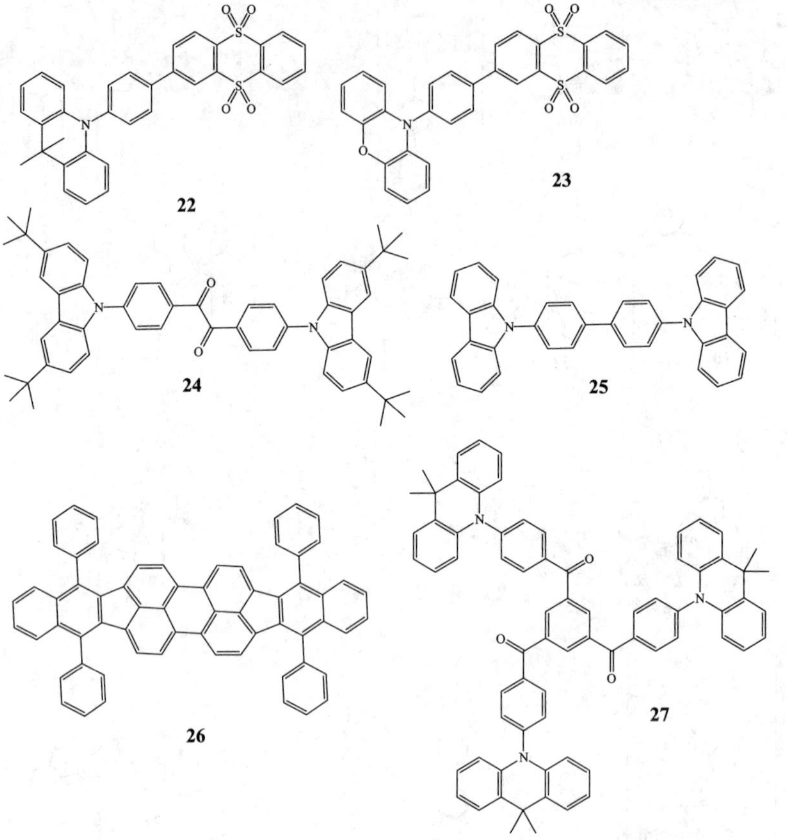

图 2-12　可用于溶液加工、具有 TADF 特性的材料的结构式

2.2.2　聚合物发光材料

1. 主链共轭型聚合物

荧光是单线态激发态失活弛豫到基态所释放的辐射。电荧光聚合物通常具有准一维的共轭结构，最常见的是主链 π 共轭结构。π 电子的离域性既使聚合物具备一定的载流子迁移特性，又降低了最高占据轨道和最低未占据轨道之间的带隙，使其所对应的发光波长落在可见光区。电荧光聚合物具有良好的加工性能、机械性能和稳定性能，易实现能带调控和全色发光的优点，适合制备大面积/柔性显示，在未来发光与显示产业中有着广阔的应用前景。

1990 年，剑桥大学 Friend 等[50]首次报道了在低电压下采用共轭聚合物聚对苯撑乙烯(PPV，**28**)制备的绿光和黄光单层电致发光器件。通常，用来制备EL器件的薄膜要求聚合物必须具备溶解性能，而PPV在通常的有机溶剂中不溶解。为了解决这个问题，可制备一种可溶性PPV前驱体，然后由溶液旋涂方法制备有机薄膜，进而通过热转变而制备出PPV及其衍生物，从而开创了高分子电致发光材料研究的新局面。随后，Heeger研究组[51]采用甲氧基异辛氧基取代的MEH-PPV（**29**，图2-13)在氧化铟锡上旋涂成膜，获得了量子效率为1%的橘红色发光二极管，如图2-14所示。

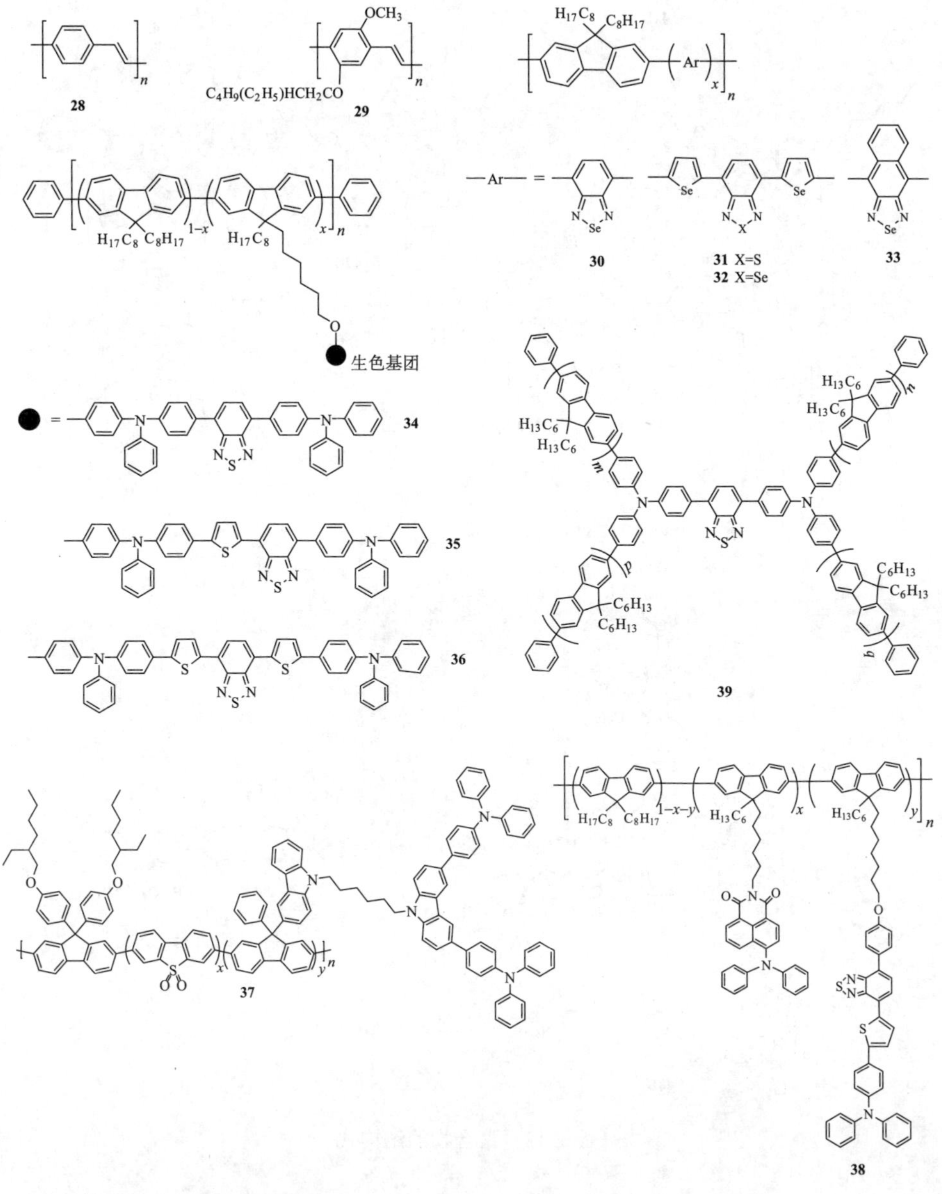

28　**29**　**30**　**31** X=S　**32** X=Se　**33**　**34**　**35**　**36**　**37**　**38**　**39**

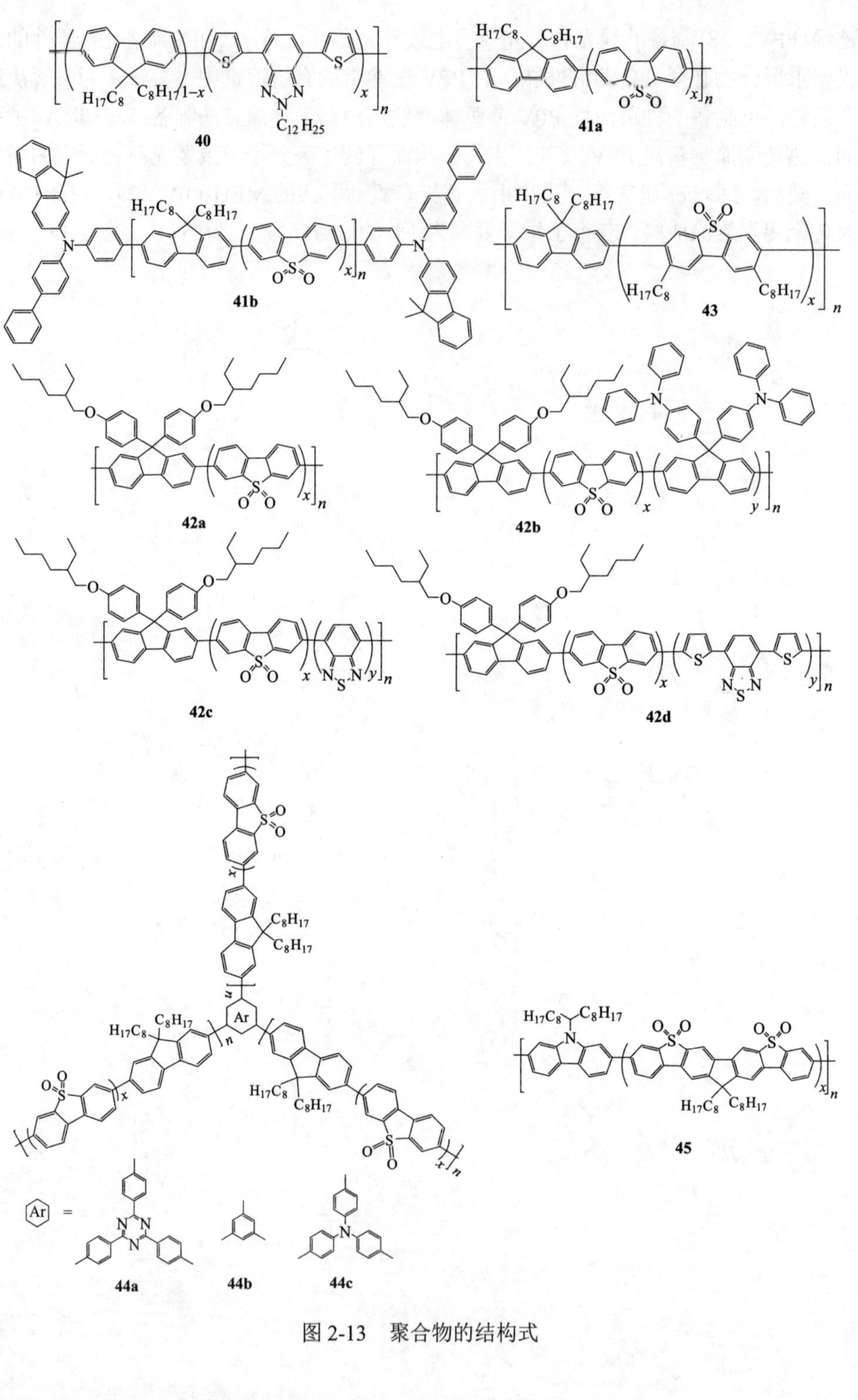

图 2-13　聚合物的结构式

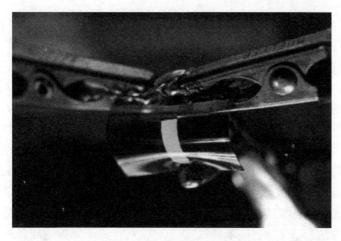

图 2-14　基于 MEH-PPV 的发光二极管

Yang 等[52,53]报道了一系列将比含硫杂环带隙更窄的含硒芳杂环的单元引入到具有优异光电性能的宽带隙蓝光聚芴主链上，实现了从芴链段到硒芳杂环的分子内能量转移，其聚合物(**30～32**)发光波长范围为 563～790 nm。Yang 等[54]将萘并硒二唑为窄带隙单元与芴共聚，得到一类饱和红光共聚物 **33**，做成器件(ITO/PEDT/聚合物/Ba/Al)的最大外量子效率达 3.1%，电致发光波长为 657 nm，是当时文献报道的发光效率最高的含硒芳杂环芴类共聚物的饱和红光器件。

Wang 课题组[55]将一系列的含苯并噻二唑(BT)的窄带隙单元接枝到聚芴链上，利用分子内的能量转移，合成了一类高效的窄带隙荧光聚合物(**34～36**)，发光波长范围为 580～650 nm，做成器件(ITO/PEDOT：PSS/聚合物/Ca/Al)的最高流明效率达 5.04 cd/A，最大外量子效率达 3.47%。同时，Wang 课题组[56,57]报道了通过将发光单元接枝在聚合物的侧链上，调节不同发射单元的比例，来实现从主体到掺杂体的不完全能量转移，从而得到单一白光共轭聚合物(**37～39**)。其中，基于聚合物 **37** 的单层白光器件，色坐标为(0.33, 0.36)，显示指数高达 88%，流明效率为 8.6 cd/A，功率效率为 5.3 lm/W。基于聚合物 **38** 的单层白光器件，得到流明效率为 7.3 cd/A，功率效率 4.17 lm/W。含有橙光发射核及四条蓝光发射臂的星型二元白光聚合物 **39**。蓝光发射段选用了带隙宽、效率高、电荷传输性能良好的聚芴，橙光发射选用了具有较高光致发光效率的 TPABT{4,7-[4-(二苯胺基)苯基]-2,1,3-苯并噻二唑}单元。基于橙光单元含量为 0.03 mol%的聚合物单层白光器件在 3.5 V 的启亮电压下，流明效率和功率效率分别达 7.1 cd/A 和 4.4 lm/W，最大亮度超过 17 000 cd/m^2，色坐标为(0.35, 0.39)。

Zhang 等[58]报道了一系列芴和 4,7-二噻吩-苯并三唑共聚的能量转移共轭聚合物 **40**，通过调节共聚单元 4,7-二噻吩-苯并三唑单元在聚合物中的含量，分别得到了黄、橙、白光发射。当 4,7-二噻吩-苯并三唑单元含量为 1%～15% 时，得到黄光发射器件的最大外量子效率为 5.8%，制备的芴和 4,7-二噻吩-苯并三唑交替共聚物，实现了橙光发射，器件最大外量子效率为 3.3%。当降低 4,7-二噻吩-苯并三唑单元含量为 0.03%～0.1% 时，得到了最大流明效率为 11.0 cd/A，色坐标为 (0.33, 0.43) 的白光发射。

在三基色发光共轭聚合物中，蓝光聚合物材料发展最缓慢，效率和寿命都亟待提高。芴类衍生物因为较宽的带隙、高的荧光量子效率、良好的光谱稳定性，成为最常用的蓝光聚合单元。聚芴被认为是 p 型材料，空穴传输占主导，聚芴的空穴迁移率高达 6×10^{-4}～10×10^{-4} cm^2/(V·s)，电子和空穴传输的不平衡严重限制了聚芴类蓝光材料的发光效率。引入促进电子传输的单元是提高芴类聚合物发光效率的重要方法，S,S-二氧-二苯并噻吩 (SO) 就是一类研究报道较多的优良电子传输单元。

SO 是一类具有较强吸电性的芳香性单元，具有较高的电子亲和势，有利于电子的注入和传输，同时 SO 单元具有较宽的带隙、较高的荧光量子效率、良好的热稳定性和化学稳定性。将 SO 引入聚芴主链中，可提高聚合物的电子传输性能，使载流子传输更加平衡，提高激子复合概率，进而提高聚合物的发光效率。具有一定供电性的芴单元能与 SO 产生强度适中的分子内电荷转移 (intermolecular charge transfer，ICT)，形成的电荷转移 (charge transfer，CT) 态具有较高的发光效率，同时，通过结构的调整，可以有效地调节聚合物的发光光谱。

杨伟课题组[59-63]报道了一系列基于 SO 衍生物的，主链共轭的蓝光共轭聚合物 (**41**～**45**)。首先，该课题组将 SO 单元与辛基芴共聚，当 SO 单元含量为 5% 时，聚合物 **41a**(PFO-SO，或称为 PFSO) 的最大外量子效率为 3.8%，最大流明效率为 4.6 cd/A，色坐标为 (0.15, 0.12)，这类聚合物效率较高、光谱稳定、结构简单、溶解性好，成为经典的蓝光聚合物发光材料[64,65]。彭俊彪课题组[66,67]基于 PFSO 系列聚合物的可打印性开展了一系列器件制备研究工作，通过变间距打印的方式解决了线打印中的溶剂收缩问题，改善了打印 PFSO 线宽的均匀性；利用溶剂的"咖啡环"效应侵蚀全氟(1-丁烯乙烯基醚)聚合物(PBVE)作为像素定义层，将 PFSO 打印至 PBVE 的沟道中，成功制备出条状的 PFSO 像素器件。由于聚辛基芴在 EL 器件制备过程中，9-位容易出现芴酮缺陷，从而导致蓝光光谱红移。为了解决这一问题，进一步发挥 SO 单元的优势，杨伟课题组报道了聚合物 **42a**(PPF-SO)。芴的 C-9 位接上苯氧基团，避免芴酮缺陷的同时，可增加其溶解性。当 SO 单元含量为 25% 时，双层器件结构下最大流明效率为 7.0 cd/A，色坐标为 (0.16, 0.17)，在 100 mA/cm^2 的电流密度下，器件的流明效率仍保持 6.3 cd/A，效率滚降较小，这类材料是目前报道的性能最优的蓝光聚合物材料之一。由于 SO 极强的电负性，基于 SO 的 PLED 器件通常是电子电流占主导，在 PFSO 的分子链引入空穴传输型封端基团和侧链基团可以大幅促进发光层的空穴/电子平衡。其中，基于三芳胺为封端基的发光聚合物 **41b**（PFSO-TF）的单层器件启亮电压为 2.7 V，最大流明效率为 4.5 cd/A[68]。侧链引入空穴传输单元也可大幅改善发光层的载流子平衡，显著提高 PFSO 的电致发光性能。例如，侧链含有三苯胺基团的聚合物 **42b**（PFSO-T5）为发光层的单层器件启亮电压为 2.8V，最大亮度超过 15 000 cd/m^2，最大流明效率为 7.1 cd/A，色坐标为 (0.16, 0.18)。此外，在 1000 cd/m^2 亮度时，基于 PFSO-T5 的器件流明效率仍然高达 7.0 cd/A，这是目前文献报道的蓝光聚合物发光器件的最高值[69]。这种高效率、低滚降的适用于单层聚合物发光二极管的蓝光聚合物具有很好的应用前景。

除了对 PFSO 的分子结构进行改性外，还可以通过调节蓝光聚合物 PFSO 的薄膜制备工艺及选择调控空穴传输层的能级结构，进一步提升其电致发光效率。通过对蓝光聚合物 PFSO 薄膜进行溶剂退火处理，改善了薄膜结构，提高了载流子在发光层薄膜的传输平衡，从而使器件的发光效率提高了 70%。图 2-15（a）是基于 PFSO 的器件未退火或在氯仿退火或在甲苯退火的流明效率-电流密度曲线。进一步通过在空穴传输材料 PVK（**6**）层中引入小分子空穴传输材料，提高了空穴传输层的空穴迁移率，通过调控小分子空穴材料和 PVK 共混比例实现了空穴传输层表面功函数的连续调节。基于空穴传输层的调控，蓝光器件发光层的载流子注入平衡得到显著提高，最大流明效率达到 7.5 cd/A，色坐标 (0.16, 0.17)，如图 2-15（b）所示。同时，相对于不含有空穴传输层及基于 PVK 作为空穴传输层的器件，基于这类新型空穴传输层的发光器件在 5～15 V 的外加电压下，其电致发光光谱几乎未发生变化，具有优异的光谱稳定性。

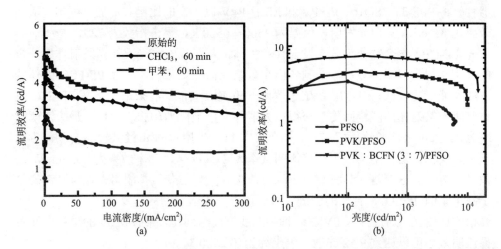

图 2-15　（a）基于氯仿或甲苯退火的薄膜和未退火薄膜的流明效率-电流密度曲线；（b）采用器件层调控后器件的流明效率-亮度曲线

尽管 SO 单元具有优异的电子传输性能，但是 SO 单元的刚性结构限制了其溶解性，在聚合物中很难实现高含量 SO 单元。为了解决这一问题，杨伟课题组[63]合成了含烷基取代 SO 的聚合物 **43**。受 SO 单元上烷基链的位阻影响，聚合物 **43** 的有效共轭长度缩短，基于单层器件结构，该聚合物实现了深蓝光发射，最大流明效率为 3.1 cd/A，最大外量子效率为 3.9%，色坐标为 (0.16, 0.07)。该课题组还合成了一系列含 SO 单元的超支化共轭聚合物 **44**，以苯为核的聚合物 **44b** 显示了最大流明效率为 4.5 cd/A。为了进一步发挥 SO 单元优异的电子传输性能，该课题组合成了含双 SO 的七元稠环单元二 (苯并-S, S-二氧噻吩) 并-9, 9-二辛基芴 (FBTO) 和二 (苯并-S, S-二氧噻吩) 并-N-(2-癸基十四烷基) 咔唑 (CzBTO)，这两个单元比 SO 具有更大的共轭平面，更有利于提高聚合物的迁移率。基于 FBTO 单元的蓝光共轭聚合物 **45**，在单层器件结构下，最大流明效率为 4.1 cd/A，最大亮度超过 14 000 cd/m²。

将含 SO 的聚合物应用于白光器件，也获得了较好的器件性能。杨伟课题组将窄带隙单元 BT 和己基噻吩-苯并噻二唑-己基噻吩 (DHTBT) 引入聚合物的主链中，分别得到了基于 SO 单元的高效绿光和红光共轭聚合物材料 **42c** 和 **42d**。将基于 SO 单元的红、绿、蓝光聚合物材料 **42a**、**42c** 和 **42d** 分别以一定的质量比掺杂制作发光层，可实现色坐标为 (0.33, 0.36) 的白光发射。白光器件的最大流明效率为 6.7 cd/A，最大功率效率为 5.5 lm/W。当在单层器件结构中加入一层 PFN 电子注入层时，制备白光器件的最大外量子效率可达到 9.8 cd/A，最大功率效率提升至 8.9 lm/W，色坐标为 (0.36, 0.37)。经优化的白光器件色温为 4700 K，显色指数大于 90%。Zou 等[70]报道了基于蓝光 PPF-3，7SO10 的高效、颜色稳定的白光器件，将 PPF-3、7SO10、P-PPV 和 MEH-PPV 以一定的比例共混后，可实现流明效率为 8.7 cd/A 的白光发射，色温为 2500～6500 K，显色指数为 72%～79%。将蓝光 PF-FSO 聚合物作为蓝光发射体和主体，与三线态绿光及红光发射体以一定的比例共混，可用溶液旋涂法制备出高效杂化白光聚合物。尽管 PF-FSO 主体的三线态能级比较低，但是用 PVK 作为空穴传输层，能够有效地抑制从 PF-FSO 主体到磷光发射体的能量回传。获得白光器件的色坐标为 (0.28, 0.31)，最大流明效率为 15.1 cd/A，显色指数为 79%～86%[71]。进一步用水/醇溶性共轭聚合物作为电子注入层优化器件结构，可获得流明效率为 21.4 cd/A，功率效率为 15.2 lm/W 的白光发射[72]。应磊等[73,74]将富电子的三苯胺-咔唑-三苯胺基团用柔性烷基链悬挂于缺电子的 PFSO 聚合物的侧链，通过诱导产生低能的激基复合物发射拓宽 EL 光谱实现白光。通过掺入 PVK(**6**) 抑制三线态能量回传，聚合物 **39** 的单层白光器件流明效率可以达到 9.12 cd/A，色坐标为 (0.25, 0.37)。

Wang 等[75]提出了实现单一聚合物白光发射的电子陷入机理，如图 2-16 所示。根据实现单一聚合物白光发射的电子陷入机理，Wang 等报道了侧链含有磷酸酯的芴和窄带隙单体共聚的白光聚合物。由于聚合物侧链的磷酸酯基团具有比主链窄带隙单体更强的吸电子性，因此在 EL 过程中，电子被限定在主体上。窄带隙荧光生色团的最高含量为 1 mol%（摩尔分数，下同），比基于分子内电荷转移的聚合物中窄带隙发色团的含量（0.01 mol%～0.1 mol%）高很多。基于电子陷入机理制备的白光器件的色坐标为（0.34, 0.35）。

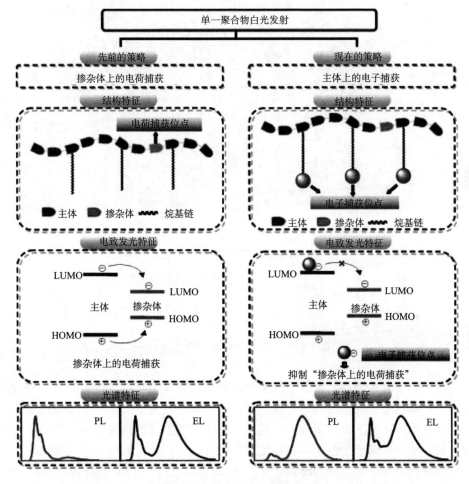

图 2-16　实现单一聚合物白光发射的两种电子陷入机理[75]

超支化三维空间结构能够有效地抑制分子链间的相互作用，因此能够明显提高白光器件的 EL 效率。Wang 等[76,77]报道了基于超支化结构的单一白光聚合物材料 **46**（图 2-17）。通过调节橙光核的含量，可实现从蓝光枝到橙光核的部分能量转移和电荷陷入，从而可同时实现 420 nm/440 nm 的蓝光和 562 nm 的橙光发射，得到色坐标为(0.35, 0.39)，流明效率为 7.06 cd/A 的白光发射。当 D-A 型的橙光核使用缺电子单体 BT 作为 A 单元，聚芴 PF 作为枝，三苯胺和 1,3,5-三苯−苯作为中心单元时，制备的聚合物通过热退火处理优化器件诱导聚芴的 α 相，可实现单一白光发射。单一白光发射器件的流明效率为 18.01 cd/A、外量子效率为 6.4%、色坐标为(0.33, 0.35)。

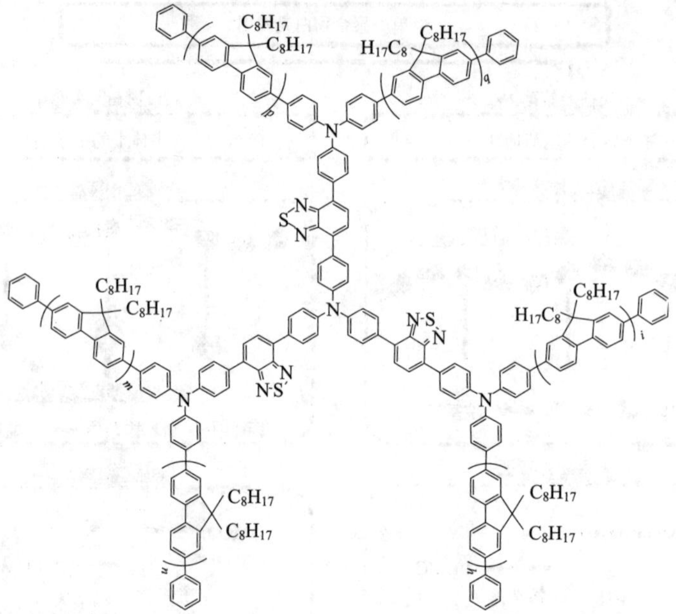

46

图 2-17 超支化白光聚合物的结构式

将磷光配合物连接到大分子链上制备的电磷光聚合物，包括主链型、侧链型和超支化结构电磷光聚合物。电磷光聚合物可以通过溶液加工的方法制备器件，并且在高电流密度下具有较好的稳定性。在聚合物主链或侧链上引入磷光配合物可以很好地分散磷光生色团，有效地减少配合物堆积产生的浓度猝灭效应，从而提高器件的发光效率。Sandee 等[78]首次报道了以电磷光配体 Ir(ppy)₂(acac) 为主链的聚合物 **47**(图 2-18)。当配体 Ir(ppy)₂(acac) 连接 0~2 个烷基芴单元时，配合物仍然发射绿光，并且发光随着烷基芴数目的增加逐渐红移。当连接高分子量的烷基芴单元时，配合物的发光被猝灭而仅出现主体聚芴的发光，说明发生了从绿光配合物到三线态能级较低的聚芴的能量回传。Zhen 等[79-81]通过在聚合物主链中引入不同的磷光配体，分别得到了发射黄、红、绿和白光的聚合物 **48~51**。基于黄光和红光聚合物的器件最大外量子效率分别为 2.5% 和 6.5%，绿光和白光器件的最大流明效率分别为 4.4 cd/A 和 3.9 cd/A。Zhang 等[82-84]通过将双酮结构引入聚芴主链，合成了一系列红光发射的电磷光聚合物 **52~54**。Park 等[85]应用此种结构类型，合成了橙红光发射的电磷光聚合物 **55**，器件最大亮度达到 2260 cd/m^2。Chen 等[86]首次报道了基于芴为主链的侧链型电磷光共轭聚合物 **56**，侧链上分别接枝绿光配合物二(2-苯基吡啶)乙酰丙酮合铱[(ppy)$_2$Ir(acac)]和红光配合物二[2-(2′-苯并-4,5-α-噻吩)吡啶]乙酰丙酮合铱[(btp)$_2$Ir(acac)]。基于接枝 1.3 mmol% (btp)$_2$Ir(acac)的聚合物，可得到高效的红光器件，器件最大外量子效率达到 1.6%。

Jiang 等[87]采用铃木(Suzuki)偶联反应合成了一系列芴-*alt*-咔唑交替共聚物 **57**，通过长链烷基末端的二酮基团将铱配合物连接到咔唑的 N 原子上。当 Piq 含量为 0.5 mol%时，器件获得了高效的红光发射，最大外量子效率为 4.9%。Du 等[88]将离子型配合物引入共轭高分子侧链，首次用大分子配位的方法合成了侧链含有离子型铱配合物的聚合物 **58**，器件最大外量子效率为 7.3%。Ying 等[89]报道了以氨基烷基取代的聚芴为主体，将铱配合物通过长链接枝到共聚物侧链的电磷光聚合物 **59**。实现了采用高功函数金属(如 Al 或 Au)作为阴极的高效电致发光，以金属 Al 或 Au 作为阴极制备的器件的最大外量子效率分别是 3.7%和 1.5%，接近采用低功函数 Ba 器件的水平(5.5%)。

Pei 等[90]将新型稀土 Eu^{3+}配合物接枝到共轭聚合物上，合成了发射红光的电磷光聚合物 **60**。Wong 等[91]合成了一系列侧链含有三(2, 2′: 6′, 2″-三吡啶)钌(III)[Ru(bipy)$_3$]$^{2+}$或双(2, 2′: 6′, 2″-三吡啶)钌(III)[Ru(bipy)$_3$]$^{2+}$型配合物的聚对苯乙烯撑 **61**。Jiang 等[92]将苯并噻二唑绿光单元引入聚芴主链、配合物 Ir(phq)$_2$acac 橙红光单元接在聚合物侧链，合成了主链发蓝、绿荧光，侧链发橙红磷光的三元混合发光的白光聚合物 **62**。相对二元电荧(磷)混合发光的白光聚合物，由于在聚合物主链中加入了绿光发射单元，因此所制备的聚合物的发射光谱和色坐标均得到了明显的改善。器件最大流明效率为 6.1 cd/A，色坐标为(0.33, 0.46)，最大亮度为 10100 cd/m^2。由于利用了三线态激子，提高了聚合物的发光效率。随电流密度的增加，器件的发光效率下降比较缓慢，表明将单线态绿光单元引入聚合物主链，三线态红光单元连接在聚合物的侧链上是获得电荧(磷)混合发光的白光聚合物的一种有效的方法。

Wang 等[93]报道了以咔唑为主链的侧链型绿光电磷光共轭聚合物 **63**。通过仔细调控主链的三线态能级，获得了最大流明效率为 33.9 cd/A。Wang 等[94,95]报道了主链为氟取代的芳醚氧膦的聚合物。该聚合物具有较高的三线态能级(E_T= 2.96 eV)，适中的 HOMO 和 LUMO 能级，将铱配合物 FIrpic 引入聚合物的侧链，可得到流明效率为 19.4 cd/A 的蓝光聚合物。将蓝色和黄色铱配合物同时引入聚合物的侧链，可构建基于氟代芳醚氧膦主链的高效全磷光白光聚合物 **64**。EL 器件的流明效率为 18.4 cd/A，功率效率为 8.5 lm/W，外量子效率为 7.1%，色坐标为(0.31, 0.43)。

　　Yang 课题组等[96-99]合成了以铱配合物为核的超支化电磷光聚合物 **65～68**。这种支化结构可以减少铱配合物的堆积造成的浓度猝灭效应，有效地改善了高电流密度下发光效率急剧下降的问题，同时可以减少配合物堆积造成的"三线态-三线态"湮灭效应。基于聚合物 **65** 制备的绿光器件最大外量子效率为 13.3%，最大流明效率和最大功率效率分别为 30.1 cd/A 和 16.6 lm/W。基于聚合物 **67** 制备的红光器件最大外量子效率为 4.9 %，最大流明效率为 6.5 cd/A。

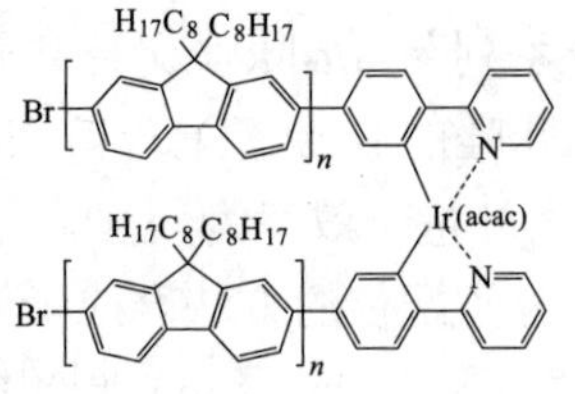

47a

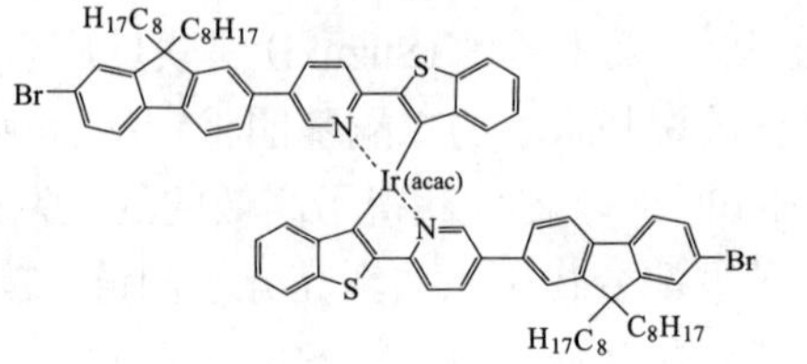

47b

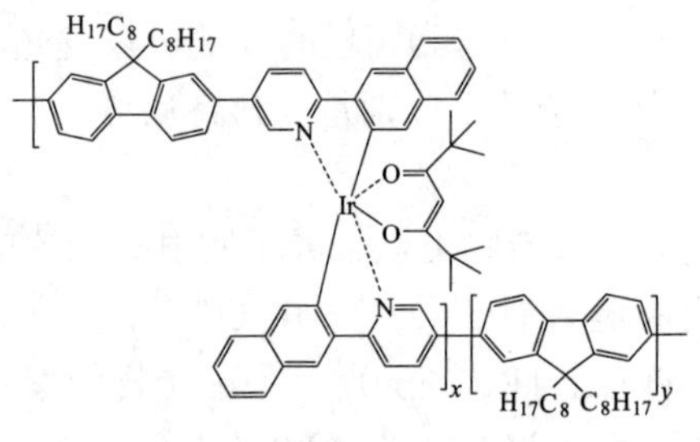

48

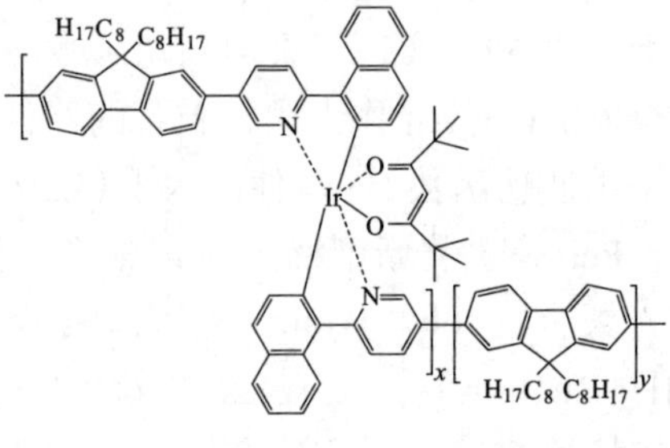

49

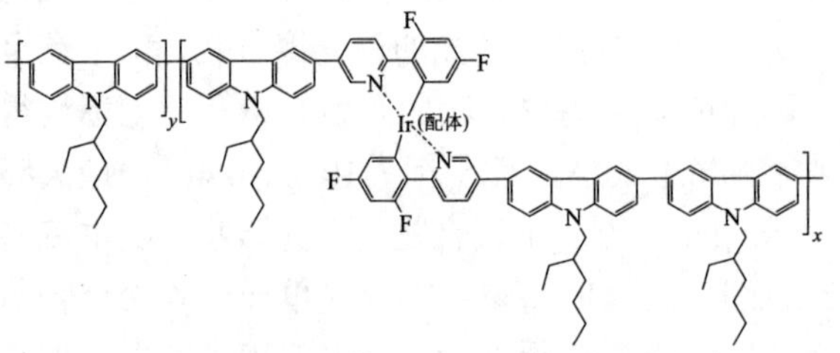

50

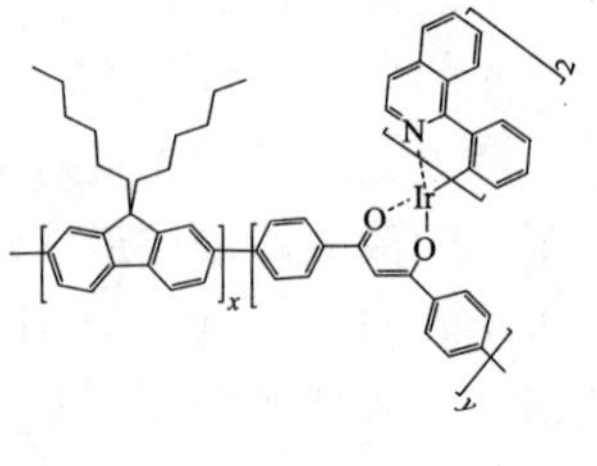

53

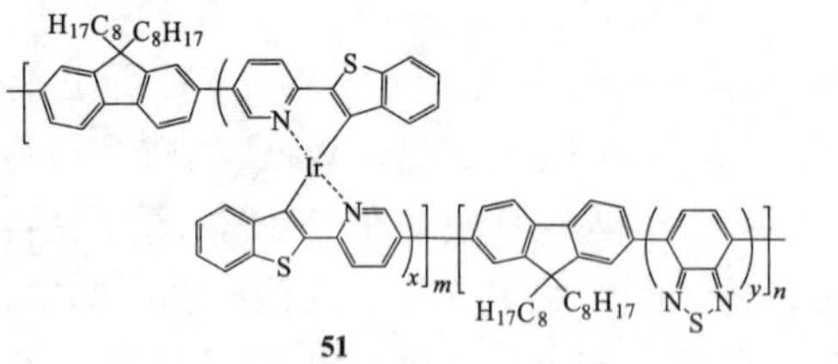

51

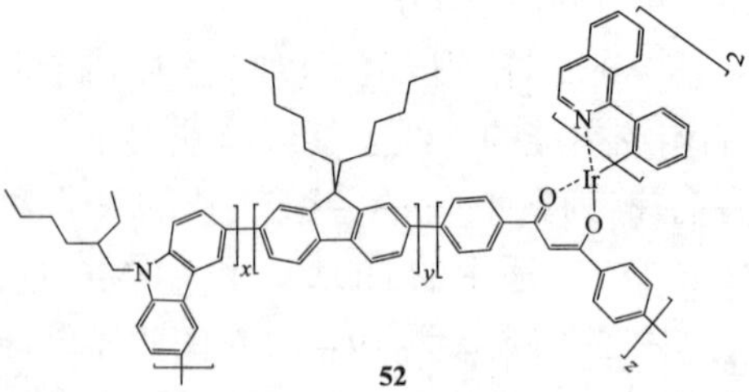

52

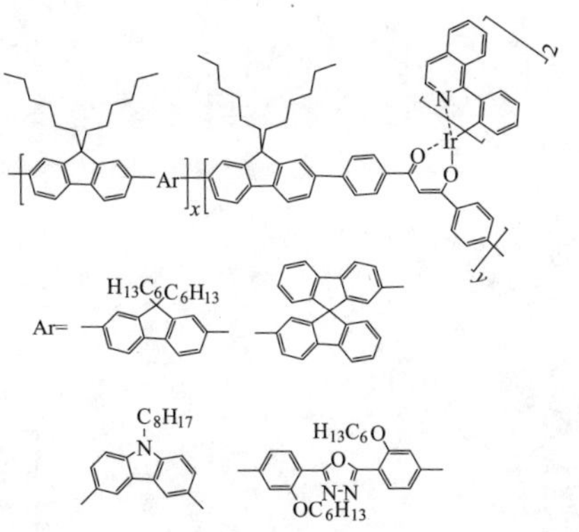

54

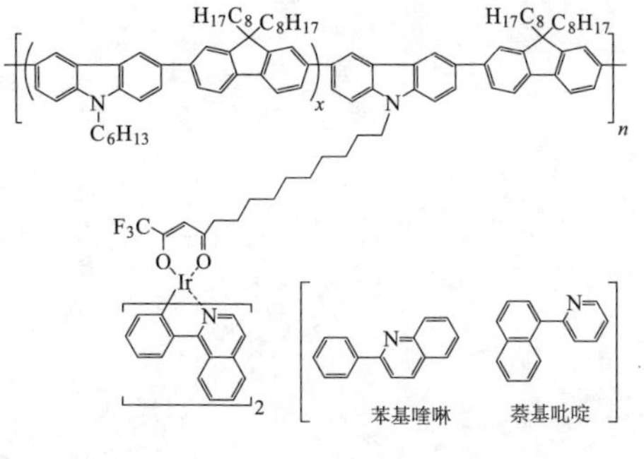

57

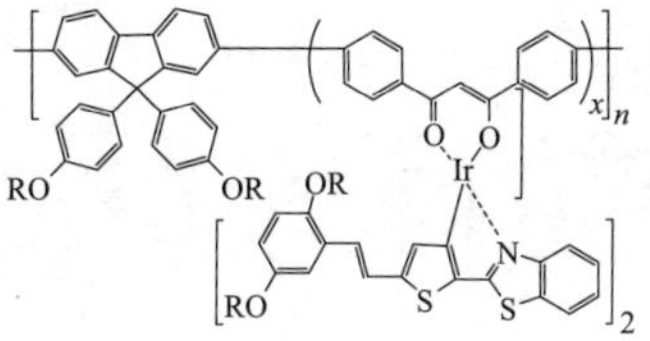

苯基喹啉　　萘基吡啶

55

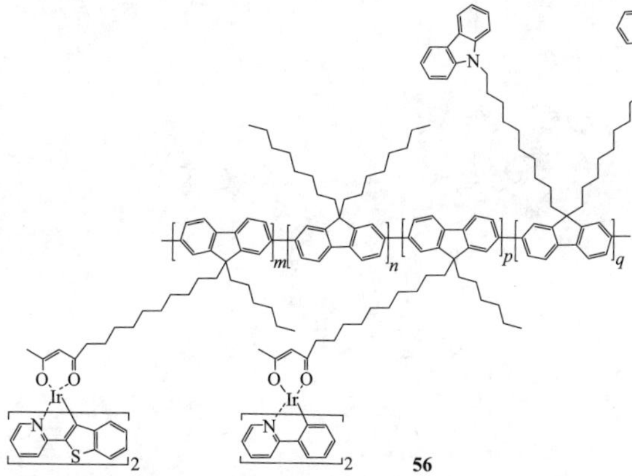

56

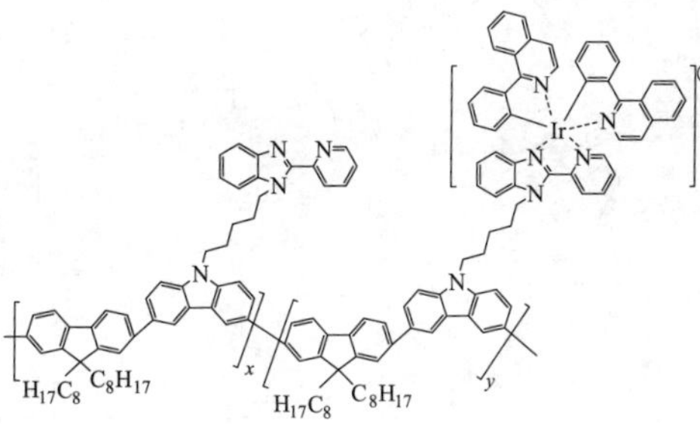

58

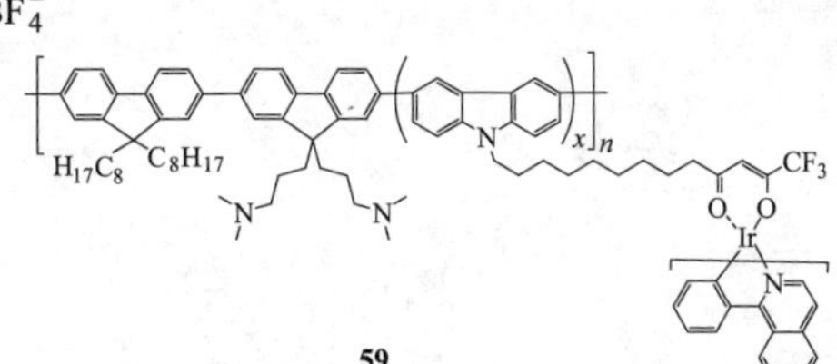

59

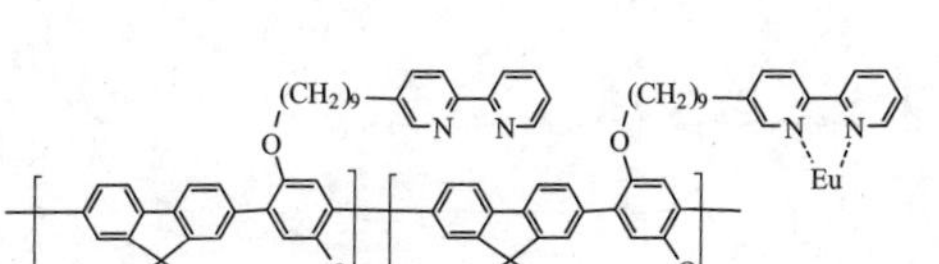

60

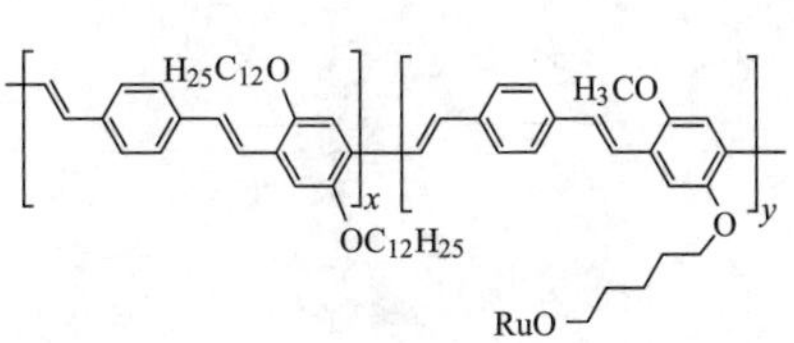

61

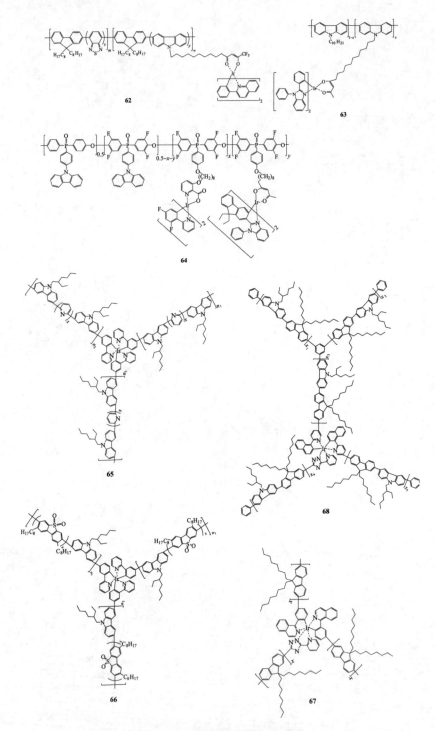

图 2-18　发光共轭聚合物的结构式

2. 主链非共轭型聚合物

2002 年，Lee 等[100]首次报道了采用聚乙烯为主链，以主体材料咔唑和铱(Ⅲ)配合物 Ir(ppy)₃ 作为侧链的新型电磷光聚合物 **69**（图 2-19）。聚合物的电致发光光

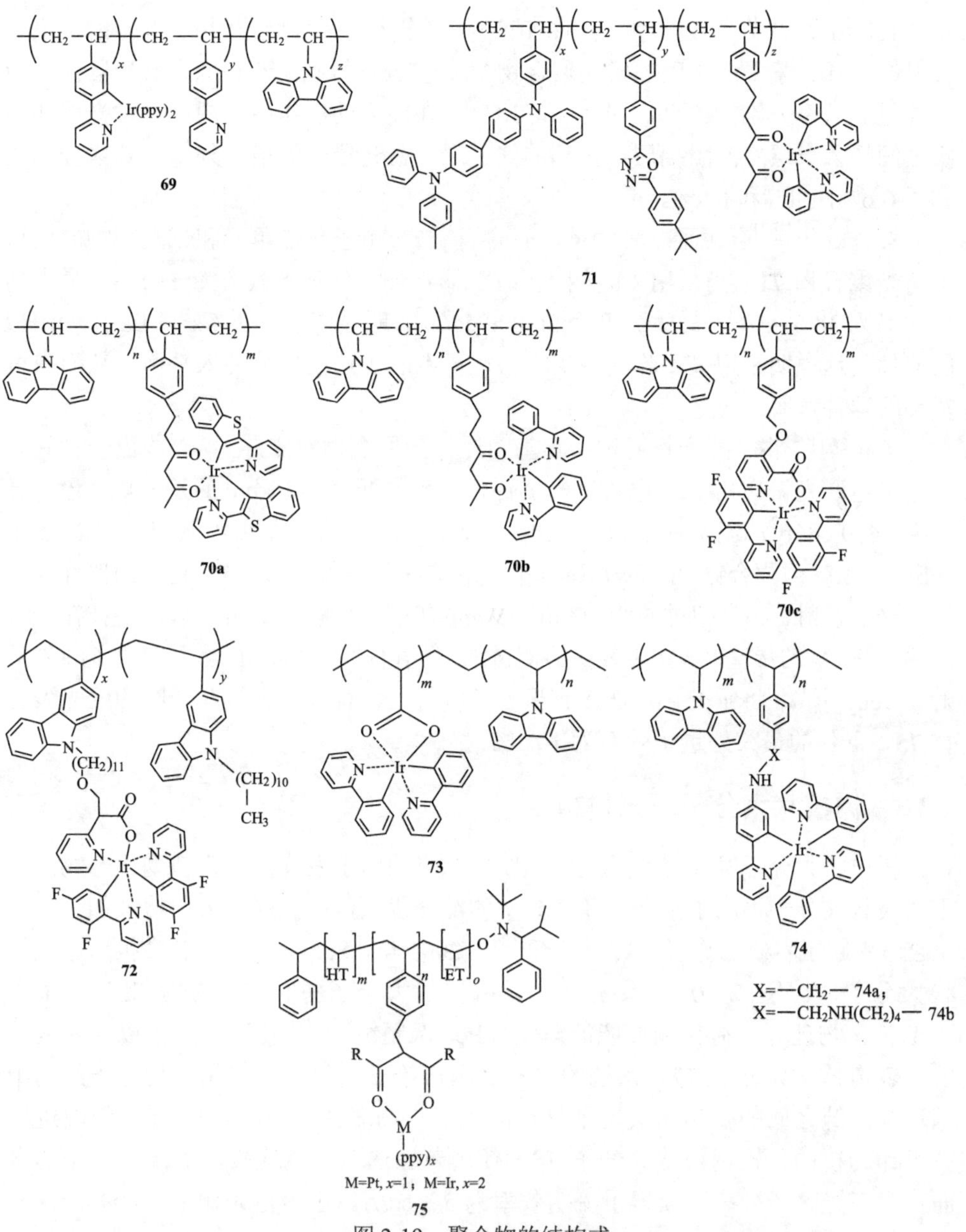

图 2-19　聚合物的结构式

ET 代表电子传输(electron transport)单元；HT 代表空穴传输(hole transport)单元

谱出现在波长 512 nm 处，在电流密度为 6.4 mA/cm^2，聚合物器件最大外量子效率为 4.4%。从外量子效率-电流密度图上可以看出，器件的外量子效率随电流密度的增加未发生明显下降，说明将电磷光配合物引入聚合物侧链是一种获得高效稳定电磷光 PLED 的有效方法。

Tokito 等[101,102]通过双酮基团将铱配合物连接到聚合物的侧链上，分别合成了发射红、绿、蓝不同颜色的磷光聚合物 **70a～70c**，得到的红、绿、蓝光器件的最大外量子效率分别为 5.5%、9.0% 和 3.5%。在随后的工作中，通过在发光层和阴极之间插入一层空穴阻挡层，得到的红、绿、蓝光器件的最大外量子效率分别达到了 6.6%、11% 和 6.9%。

Suzuki 等[103]合成了一种侧链同时含有空穴、电子传输单元和铱配合物的新型电磷光聚合物 **71**。当采用 Cs 为阴极时，器件最大外量子效率为 11.8%，最大功率效率为 38.6 lm/W，最大亮度为 20 000 cd/m^2，明显高于基于 Ca 和 Ba 作为阴极的器件。这说明采用 Cs 作为阴极，可以更有利于达到电荷注入平衡，从而获得较高的器件效率。

You 等[104]将铱配合物通过咔唑基团连接到聚合物的侧链上，合成出一种新型的蓝光电磷光聚合物 **72**。电致发光器件仅出现铱配合物 FIrpic 的发射峰，最大亮度为 1450 cd/m^2，流明效率为 2.2 cd/A。Wang 等[105]合成了采用铱配合物双(2-苯基吡啶)乙酰丙酮合铱［Ir(ppy)$_2$(acac)］为侧链的磷光聚合物 **73**，制备的器件实现了蓝光的发射，亮度超过 6000 cd/m^2。Wang 等[106]报道了 fac-Ir(ppy)$_3$ 接枝在聚苯乙烯和聚(N-乙烯基咔唑)共聚物的侧链的绿光电磷光聚合物 **74**，实现了绿光发射。Deng 等[107]将铱配合物连接到聚乙烯侧链上，合成了含铱配合物的绿光聚合物 **75**，器件的最大外量子效率为 10.5%。

2.2.3 树枝状大分子发光材料

树枝状大分子发光材料是近些年发展起来的用于发光的一类新型化合物。由于树枝状大分子集成了小分子和高分子的综合优点，并且能够采用溶液加工处理工艺，引起了科研工作者的广泛兴趣[108]。2001 年，Samuel 研究组[109]报道了树枝状大分子 **76**(图 2-20)，系统研究了树枝状大分子每代与分子间相互作用对 OLED 光物理与电荷传输性能的影响。Pei 课题组[110,111]首次报道了以芴为核的共轭树枝状大分子 **77**。系统的研究表明，第一代与第二代化合物分子结构中苯环与芴之间的扭转角决定了材料的光学与物理性能。随后 Pei 课题组改进了三聚芴为核的共轭树枝状大分子 **78**，使用苯乙烯苯为枝连接，提高了分子的平面性和荧光量子效率，获得了流明效率为 5.3 cd/A，色坐标为 (0.15, 0.09) 的深蓝光器件[112,113]。

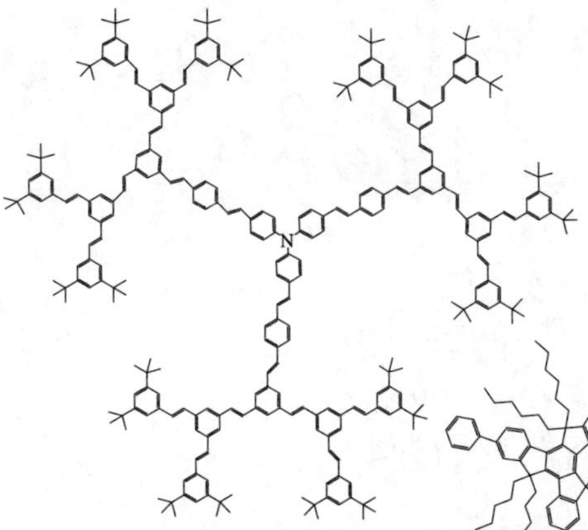

76

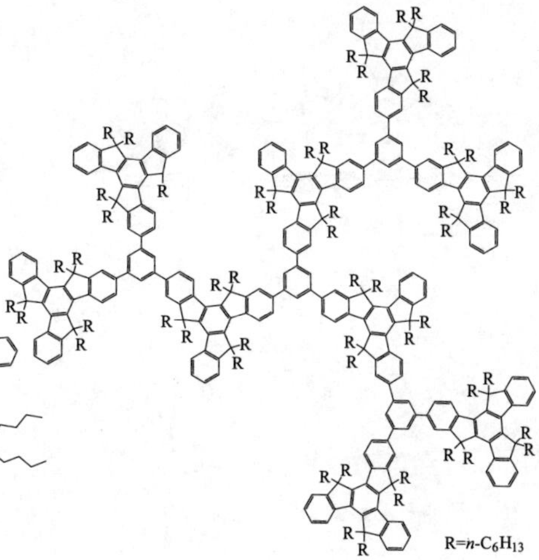

77

R=*n*-C₆H₁₃

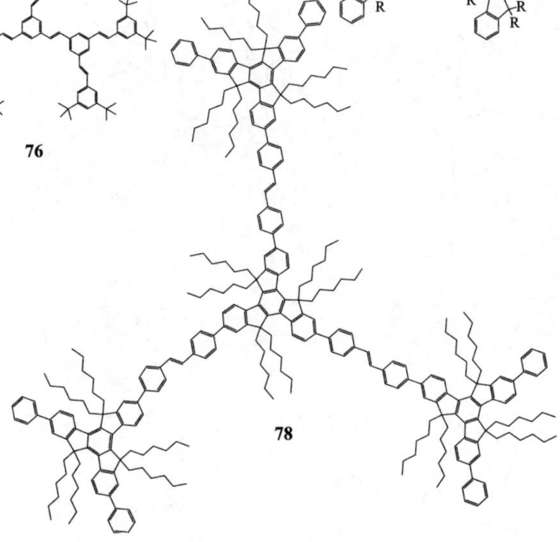

78

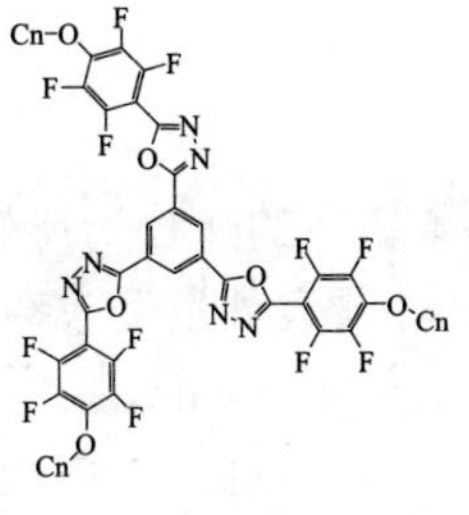

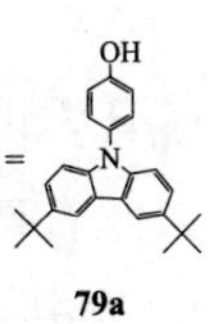

79a

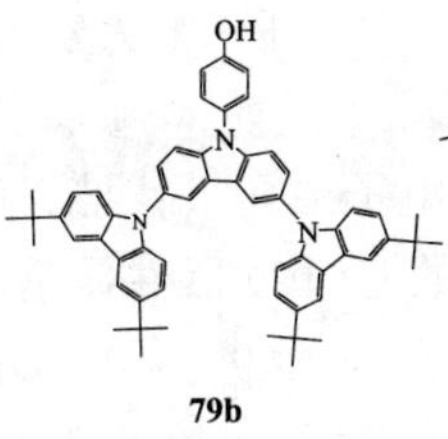

Cn =

79b

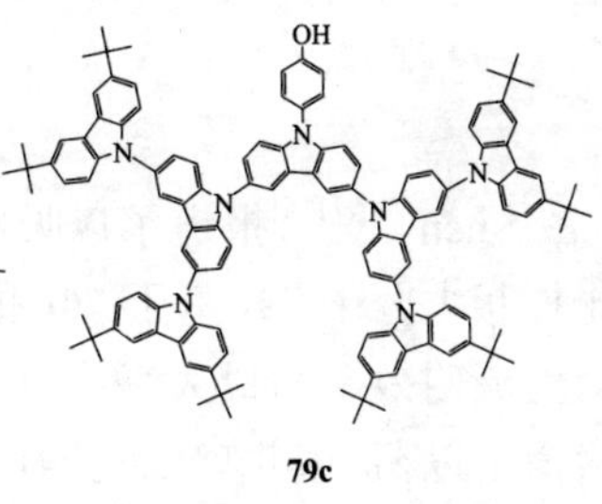

79c

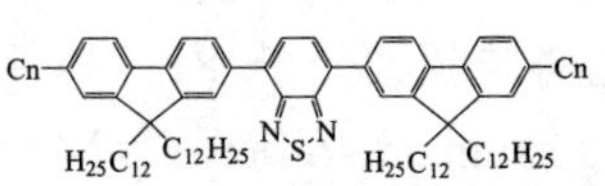

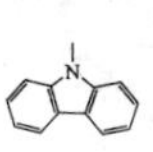

80a

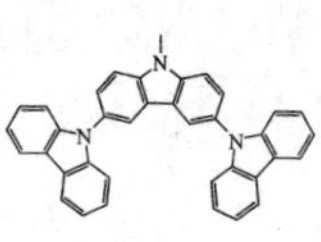

80b

Cn =

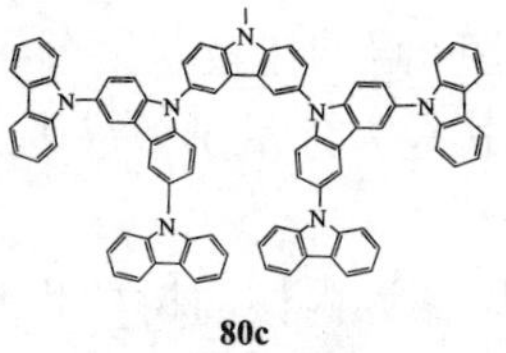

80c

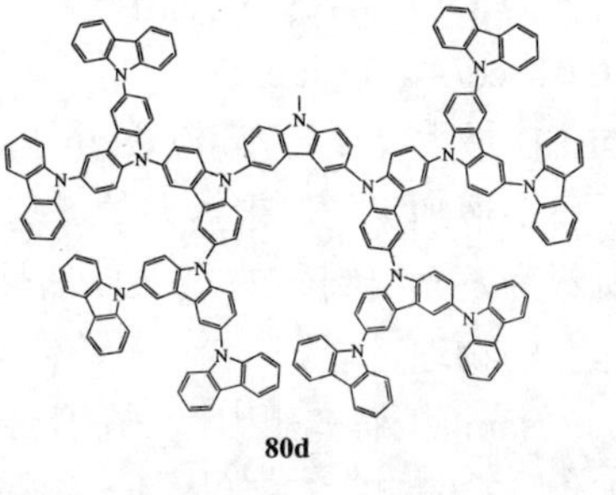

80d

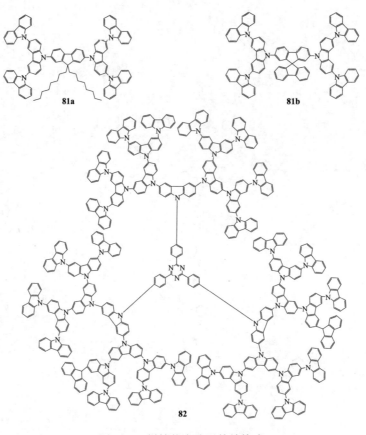

图 2-20　树枝状大分子的结构式

Shen 等[114]报道了以吸电子单元氟代噁二唑为核，以位置扭转的咔唑为枝的树枝状大分子 **79**。基于 **79c** 的 OLED 器件显示了最低启亮电压, 最大外量子效率、最大流明效率和最大亮度分别为 1.49%、4.6 cd/A 和 4882 cd/m²。Promarak 等[115]报道了以芴-苯并噻二唑为核, 高效可溶液加工的绿光树枝状大分子 **80**。基于 **80c** 制备的 OLED 器件的色坐标为 (0.27, 0.62)，基于 **80d** 制备的器件的流明效率为 10.01 cd/A。Usluer 等[116]报道了基于芴-咔唑的白光树枝状大分子 **81**，制备的 OLED 最大亮度为 1400 cd/m²，色坐标为 (0.27, 0.30)。Yamamoto 等[117]首次报道了可溶液加工的、未掺杂的、基于咔唑的树枝状大分子热延迟荧光材料 **82**。以该材料为发光层制备的 OLED 器件其最大外量子效率为 3.4%，表明了三线态激子被捕获的物理过程。

Samuel 研究组[118-123]在合成以铱为内核的树枝状配合物方面做了大量的研究工作。2002 年, Lo 等[124]合成了一种发绿光的树枝状配合物 **83**(图 2-21), 该配合物以三(2-苯基吡啶)合铱为核, 苯系物为树枝, 2-乙基己氧基为表面基团。当把

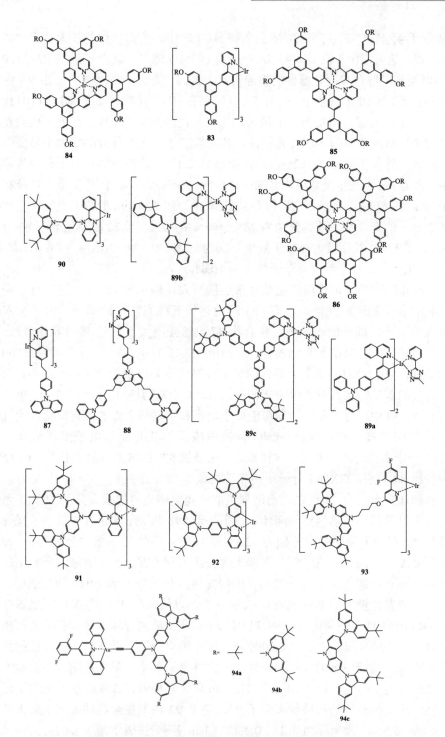

图 2-21 树枝状大分子的结构式

83 掺杂于 4, 4′, 4″-三(咔唑-9-基)三苯胺(TCTA)中，所得器件的最大功率效率为 28 lm/W，这可能由于其具有与 **83** 一样的 HOMO 能级，减弱了陷阱效应，加之比 CBP 更多的咔唑单元，器件的性能得到了提高。为进一步增强电子注入，他们改用具有更高 LUMO 能级的 1, 3, 5-三(1-苯基-1H-苯并咪唑-2-基苯)(TPBI)代替 BCP 作电子注入层，所得器件的最大功率效率提高到 40 lm/W。另外，他们发现用这种树枝状配合物制备的发光器件，其外量子效率随着代数的增加明显提高，一代的最大外量子效率为 0.2%，二代提高到 2.1%。这说明树枝对电荷的传输和减少三线态-三线态猝灭有很明显的促进作用。Anthopoulos 等[125]报道了树枝状大分子 **84**、**85** 和 **86**，分别将它们掺杂到 CBP 中，用 325 nm 的激光激发，三种树枝状大分子的光致发光效率分别为 78%、68% 和 80%。当 20 wt% 的 **84**、**85** 分别掺杂到 CBP 中，器件最大外量子效率分别为 8.8%、9.8%，当浓度为 36 wt% 的 **86** 掺杂到 CBP 中，器件最大外量子效率为 10.4%。

Tsuzuki 等[126]用非共轭的烷基链来连接空穴传输单元与内核，这样可以提高树枝状大分子的溶解性能，也有利于阻止树枝三线态能量的降低。由于空穴传输树枝的引入，同等的电压下，化合物 **87** 电流强度大于三(2-苯基异喹啉)合铱为核、苯基为树枝的铱配合物器件，驱动电压为 3.0～6.0 V，最大亮度为 1000～6000 cd/m^2。用 OXD-7 掺杂的器件的量子效率比用非掺杂的效率要高得多，原因在于树枝的苯基咔唑具有传输空穴的能力，而 OXD-7 具有电子传输能力，电子和空穴在该器件中可有效复合，这可能归于电子和空穴结合点的位置变化。通过咔唑传输的空穴被三(2-苯基异喹啉)合铱内核所俘获并能与电子重新结合，则 OXD-7 分子必须与内核靠近。这样来讲，化合物 **87** 比 **88** 更加具有优势，因为 **87** 的树枝比 **88** 的小，OXD-7 分子更能靠近内核。

曹镛课题组[127,128]报道了可溶液加工的红光电磷光树枝状大分子 **89**。该系列的化合物以苯基异喹啉为第一配体，其中基于 **89b** 和 **89c** 的化合物显示了优异的器件性能，最大外量子效率分别为 12.8% 和 11.8%，最大流明效率分别为 9.2 cd/A 和 8.5 cd/A。Wang 课题组[129-131]在磷光树枝状大分子方面做了大量的研究工作。2006 年，该课题组报道了以咔唑为枝的绿光树枝状大分子 **90**、**91**，研究表明，化合物的光致发光量子效率分别为 0.45 和 0.87。以化合物 **91** 为发光层，当器件结构为 ITO/PEDOT：PSS/化合物 91/TPBI/LiF/Al 时，最大外量子效率和最大流明效率分别高达 10.3% 和 34.7 cd/A。2009 年，该课题组报道了具有自主体特征的树枝状大分子 **92**，基于 **92** 的非掺杂器件，最大外量子效率、最大流明效率和最大功率效率分别为 13.4%、45.7 cd/A 和 37.8 lm/W。紧接着，该课题组又报道了通过非共轭链连接核与枝的树枝状大分子 **93**。基于 **93** 的非掺杂器件显示了最大外量子效率为 15.3%，色坐标为 (0.16, 0.29)。Chan 等[132]报道了基于金的可溶液加工树枝状大分子 **94**。研究表明，高代的树枝状结构能够有效地控制分子间相互作用，

减弱发射光谱的红移。基于化合物 **94c** 器件的最大流明效率和最大功率效率分别
为 24.0 cd/A 和 14.5 lm/W。

2.3　有机电致发光器件的界面材料

2.3.1　阳极界面材料

1. 空穴注入材料

1) 聚合物空穴注入材料

目前，PEDOT∶PSS（**95** 和 **96**，图 2-22）是聚合物发光二极管器件中最常用的
空穴注入材料，但该材料存在一些问题，如过强的酸性会腐蚀 ITO 电极，在空气
中易吸潮，与发光层能级不匹配等。因此，开发可取代 PEDOT∶PSS 的空穴注入
材料受到了人们一定的关注。Lee 等[133]报道了全氟化的离子交联聚合物（**97**，简
称 PFI）掺杂体修饰 PEDOT∶PSS，获得了自组装的空穴注入层。自组装的驱动力
来自于离子交联聚合物的氟-碳链更佳的疏水性能。通过调节 PEDOT/PSS/PFI 的
比例，随着 PFI 含量的增加，空穴注入层的功函从 5.05 eV，增加到 5.70 eV，从
而实现空穴注入层的功函和发光层的 HOMO 能级更匹配。PFI 掺杂的 PEDOT∶
PSS 不仅能够降低空穴注入势垒，而且能够有效地抑制金属铟和锡的扩散。飞行
时间二次离子质谱法测试表明，PFI 的表面能够有效地阻止 ITO 阳极的铟或锡扩

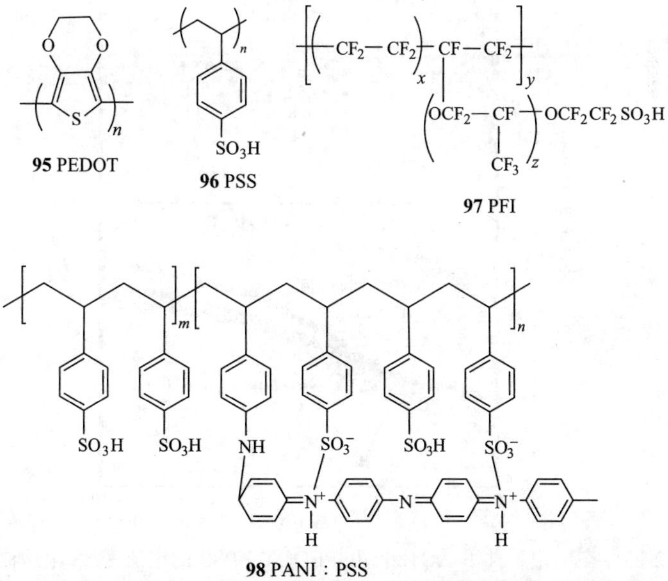

图 2-22　聚合物空穴注入材料的结构式

散，这对于提高器件寿命非常重要。研究表明，使用 PFI 掺杂的 PEDOT：PSS 作为空穴注入层制备的溶液加工绿光发光二极管，在 1000 cd/m^2 亮度下的寿命为 2680 h，在同样条件下，使用 PEDOT：PSS 的器件寿命仅为 52 h。

　　除了改性的 PEDOT：PSS，聚苯胺(PANI)及其混合物是另一类可供选择的空穴注入材料。PANI 不溶于通常的有机溶剂[134,135]，溶液可加工的 PANI 是一类用功能化的质子酸处理的质子化物，如樟脑磺酸或 PANI 和磺化的氨基衍生物 PANI：PSS(**98**)。其中，将 PFI 注入到 PANI：PSS 中以增加其功函，当调节 PANI：PSS：PFI 到合适的比例时，制备的以 Bebq2 为发光层的荧光 OLED 器件，最大流明效率可以高达 19 cd/A[136]。进一步的研究发现，采用聚噻吩并噻吩(PTT)掺杂聚(四氟乙烯-全氟醚磺酸)(PFFSA)，可以提高空穴注入效率，其功函变化从 5.2 eV 到 5.7 eV，从暗注入空间电荷限制电流测量可知，PTT：PFFSA 的空穴注入效率是 PEDOT：PSS 的 1.5 倍，并且其器件寿命也获得了明显的提高[137]。另外一种有效的途径是发展可用于磷光发光二极管的稳定的含水空穴注入层和无水空穴注入层，如 Plextronics 公司发展了 AQ1200(图 2-23)，显示了酸性较低(pH 从 2.6~3.4)的材料作为 HIL 的磷光器件具有良好的空气稳定性。用 AQ1200 作为空穴注入层制备的有机发光器件，由于 AQ1200 的酸性和抗湿性，器件的衰减明显减弱，并且由于其功函从 5.3 eV 变化为 5.7 eV，空穴注入障碍明显降低。基于

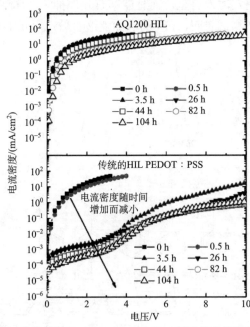

图 2-23　在一定条件下 AQ1200 和 PEDOT：PSS 的电流密度-电压曲线

HIL 代表空穴注入层

AQ1200 的绿光磷光发光二极管显示了在亮度为 200 cd/m^2 时,最大流明效率达到 68 cd/A,在亮度为 1000 cd/m^2 时,半衰期达到 8400 h,表明其作为柔性 OLED 显示的巨大潜力。

2) 小分子空穴注入材料

HAT-CN(1,4,5,8,9,11-六氮杂三苯撑六碳腈)是一种广泛应用于 OLED 的小分子空穴注入材料,也被用于多层可溶液加工的 OLED 器件中。例如,采用丙酮加工的 HAT-CN 的空穴注入层(图 2-24),制备的红、绿、蓝光器件的功率效率分别达到了 15 lm/W、55 lm/W、16 lm/W[138]。由于使用小分子空穴注入材料提高了器件的性能和稳定性,因此小分子空穴注入材料被广泛应用于 OLED 中。

图 2-24　采用丙酮加工的 HAT-CN 空穴注入层的 OLED 器件结构

2. 交联空穴传输材料

在 OLED 器件中,空穴注入层与发光层之间大的能级障碍,限制了器件效率。在蒸镀 OLED 器件中,通常可以在空穴注入层与发光层之间增加一层空穴传输层,以降低空穴注入层与发光层之间的能级障碍,从而有效提高器件效率。对溶液可加工器件,溶解空穴传输层的溶剂会溶解空穴注入层材料,导致很难制备多层器件结构。解决这一难题的方法是使用交联功能层,由于不会影响相邻的两层材料从而可实现层层堆积。通常使用的交联化学是将功能化的交联剂连接到功能分子上[139]。

1) 基于环氧丙烷的空穴传输材料

紫外光照射下,基于环氧丙烷的空穴传输层能通过阳离子开环聚合反应引发交联,形成线型的聚醚。此外,可通过增加传统空穴传输层材料四元环醚的侧链,制备出一系列可交联的空穴传输材料[140]。交联的 TPD[N,N'-二苯-N,N'-二(3-甲基苯基)-1,1'-二苯-4,4'-二胺]衍生物 QUPD [(N,N'-二(4-(6-(3-氧杂丁环-3-基)甲氧基)-乙氧基)苯基-N,N'-二(4-甲氧基苯基)二苯-4,4'-二胺](**100**,图 2-25)和 OTPD [N,N'-二(4-(6-(3-氧杂丁环-3-基)甲氧基)-己基苯基)-N,N'-二苯-4,4'-二胺](**99**)被应用于多层溶液可加工 OLED 中。通过使用两个交联的空穴传输层,空穴注入层与发光层之间的注入势垒可分为两个小的阶段,流明效率明显增加了两倍多,从

20 cd/A 提高到 67 cd/A[141]，红、绿、蓝光 OLED 的最大外量子效率分别为 11%、19%和 6%。进一步的电化学模拟研究表明，交联的空穴传输层不仅有利于空穴注入，而且限定电子在空穴传输层与发光层界面，因此明显提高了电致发光性能。

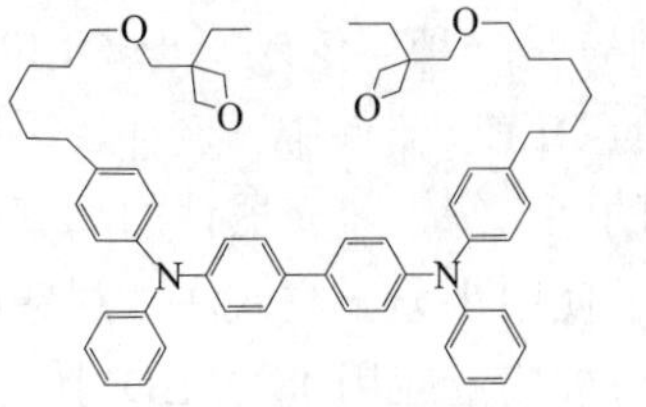
99 OTPD

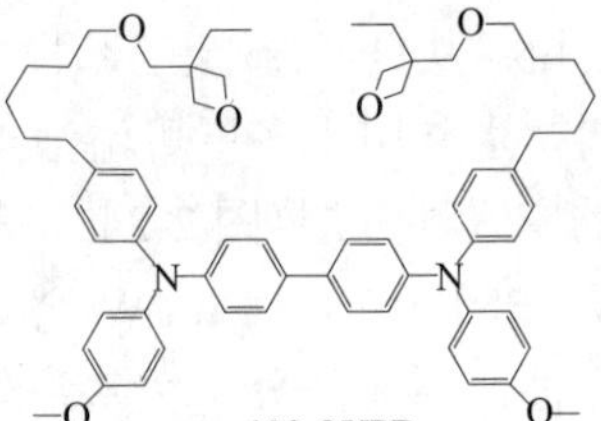
100 QUPD

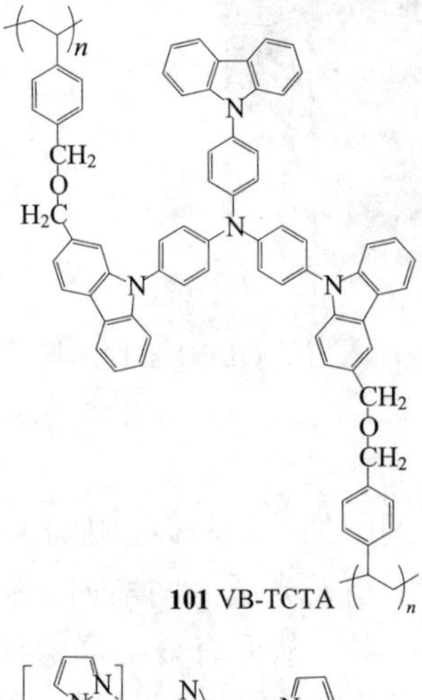
101 VB-TCTA

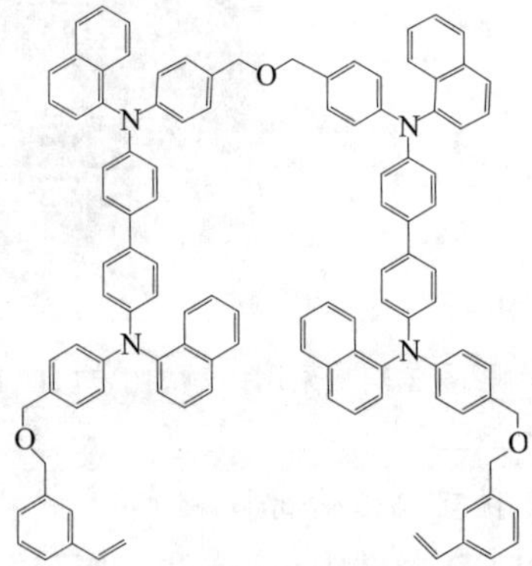
102 2-NPD

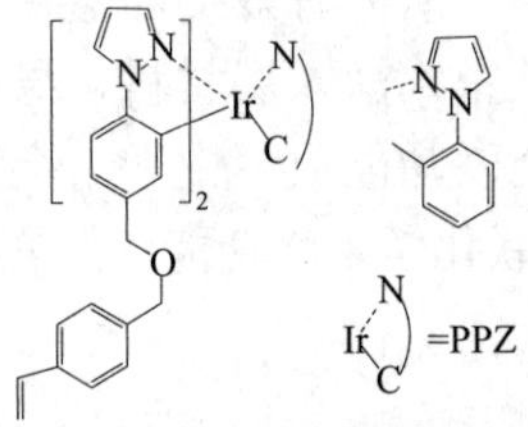
103 $(PPZ\text{-}VB)_2IrPPZ$

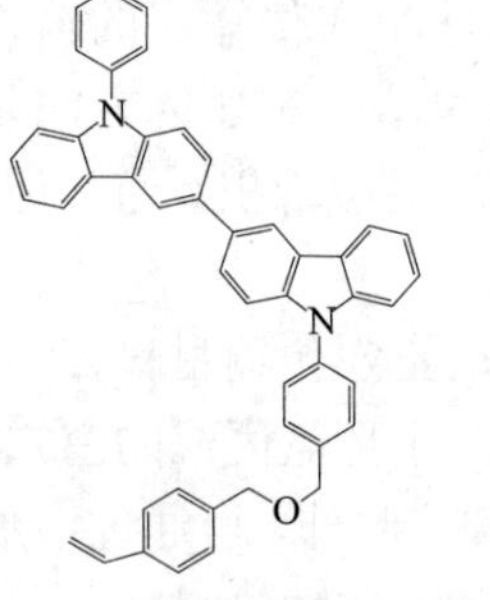
104 BCz-VB

图 2-25　交联的空穴传输层材料的结构式

基于 1-二{4-[*N*,*N'*-二(4-甲苯基)氨基]苯基}-环己烷的空穴传输层材料，具有高三线态能级和宽带隙，制备的 OLED 器件效率显著提高，效率滚降则得到了较好的抑制[142]。通常这种类型的交联在极低温度下快速发生。然而在反应过程中使用到光酸，因此在交联空穴传输层中不可避免地会有残余物或者引发剂，这些可能会导致器件稳定性变差。为了避免此反应过程中使用光酸，可以采用通过酸性的 PESOT∶PSS 层用过量的 PSS 质子引发交联反应，从而获得逐步层级交联的方式。

2）基于苯乙烯的空穴传输材料

除了光引发交联，热也可以引发交联。通常为了形成聚合物网络，两个苯乙烯基（或乙烯基苯）基团被接枝到空穴传输分子上，反应温度通常高于 150℃。可交联的 VB（乙烯基苄基）-TCTA［4,4′,4″-三-(N-咔唑基)-三苯胺］衍生物（**101**）作为空穴传输层，制备的白光 OLED 器件显示了 11 cd/A 的流明效率和 6% 的外量子效率[143]。另一个经常使用的空穴传输层材料是基于 NPD［N,N′-二(1-萘基)-N,N′-二苯-1,1′-二苯-4,4′-二胺］苯乙烯功能化衍生物 2-NPD（**102**）。以 PEDOT∶PSS/2-NPD 作为空穴注入/传输层制备的绿光聚合物发光二极管，显示出的最大流明效率为 11 cd/A[144]。Ma 等[145]将 VB 聚醚引入到基于铱配合物的 1-苯基吡唑（PPZ-VB）₂IrPPZ（**103**）。基于该空穴传输材料的绿光二极管显示了最大功率效率为 14 lm/W，最大外量子效率为 8.5%。最近，Jiang 等[146]报道了基于 3,3′-二咔唑（BCz）的两个 VB 聚醚单元（BCz-VB，**104**）的高效小分子 OLED 空穴传输材料，该材料具有高的三线态能级和相对低的固化温度（146℃），以 FIrpic 作为发光层制备的蓝光 OLED 器件，显示最大流明效率为 25 cd/A，启亮电压为 5.6 V。

3）基于全氟环丁烷和基于苯并环丁烯的空穴传输材料

基于全氟环丁烷（PFCB）的交联基团被用作空穴传输层。以聚苯乙烯为主体，PFCB 功能化的 TPD（PS-TPD-PFCB，**105**，图 2-26）和 PFCB 改性的 TCTA（TriTCTA-PFCB，**106**）为空穴传输层，可用于制备蓝光 OLED 器件[147]。此外，采用苯并环丁烯（BCB）-改性的 TPD 衍生物（TPD-BCB，**107**），以该衍生物为空穴传输层制备的磷光 OLED 器件，展现出的最大外量子效率为 10%[148]。通过快速热退火减少 PFCB/BCB 空穴传输层长期暴露在高温下的时间，含有 BCB 基团的 3,6-二(咔唑-9-基)咔唑（TCz Ⅱ，**108**）在高温固化条件下，短时间固化处理后作为空穴传输层制备的绿光磷光 OLED 器件显示了高的流明效率[149]。

4）其他交联的空穴传输材料

在潮湿的条件下，硅氧烷衍生物也能发生交联反应[150,151]，基于叠氮化物的空穴传输材料在紫外光照射下可发生交联。以三苯胺衍生物（X-PTPA-5，**109**）为空穴传输层制备的绿光磷光发光二极管的最大流明效率为 44 cd/A[152]。Lee 等[153]报道了光交联 allyl-TFB｛聚[9,9-二癸基芴-co-N-(4-丁基苯基)二苯胺]｝的硫醇−烯烃（thiol-ene）反应，使得可基于溶液加工的绿光磷光器件获得了 31 cd/A 的最大流明效率。

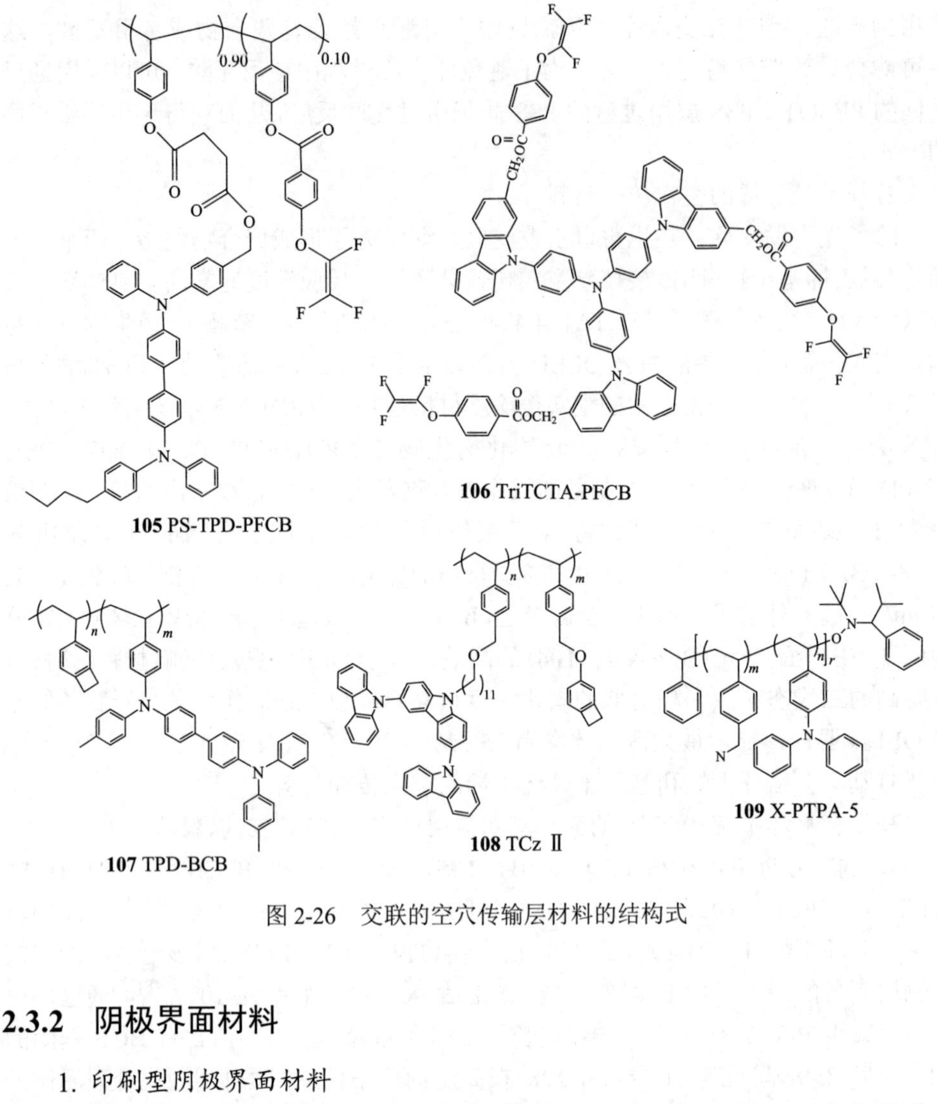

图 2-26 交联的空穴传输层材料的结构式

2.3.2 阴极界面材料

1. 印刷型阴极界面材料

在传统 OLED 器件中，电子传输层靠近阴极。溶液可加工 ETL 要求其具有高的三线态能级、好的电子传输性、合适的电子注入和空穴阻挡能级、高的玻璃化转变温度、良好的溶解性，以及对发光层最小的破坏性[154-157]。发光层材料在水/醇溶剂中显示很差的溶解性。华南理工大学曹镛课题组报道了一系列水/醇溶性共轭聚合物作为界面层，这些材料具有高的离域 π 共轭主链、极性悬挂侧链基团[158,159]。这类水/醇溶性共轭聚合物能够有效地改变界面能级，提高电子从阴极的注入能力，能够和高功函的金属阴极匹配[160,161]。然而，电流开关和亮度开关有延迟，这可能是由于离子传输缓慢的电化学性能。以共轭聚电解质聚{9,9-二[3,3'-(N,N-二甲胺基)丙基]-2,7-芴}-alt-[2,7-(9,9-二癸基芴)]为电子传输层，以

PPV 为发光层制备的聚合物发光二极管显示了 7.85% 的外量子效率。除了将这类水/醇溶性共轭聚合物应用在高效荧光发光器件中，由于其所带有的离子基团不影响界面层的酸性，因此还可以广泛应用于磷光材料的界面层，大幅提高磷光器件的发光效率和寿命。

近年来，氧化锌电子传输层材料引起了越来越多的关注。由于氧化锌深的 LUMO 能级 (−4.2～−3.8 eV)，若将其作为空穴传输层具有大的电子注入势垒，和发光层材料的能级 (−3.0～−2.5 eV) 不匹配，因此限制了器件效率的提升。氧化锌类电子传输层可以与基于脂肪胺基团的聚合物，如聚乙烯亚胺 (PEI) 来形成聚合物偶极层，能够有效地调节氧化锌的功函。由于界面偶极的作用，ZnO/PEI 层的功函从 4.1 eV 降低到 3.4 eV，可以明显降低电子注入势垒，从而增强了多层溶液加工 OLED 器件的稳定性。此外，基于喹啉单元也可以制备电子传输材料，这类材料可以溶于甲酸/水共混溶剂，如 4,7-二苯-1,10-邻二氮杂菲和 1,3,5-三 (3-吡咯-3-苯基) 苯，由于其具有优异的电子传输特性，可以大幅提高器件的发光效率。

2. 水/醇溶性共轭聚合物界面材料

近年来，水/醇溶性共轭聚合物 (WSCP) 由于其独特的溶解性，可采用正交、环保型溶剂加工，且具有优异的光电性能，引起了广泛的研究兴趣[162,163]。设计水/醇溶性共轭聚合物界面材料最直接的方式是将水溶性的极性基团 (如氨基、磺酸酯、磷酸酯等) 引入传统的共轭聚合物的侧链。强极性侧链基团赋予了共轭有机/聚合物特殊的溶解性，使其能够溶解在水、醇等正交、环境友好型溶剂中，这种独特溶解性为通过正交溶剂加工制备界面清晰的多层光电器件成为可能；强极性官能团还与金属电极之间存在弱相互作用，改善共轭聚合物与金属电极之间的接触，起到界面修饰的作用[164]。

含极性侧链基团的水/醇溶性共轭聚合物界面材料可明显地增加从高功函金属电极注入到发光层的电子，从而明显提高器件性能。最早报道的几个 WSCP 是季铵盐和氨基功能化的聚芴衍生物 **110～122**（图 2-27）。使用聚合物 **110～113** 作为发光层时，器件性能非常差。然而用金属 Al 作为阴极的 PLED，外量子效率比用低功函金属 Ba 作阴极时还要高。这个现象说明聚合物 **110～113** 本身可以促进高功函金属向有机/聚合物发光层的电子注入。基于 PLED 器件结构 ITO/PEDOT：PSS/EML/**110-113**/Al，当用 P-PPV、聚 (9,9-二辛基芴) (PFO) 和 MEH-PPV 等聚合物作为发光层 (EML) 时，可以发现 Al 阴极经 PFN 修饰后，电流密度随电压的增加更加迅速，器件的启亮电压显著降低，亮度、外量子效率、流明效率等各项性能指标都显著改善。

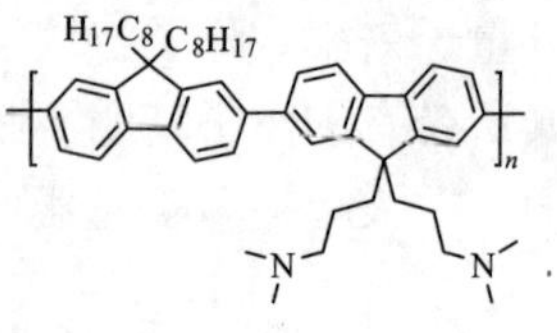

110 PFN

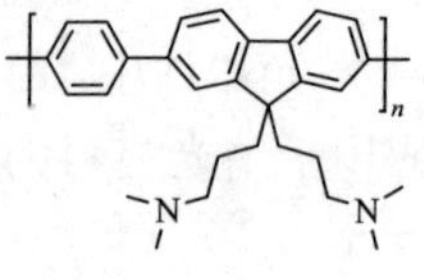

111

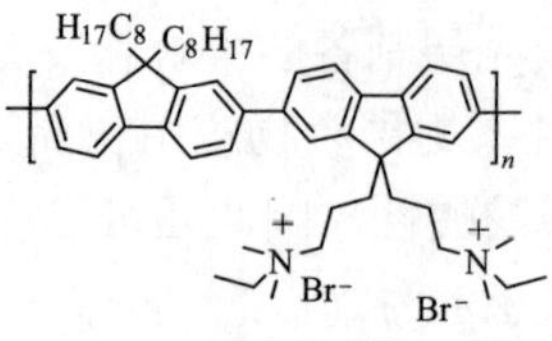

112

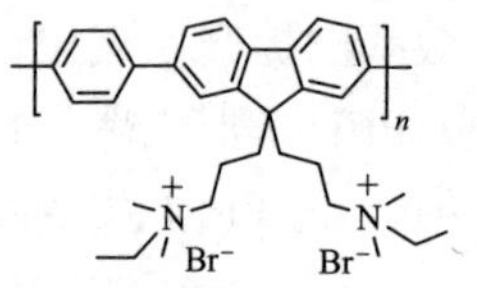

113

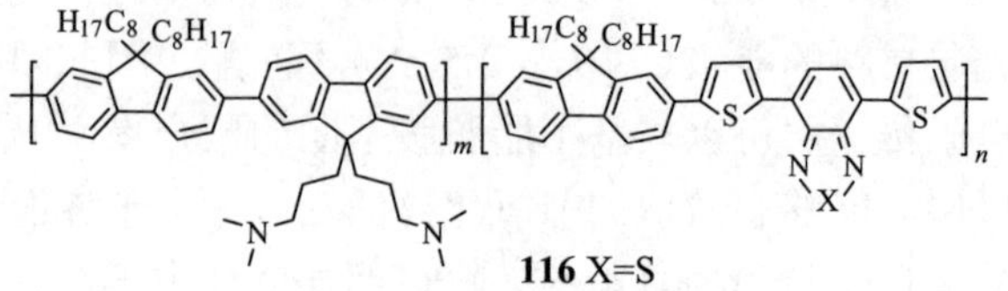

116 X=S
120 X=Se

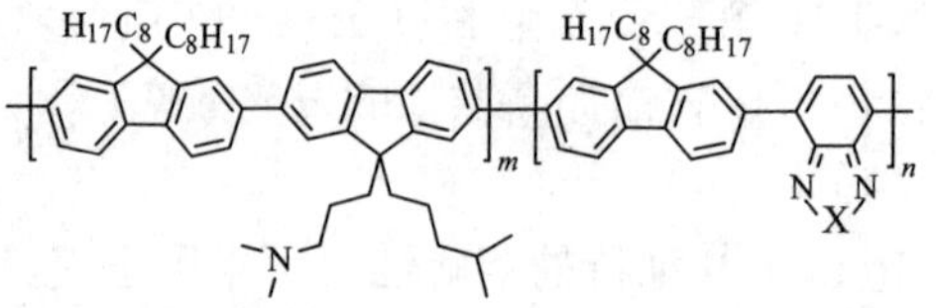

114 X=S
118 X=Se

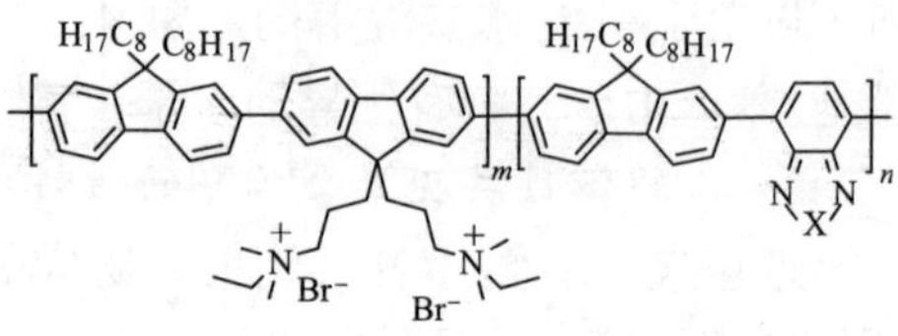

115 X=S
119 X=Se

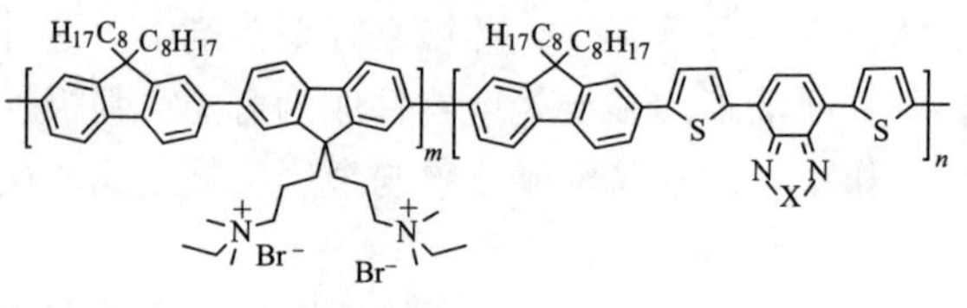

117 X=S
121 X=Se

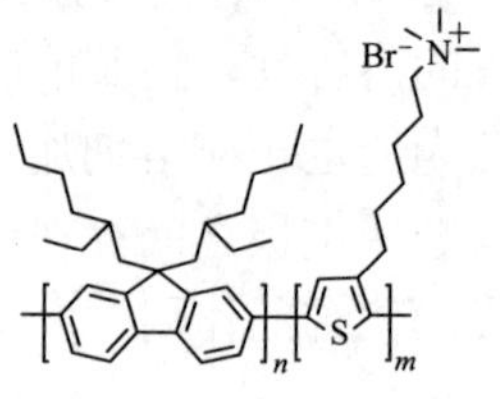

122

图 2-27　水/醇溶性共轭聚合物材料的结构式

进一步的研究发现，使用 PFN 作为 PLED 器件的 ETL，Ag、Cu、Au 等高功函金属向有机/聚合物发光层的电子注入也能得到显著的改善。PFN 具有优异电子注入性能，通常被认为其侧链上的氨基官能团与金属之间存在弱相互作用，在界面处形成偶极，降低了金属电极的功函数，从而降低了电子从金属到发光层的电子注入势垒，有利于电子的注入。将 PFN 作为阴极界面层，可实现可印刷的 PLED 显示[165]。例如，将 PFN 作为阴极界面层，在其上打印一层导电 Ag 胶作为阴极，制备的 EL 器件显示了较佳的性能。以 P-PPV 作为发光层制备的器件，最大外量子效率为 3%，以 PFO 作为发光层制备的器件，最大外量子效率为 4%。首次实现了全印刷卷对卷的 PLED 显示[166]。将 PFN 和环氧树脂黏合剂 ELC 2500CL

以质量比 2∶10 共混作为发光层与电极之间的中间层，环氧树脂黏合剂 ELC 2500CL 经处理后，可形成稳定的三维交联聚合物网状结构，不受外界普通溶剂的影响。将其与水溶性的共轭聚合物 PFN 共混，能够提供良好的成膜性，增强电子的注入，调节与印刷电极良好的亲和能。中间层实现了高性能、高分辨率的可印刷 PLED 显示[167]。

　　除了季铵盐和氨基，其他的极性官能团(如磷酸酯、磺酸根、二乙醇胺基团等)(**123**～**127**，图 2-28)也具有优异的阴极界面修饰功能[168-170]。Bazan 等[171,172]

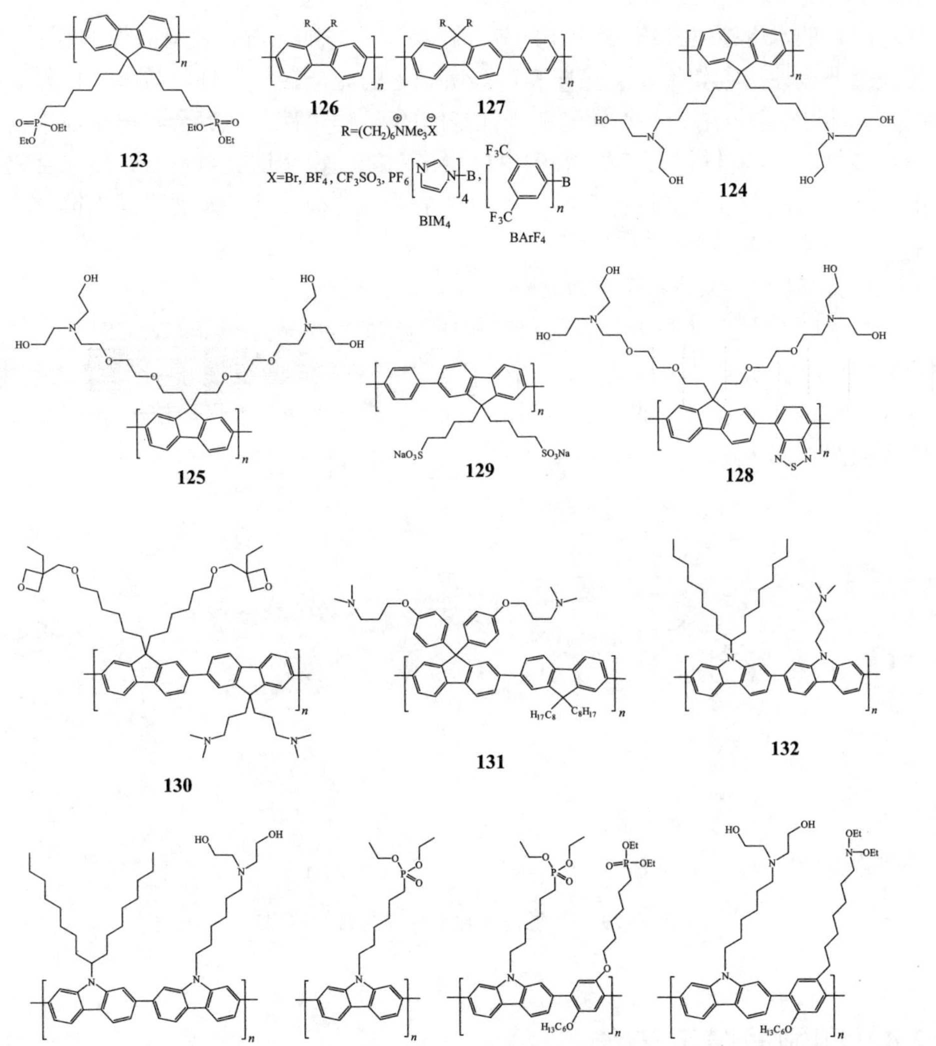

图 2-28　水/醇溶性共轭聚合物材料的结构式

合成了一系列不同对离子的聚电解质(**128** 和 **129**),系统研究了对离子对电子注入性能的影响,发现对离子为 BIM_4^- 的聚电解质,器件性能相对于其他对离子均有所提高。他们的研究还发现,在电场作用下,对离子体积的大小、在器件内的分布,影响 PLED 器件的性能及响应速度。由于 PFN 在一般的弱极性有机溶剂(如甲苯、氯苯、二氯苯等)中也能溶解,因此,使得制备器件的可重复性大大降低。解决这个问题可以通过合成可交联的氨基功能化聚合物来实现[173]。这类可交联的水/醇溶性共轭聚合物与 PFN 的溶解性相似,在微量乙酸的存在下可以溶解在甲醇中,在成膜后通过紫外线(UV)照射或加热还可以发生交联形成牢固的薄膜。氨基功能化的水/醇溶性共轭聚合物的界面修饰功能与加工溶剂没有必然的联系,即使采用非极性溶剂如甲苯旋涂成膜,其所制备的光电转换器件的效率仍可显著提高。不同共轭主链结构和不同侧链极性基团的水/醇溶性共轭聚合物电子注入材料 **132～136**,这些材料都具有良好的电极修饰功能,说明这类材料对共轭聚合物的主链能级结构有较宽的选择范围,可通过主链的结构改性,发展不同主链结构的水/醇溶性共轭聚合物[174-176]。

3. 水/醇溶共轭小分子界面材料

与水/醇溶性共轭聚合物界面材料相比,水/醇溶共轭小分子(WSCS)界面材料的突出优点在于化学结构确定、容易纯化、器件性能的重复性好,因而,近年来,各种 WSCS 也被合成出来用于界面修饰层[177-179]。部分用于界面修饰 WSCS 的结构式如图 2-29 所示。

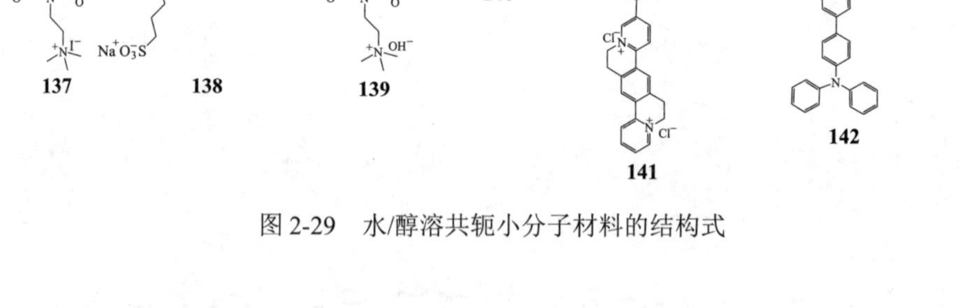

图 2-29 水/醇溶共轭小分子材料的结构式

2.4 印刷薄膜工艺

在制备有机半导体薄膜器件中,薄膜的质量是至关重要的。根据制备薄膜前材料的状态，有机半导体器件制备工艺有干法制备与溶液处理湿法制备两种。干法制备中真空蒸镀是最常用的工艺，这种工艺制备的薄膜致密均匀，能精确控制薄膜的厚度，但是所需设备价格较高，工艺操作比较复杂，使生产成本居高不下。溶液处理湿法成膜技术适用于可溶性的有机半导体材料，最常用的有旋涂制膜技术、提拉法制膜技术、喷墨打印技术及丝网印刷技术等。由于工艺简单，成本低廉，在较低温环境下制备，能实现大面积柔性器件的制造，因而是制备有机半导体器件最有发展潜力的技术。本节主要介绍几种湿法制备有机半导体器件工艺，如旋涂工艺、喷墨打印工艺及提拉制膜工艺的基本原理、发展背景及其在印刷 OLED 中的应用。

2.4.1　旋涂工艺及其在 OLED 中的应用

1. 旋涂法制备薄膜的基本原理

旋涂法制备薄膜技术开始于 20 世纪 20 年代，当时主要用于绘画染料及油漆沥青等膜层的制备。现在这种方法已广泛应用在电子行业及其他工业领域，如制备在高密度数字影碟(digital video disc，DVD)上储存读写信息的磁记录材料，图案化所需的光刻胶层及半导体薄膜器件。

对于薄膜型器件，制备无凸起针尖、无孔洞的均一薄膜是保证器件质量的关键因素。为了提高器件质量及产品成品率，分析旋涂制膜的过程，探讨影响薄膜质量的因素及其相互关系是很有必要的。

1) Emslie 理论模型

旋涂制膜一般分为四步：溶液在衬底上自然铺展，衬底以一定速度旋转，液体在离心力作用下向外流出，最后溶剂挥发使液体干燥成膜。

对旋涂成膜过程进行理论分析开始于 1958 年[180]。Emslie 在其提出的理论模型中，首先做了几个假设：①所用液体是黏度不随剪切速率而变的牛顿流体；②液滴旋涂前在衬底上沿半径对称性分布；③旋转衬底平面相对于液滴来说是无限大的；④不考虑重力与科里奥利力的影响。

在柱坐标系 (r, θ, z) 中，单位体积溶液受到离心力作用沿半径方向运动，有

$$-\eta \frac{\partial^2 v}{\partial z^2} = \rho \omega^2 r \tag{2-7}$$

式中，v 为衬底上液体的运动速度；ρ 为液体的密度；η 为溶液的黏度。考虑两个边界条件：在衬底表面 $(z = 0)$ 处 $v = 0$，在液面与空气界面($z = h$，h 为薄膜的厚度)处有 $\frac{\partial v}{\partial z} = 0$，则液体在衬底转动时沿半径方向向外的运动速度为

$$v = \frac{1}{\eta}\left(-\frac{1}{2}\rho\omega^2 rz^2 + \rho\omega^2 rhz\right) \tag{2-8}$$

则沿半径方向每单位长度微体积元的流量为

$$Q = \int_0^h v\mathrm{d}z = \frac{\rho\omega^2 rh^3}{3\eta} \tag{2-9}$$

应用柱坐标系中流体的连续性方程：

$$r\frac{\partial h}{\partial t} = -\frac{\partial(rQ)}{\partial r} \tag{2-10}$$

由式(2-9)与式(2-10)可得到薄膜的厚度随时间的变化规律：

$$h = \frac{h_0}{\sqrt{1 + \dfrac{4\rho\omega^2 h_0^2}{3\eta}t}} \tag{2-11}$$

从式(2-11)可知，溶液干燥后的薄膜厚度只与时间有关，所以，在 Emsile 理论模型中，旋涂法制备的薄膜厚度在衬底平面各处都是均匀分布的。

2）Emslie 理论模型的修正

（1）溶剂挥发的影响。Emslie 理论模型没有考虑溶剂挥发的影响，认为液体的浓度一直保持不变。实际上，在旋涂过程中溶剂在不断挥发，因而该理论模型不能准确预测薄膜的最终厚度。对低沸点易挥发性溶剂溶液，理论厚度往往低于实际厚度，反之，则高估了膜层的厚度[181]。Meyerhofer 等[182]考虑了溶剂挥发的影响，把旋涂过程简化为两步，首先由于衬底旋转大部分溶液在极短时间内被甩出去，留下的溶液铺满衬底干燥成膜，所以，他们认为在溶液飞出的短暂阶段不用考虑溶剂挥发的影响；而在溶剂挥发液体干燥成膜的阶段，由于溶剂挥发溶液浓度迅速上升、黏度增大，所以液体不再飞出衬底。同时为了简化模型，他们假定溶剂挥发使溶液各处的浓度都以相同速度增加，即不考虑溶液在垂直衬底方向上的浓度梯度。若留在衬底单位面积元的溶剂体积为 L，溶质体积为 S，则此时单位面积的溶液体积为 $S+L$，由于假定各处浓度一致，所以溶液的浓度为

$$c(t) = \frac{S}{S+L} \tag{2-12}$$

这样得到薄膜厚度与时间的关系为

$$\frac{\mathrm{d}S}{\mathrm{d}t} = -c\frac{1}{r}\frac{\partial(rQ)}{\partial r} = -\frac{2c\rho\omega^2 h^3}{3\eta} \tag{2-13}$$

$$\frac{\mathrm{d}L}{\mathrm{d}t} = -(1-c)\frac{2c\rho\omega^2 h^3}{3\eta} - e \tag{2-14}$$

式中，e 为溶剂挥发的影响因子。此时溶液的厚度也是 $h=S+L$，当溶剂完全挥发后，$L=0$，则最后薄膜厚度为

$$h_{\mathrm{f}} = S_{\mathrm{f}} \sim c_0 e^{\frac{1}{3}}\eta^{\frac{1}{3}}\omega^{-\frac{2}{3}} \tag{2-15}$$

式中，S_{f} 为最后的溶质体积；c_0 为初始溶液浓度。

(2) 表面空气气流的影响。衬底的旋转会引起其表面上方空气的流动而形成涡流，对表面液体产生剪切力 τ 作用而影响液体的运动速度，加速液膜变薄[183]。考虑到这一点，前面所说的边界条件 $(z=h)$ 时 $\frac{\partial v}{\partial z}=0$ 并不成立，此时有

$$\eta\frac{\partial v}{\partial z}\bigg|_{z=h} = \tau\big|_{\mathrm{air}} = \left(\frac{1}{2}\omega^{\frac{3}{2}}v_{\mathrm{air}}^{-\frac{1}{2}}\eta_{\mathrm{air}}\right)r = Ar \tag{2-16}$$

代入式 (2-7)，得到修正后的液体运动速度：

$$v_{\mathrm{r}}(r,z) = \frac{A + \rho\omega^2 h}{\eta}rz - \frac{\rho\omega^2 rz^2}{2\eta} \tag{2-17}$$

此时薄膜厚度与时间的关系为

$$\frac{\mathrm{d}h}{\mathrm{d}t} + \frac{2\rho\omega^2 h^3}{3\eta} + \frac{Ah^2}{\eta} = 0 \tag{2-18}$$

(3) 科里奥利力的影响。在转盘上运动的物体将受科里奥利力作用，使物体产生垂直于半径方向的加速度，即

$$a_{\mathrm{c}} = 2\omega v \tag{2-19}$$

只有当离心加速度远大于科里奥利加速度时，科里奥利力才可忽略，即当

$$\omega^2 r \gg 2\omega v \tag{2-20}$$

时，将式 (2-20) 代入式 (2-17)，则有

$$\eta \gg \rho\omega h^2 \tag{2-21}$$

可见，Emslie 理论一般只适用于黏度较大、转速较小、膜层较薄的情况。

(4) 液滴与衬底接触角的影响。Emslie 理论假设液滴开始旋涂前均匀平铺在衬底上，但由于液体与衬底接触角的影响，液滴一般在衬底上呈球冠状铺开，边缘与衬底有一定的夹角，即接触角。这样液体表面各处受力不同，沿液膜表面切线有

$$F = \rho\omega^2 r\cos\phi + \rho g\sin\phi \tag{2-22}$$

式中，ϕ 为液面各点表面切线与水平面的夹角。但实验发现，只要衬底表面能充分浸润，适当调整衬底的转速，缓慢增加转速，采用高低转速结合的方法能有效抑制因这种现象产生的薄膜不均匀现象。

2. 旋涂法在 OLED 中的应用

从 1990 年剑桥大学采用 PPV 甲醇溶液，利用旋涂法制备了厚度约 100 nm 均匀致密稳定的发光层薄膜，得到了外量子效率为 0.05% 的电致发光器件[184]，随后溶液加工型电致发光器件得到了迅速发展。由于旋涂法制备薄膜可以在室温下操作，因而可以用在不耐高温的柔性材料上。1992 年 Heeger 小组在 *Nature* 上发表文章，报道了在聚对苯二甲酸乙二醇酯 [poly(ethylene terephthalate)，PET] 衬底上制备的柔性器件[185]，展示了旋涂法制备有机电致发光器件的迷人魅力，引起了科研工作者及工业界的极大兴趣。

旋涂法制备有机电致发光二极管的不足是只能制备层数较少的器件，而真空蒸镀可以采用多层结构，除发光层外，空穴注入层、空穴传输层、电子注入层、电子传输层等多层结构的加入，能有效地匹配各功能层能级、增加载流子的注入、改善载流子的平衡，因而能制备效率高与稳定性好的器件。而旋涂法溶液处理制备多层时有可能溶解前一层而影响发光效率，限制了旋涂技术的应用。有机白光发光二极管因其节能省电的特点在白光照明领域中具有巨大的潜力，近年来得到了快速发展，同时利用白光加彩色滤光片技术实现全彩显示屏方案[186]的推出更使研究者看到了有机白光发光二极管的前景。白光一般采用分别发红、绿、蓝光的独立三层结构或双层结构。因为湿法旋涂技术只能制备单层的局限，刚开始的白光发光二极管也都局限于小分子干法真空蒸镀技术。水溶性有机材料的研发突破了旋涂技术只能制备单层器件的局限[187-193]。因为大多数聚合物材料都比较容易溶解在油性溶剂中，在甲醇等水性溶剂中溶解性差。这样，在有机层上旋涂水溶性材料时不会损坏只在油性溶剂中溶解的前一层薄膜。因此，利用这种特性旋涂技术也可以制备双层甚至多层结构器件。

小分子材料具有发光效率高、易提纯等聚合物材料无法比拟的优势，近来，

研发制备的小分子可溶性材料性能稳定性都有很大提高。因此，到目前为止，旋涂法不但能制备单层器件，而且可以制备高性能的多层器件，还可以用来制备高性能的小分子器件。

3. 旋涂法制备 OLED 面临的问题

前面讨论的关于旋涂法制备薄膜的基本理论都认为薄膜的厚度沿着半径方向的变化很少，相关的实验结果也证实了这点。但这些实验中制备的薄膜厚度一般在几百微米，而 Ogi 等[194]在用旋涂法制备单层二氧化硅颗粒薄膜时却发现，转速不同时，颗粒在蓝宝石衬底上的覆盖率有很大的变化。为了得到比较均匀的颗粒膜层，实验采取高低转速结合的方法，高转速设定为 8000 r/min，时间为 5 s，低转速分为三档，即 100 r/min、200 r/min 及 1000 r/min，设定时间为 20 s。实验发现，在采用低档转速（100 r/min）或高档转速（1000 r/min）时，颗粒在衬底中心堆积，离中心稍远处部分衬底开始没有被颗粒覆盖，离转轴中心越远颗粒的覆盖率越低，而采用 200 r/min 低转速档时衬底各处基本上被一层颗粒覆盖，说明膜层是均匀分布的。

图 2-30 分析了形成这种现象的原因。在低档转速为 100 r/min 时，颗粒所受的离心力比较小，溶剂挥发也较慢，所以高转速开始时仍有较多溶液与颗粒留在

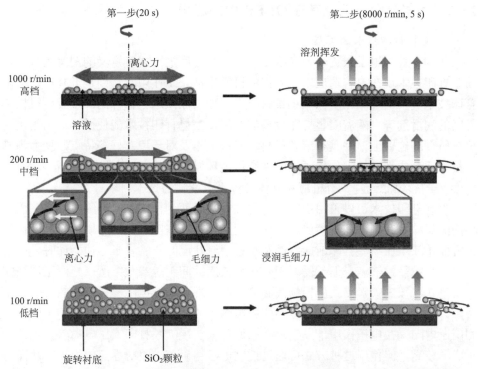

图 2-30　在旋涂时不同转速下离心力和溶剂挥发对二氧化硅颗粒分布的影响示意图[194]

衬底上，在高速转动时留在衬底边缘的颗粒因受到的离心力大而被甩出衬底的概率大；当转速为 1000 r/min 时，初始的离心力相对较大，溶剂挥发较快，大部分颗粒被甩出衬底，而中心部分的颗粒因为离心力较小而留在衬底上形成多层堆积；而当转速为 200 r/min 时，溶剂的挥发速率正好避免了强离心力作用，使颗粒能在毛细力作用下有序排列，20 s 后因为溶剂挥发，溶液浓度增加、黏度变大使达到衬底的颗粒固定在衬底，所以高转速时不会被甩出。由此可见，旋涂法制备薄膜时离心力及其引起的溶剂挥发速率是影响薄膜质量及形貌的主要因素，根据不同溶剂寻找适合的转速是制备均匀膜层的关键。当转速不合适时，薄膜厚度会形成从衬底中心到边缘慢慢变薄的梯度。

旋涂法制备 OLED 时使用的材料多为聚合物材料，聚合物材料在旋涂过程由于链间作用而有可能对薄膜形貌产生影响[195]，特别是进行大面积旋涂时，中心区域与衬底边缘薄膜的形貌区别很大。对于高分子量聚合物，其黏度增大时有可能表现非牛顿流体特性，即溶液的黏度随剪切力而变化，这些都是在旋涂法制备薄膜时需要考虑的因素。在使用挥发性快的溶剂时还要考虑溶剂挥发而引起表面溶液浓度的变化、使溶液形成垂直于衬底的浓度梯度、使溶剂由内向表面扩散而造成不均匀膜层[196]。

2.4.2 喷墨打印工艺及其在 OLED 中的应用

1. 喷墨打印技术的发展

作为一种将电子数据转换在纸张或玻璃等衬底上形成有意义的图案的技术，喷墨打印技术现在已普遍应用在人们的日常生活及工作中。特别是近几年，喷墨打印技术更多地应用在喷涂微小量材料上，如喷涂微电子器件的焊接胶、机械部件间的润滑剂等。随着喷墨打印设备的发展，喷墨打印技术能使微小液滴精确定位在所需的位置上，并具有节省材料、降低成本及对环境友好等特点，使喷墨打印技术逐渐成为有机半导体领域中如有机电致发光器件(特别是有机全彩显示)、LCD 中的彩色滤光片、有机薄膜晶体管等不可或缺的技术。

喷墨打印技术可以采用连续喷射与按需喷射两种模式[197]。连续模式中液滴以相同的尺寸及间距不间断喷射，一般只用在需要高速图案化的印刷纺织品及标签等方面，或用在喷墨打印前的校准及观察液滴状况时。制备半导体器件时，因为需要更小粒径的液滴，而且需要不时改变液滴的间距等参数，所以一般采用按需喷射模式。按需喷射模式中根据液滴的形成原理分为压电喷墨技术和热喷墨技术两种。压电喷墨技术就是将许多小的压电陶瓷放置到喷墨打印机的打印头附近，利用压电陶瓷在电压作用下发生形变的原理来实现喷墨打印。压电喷墨技术的喷头成本较高，但使用这种方式可通过控制电压精确控制喷射墨滴的大小，从而易于获得较高的打印精度。热喷墨技术俗称气泡技术。热喷墨打印通过加热喷嘴，使墨水产生气泡，然后再喷到打印介质的表面完成喷墨打印。热喷墨技术制作的喷头成本较低，但在控制墨水微粒喷射的方向和大小方面难度较大，而且热喷墨技术一般用水溶性墨水[198,199]，而多数有机发光材料特别是聚合物在水性溶剂中溶解性不好而易溶于油性溶剂。因此，喷墨打印有机电致发光二极管时一般使用压电喷墨技术。

在喷墨打印时喷射针孔喷射液滴量的偏差越小越好。采用在同一位置喷射多次的方法可以有效减少这种误差[198]。另外，针口的最小喷射量也是非常重要的参数，制备各种电子器件如 OLED 显示屏时一般要求最小喷射量在皮升范围内。打印机平台打印头运动时的最小位移精度及位移误差是打印头能精确定位的关键因素，而液滴能准确落入指定地点不但依赖于打印头的定位，而且与打印头相对于衬底的角度(即打印头的垂直偏差度)有关，减少打印头与衬底的间距能有效改善这种状况[198]。

由于喷墨打印技术的普及，现在有多家公司致力研发喷墨打印设备，其中美国国际商业机器公司(IBM)、日本 Seiko Epson 公司及美国 Dimatix 公司(原 Spectra 公司)主要研制台式打印机；这种设备使用一次性墨盒，墨盒与打印喷嘴直接相连，一般打印精度较低，而且墨盒一般为塑料制品，因此对溶剂有严格要求，所以适用范围较窄。日本真空技术株式会社(ULVAC)的子公司 Litrex 公司、荷兰的 Philips 公司，以及美国的 MicroFab 公司和 Spectra 公司主要研发喷墨打印 PLED 设备。现在正在研发的第八代 PLED 喷墨打印设备，可以制备边长 2 m 以上的大尺寸 PLED 显示屏，位移平台的精度可控制在 5 μm 以内，喷射最小溶液量为几皮升，溶液喷射口间距及喷射容量可独立调控，可制备分辨率高达 200 ppi 的显示屏[199]。

2. 喷墨打印技术在有机半导体领域的应用

1)喷墨打印技术制备全彩显示屏

1998 年，Yang 等[200]在美国 SID 会议上展示了使用喷墨打印技术制备的 PLED 器件，同年 11 月他们又使用喷墨打印技术成功制备出双色 PLED 器件，开始了将喷墨打印技术应用于制备 PLED 器件的探索与实践。1999 年，日本 Seiko Epson 公司与 CDT 合作在 SID 会议上展示了第一台使用喷墨打印技术制作的全彩 PLED 显示屏后，美国杜邦(DuPont)公司等多家研发机构使用喷墨打印技术先后研发并制备出了全彩 PLED 显示屏。2003 年，Philips 公司在荷兰组建了世界上第一条 PLED 生产线，并研制出 13 in 有源全彩 576×(RGB)×324 像素、厚度仅为 1.2 mm 的 PLED 显示屏[201]。2004 年，Seiko Epson 公司使用拼接技术制成了 40 in 2.1 mm 厚度的全彩显示屏，展示了喷墨打印技术制备大尺寸显示屏的前景。

2)喷墨打印技术制造彩色滤光膜

彩色滤光膜不仅普遍用在 LCD 上，随着 OLED 白光材料性能的不断提高，操作工艺简单、不需要掩膜对位的白光滤光膜转换技术将是制备全彩 OLED 显示屏的另一种选择。传统技术制造彩色滤光膜时,先将红色颜料旋涂在玻璃衬底上,然后利用光刻等技术去除不需要的部分材料(大约占 2/3),然后采取同样的工序制备绿色及蓝色颜料,这样既浪费了不少的材料,又需要多次工艺重复,所以,彩色滤光膜的成本几乎占 LCD 生产成本的 20%[202,203]。而喷墨打印技术采用按需喷射,只需少量的材料就能制备出彩色滤光膜,而且工艺流程简单,能将彩色滤光膜的生产成本降低一半以上[204]。

3)喷墨打印技术制备光色转换层

同样,因为能节省材料降低成本,喷墨打印技术也开始了在制备蓝光光色转换彩色化技术中的尝试。结果发现,因为光色转换层对膜层厚度的依赖性不大,所以适于采用喷墨打印技术[205]。

4)喷墨打印技术制备发光电池

发光电池一般需要使用高分子量的聚合物,如聚环氧乙烷[poly(ethylene oxide),PEO],该聚合物会在喷射口形成长线而难以得到稳定的液滴,因而一般采用旋涂法制备而不适于使用喷墨打印技术。Mauthner 等[206]采用分子质量仅为 30000 Da(1 Da=1.66054×10^{-27}kg) 的 PEO,并用水性聚合物分散剂分散 MEH-PPV 溶液后,通过喷墨打印得到了启亮电压仅为 3V 的可重复性高的发光电池,将喷墨打印技术的应用拓展到发光电池领域。

5)喷墨打印技术制备有机 TFT

有机 TFT 使用有机材料作绝缘层及有源层,因而具有能室温溶液处理、易于实现大面积、低成本等优势,具有广阔的应用前景。湿法制备有机 TFT 一般采用旋涂方式制备绝缘层及有源层,然后采用真空蒸镀金等金属作为源/漏电极。蒸镀电极及旋涂各功能层都不可避免地浪费大部分材料,增加了制备成本。目前,喷墨打印技术制备有机 TFT 也取得了很大进展。通过加热衬底及选择优化溶剂,喷墨打印 6,13-双(三异丙硅基乙炔基)(TIPS)并五苯薄膜,得到了迁移率为 $0.05\ cm^2/(V\cdot s)$ 的 TFT,其开关比高达 10^6 [207]。PEDOT:PSS 一般用作有机发光二极管的空穴传输材料,由于其良好的导电性,也可用于制备 TFT 的电极。据报道,利用聚酰亚胺(PI)的疏水性,在 5 μm 宽的聚酰亚胺条两侧分别打印 PEDOT:PSS 作源/漏电极,得到了沟道长度为 5 μm,迁移率和开关比分别为 $0.02\ cm^2/(V\cdot s)$ 和 10^5 的有机 TFT[208,209]。因为逻辑电路的转换频率与沟道的长度成反比,所以有必要制备短沟道的 TFT 以提高集成电路的性能,而由于设备及工艺条件的限制,一般喷墨打印源/漏电极可重复的最小沟道长度一般为 20 μm。Sirringhaus 等[210]采用分两步打印 PEDOT:PSS 电极的方法,得到了沟道长度仅为 100 nm 的 TFT。他们对第一次打印的 PEDOT:PSS 层进行表面处理(用 CF$_4$ 等离子体处理或在 PEDOT:PSS 溶液中加入一种表面活性剂材料)降低其表面能,这样第二次打印在第一层 PEDOT:PSS 膜边缘的溶液会自动滑离而形成超短沟道。这种超短沟道

TFT 的传输特性呈超线性增长，在小于 5V 的低电压下开关比为 10^4。有机 TFT 的喷墨打印技术将在本书第 3 章详细介绍。

3. 喷墨打印技术存在的问题

在制备高分辨率显示屏时，如何改变溶液的性质形成稳定的液滴、如何调整参数将微细液滴准确喷射到指定的像素坑内并形成均匀无针孔薄膜是制备高质量器件的关键。所以采用喷墨打印技术制备器件的首要步骤是分析所配制溶液的性能，如材料的分子量、溶液的黏度及表面张力等，使溶液在一定的电压、气压下能形成稳定的液滴。一般黏度为 $1\sim20$ cP、表面张力为 $3.5\times10^{-2}\sim6.0\times10^{-2}$N/m 的溶液才能获得较为稳定的液滴。而由于聚合物分子量一般在 10^5 以上，当浓度较高时一般显示非牛顿流体特性，存在剪切变稀现象，很难形成稳定的液滴[211,212]。在配制溶液时还要考虑溶剂的挥发性，一方面因为低沸点溶剂挥发太快容易堵住针孔，另一方面溶剂的挥发速率直接影响溶液干燥成膜的质量。同时，均匀的薄膜还与溶剂在衬底上的接触角及衬底的表面能有关，一般来说表面能大的衬底使溶液容易浸润衬底而铺展。而准确定位喷射液滴主要与衬底平台的位移精度及喷头的质量有关。现阶段平台的位移精度已小至 $2\mu m$，喷头的垂直偏差度等参数都基本上能满足高分辨率量产的要求。多通道多喷头的设计能缩短打印时间并确保各像素内薄膜的均匀性。

2.4.3　提拉制膜工艺及其在 OLED 中的应用

1. 提拉法制备薄膜的基本原理

提拉技术最先用于制备胶状体膜层，后来被广泛用于制备光刻胶及磁盘的磁性存取信息膜层。与旋涂技术及喷墨打印技术不同，提拉技术不但可以制备平面衬底薄膜，而且能制备圆柱体及各种不规则形状表面的薄膜。提拉法制备薄膜的过程很简单，首先将衬底浸入到溶液中，待衬底被溶液完全浸润后将其以一定的速度提拉出来，控制提拉速度及溶剂挥发，使黏附在衬底上的溶液干燥后形成均匀的薄膜。薄膜的厚度取决于提拉的速度、溶液所受的重力及溶液的性质，如溶液的浓度、黏度、表面张力及溶剂挥发速率等。溶液的黏度及衬底向上提拉作用产生使溶液粘住衬底向上运动的力，而重力及表面张力却施予粘在衬底上的溶液向下离开衬底的作用力。

Landau 和 Levich[213]最早开始对提拉过程进行分析。他们忽略溶剂挥发及衬底边缘效应，得到了提拉过程中溶液沉淀在平面衬底上的薄膜厚度：

$$h = 0.946 L_c \text{Ca}^{\frac{2}{3}} \tag{2-23}$$

$$L_c = \left(\frac{\sigma}{\rho g} \right)^{\frac{1}{2}} \tag{2-24}$$

$$Ca = \frac{\eta v}{\sigma} \tag{2-25}$$

式中，L_c 为由于重力及表面张力作用产生的毛细长度。毛细管数 Ca 与黏度 η、表面张力 σ 及提拉速度 v 相关。

由上述公式可知，在提拉过程中，薄膜厚度与溶液的黏度及提拉速度正相关，也就是说提拉速度越大，得到的薄膜越厚；溶液的黏度越大，同样的提拉速度得到较厚的膜层，多次实验结果证明了这个理论的正确性[214-217]。但 Gao 等[218]却发现，当溶液浓度很低时（0.001%～0.01%），薄膜的厚度与提拉速度没有多大的相关性。

由于忽略了提拉过程中溶剂挥发的影响，朗道-列维奇（Landau-Levich）理论一般低估了薄膜的厚度。Yimsiri 等[219]加入校正因子 2.7，校正后的理论模型与实验结果相吻合。

在 Landau-Levich 理论模型中，提拉衬底表面平整没有细微结构而忽略边缘效应。具有微结构表面，如疏水亲水相间的阵列化表面，越来越多地应用在微电子器件中。Davis 等[220,221]分析了宽度为 W 的微细条状结构（非常窄而忽略重力作用）衬底采用提拉技术制备的薄膜厚度，发现

$$h_s = 0.356 Ca^{\frac{1}{3}} \tag{2-26}$$

与 Landau-Levich 理论比较，这时薄膜的厚度只与毛细管数有关，而且相关指数也有较大的变化。可见，微细结构对提拉技术制备薄膜的厚度有很大影响。

2. 提拉技术的应用

1）提拉法制备薄膜器件

作为一种快捷、简便、低成本的湿法制备薄膜工艺，提拉法已经广泛应用在各种薄膜及器件的制备上，如纳米复合材料[222,223]、亚微多孔状薄膜[224]及 OLED[225]等。

（1）提拉法制备 OLED。制备单色 OLED 时，一般采用旋涂方式。但是旋涂法中溶液所受的离心力与其离转盘中心距离的平方成正比，所以在制备大面积薄膜时很难获得均匀的膜层。而提拉法制备的薄膜厚度只与毛细作用及提拉速度有关，溶液与衬底界面各处所受的作用力是相同的，因而薄膜的厚度与均匀性不受大面积的影响。Yimsiri 等比较了旋涂法与提拉法制备的 OLED，结果发现，两种方法制备的器件无论是亮度还是效率等性能都大致相同[225]。可见，在湿法制备

OLED 时，提拉法不但具备旋涂法快捷简便的优点，并能适应大面积生产，而且材料的可重复利用能节省材料降低成本。

（2）提拉法制备亚微多孔状薄膜。亚微多孔材料因为其独特的物理特性而广泛应用在催化剂、传感器及燃料电池等方面。将阴离子表面活性剂十二烷基硫酸钠（sodium dodecylsulfate，SDS）与非离子表面活性剂十八烷基聚乙二醇醚（octadecyl polyethylene glycol ether，Brij76）掺杂制成甲醇溶液，然后与硝酸银水溶液共混。玻璃衬底浸入该溶液中，在提拉上升过程中粘在沉底上的溶液因为溶剂的挥发浓缩形成混合相的胶束状薄膜，而银离子沉淀在胶束的空隙中，通过光照或其他化学反应使其固化成膜，去除表面活性剂后得到亚微多孔状银膜（图 2-31）[224]。与其他制备亚微多孔状薄膜方法相比，如电化学沉淀法等，提拉法制备薄膜的主要优势是能制备大面积衬底，同时只需要极少的表面活性剂，因而是一种成本低廉、快速有效的方法。

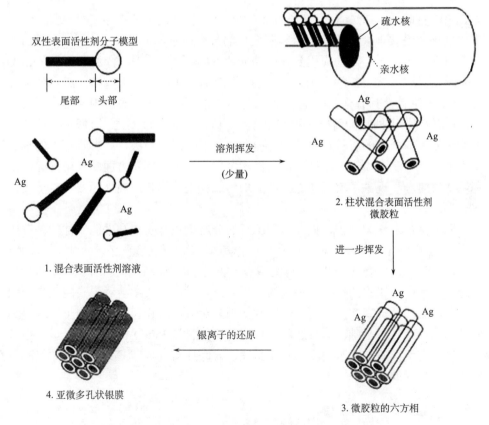

图 2-31 提拉法制备亚微多孔状银膜示意图[224]

2)提拉法图案化纳米器件

液体与固体衬底接触时，液体边缘由于固体表面粗糙等原因而被钉住形成接触线时，由于接触线处的溶剂挥发较快，诱导形成由液体内部流向外部接触线的补偿液流，这种垂直于接触线的毛细流使溶液中的溶质(如悬浮液中的纳米线)流向接触线并形成有序排列。Yang 等[226]最先采用这种简便的方法，用银纳米线悬浮液得到了密度及周期性可控的图案化银纳米线，并制成了6×6 阵列的器件。华南理工大学研究团队应用有机小分子二甲苯溶液，采用提拉法原位生长自组装制备了纳米线长度、密度及周期性等均可精确控制的图案化有机纳米线阵列，并得到了典型的 p 型 TFT[227]。

2.5　印刷制备有机发光二极管器件工艺

喷墨打印技术通过有效控制材料沉积来实现复杂图案的直接书写，制备简单、成本低廉，是实现大面积功能材料图案化的最有前景的方法之一[228-230]。目前，喷墨打印技术已经广泛地应用到各类功能器件的制备[231-236]，特别是全彩 OLED 显示的制备[237,238]。喷墨打印技术具有操作简单、非接触、无掩模、成本低等优点，在器件制备上具有强劲的竞争优势，但打印的墨滴在挥发过程中通常存在"咖啡环"效应[239]，即功能溶质在墨滴中心和边缘的沉积厚度不同，降低了功能薄膜的均匀性。而薄膜的质量对器件的性能和器件寿命影响很大，"咖啡环"的形成很大程度上限制了喷墨打印技术在高性能器件、微器件制备方面的应用。因此，消除"咖啡环"现象，实现功能溶质的均匀沉积是喷墨打印高性能器件的重要研究方向。

除了溶质的均匀沉积，提高打印图案的分辨率也是实现高性能器件的关键所在[240]。通常，喷墨打印图案的分辨率由墨滴的沉积面积决定。在一个喷墨打印周期内，墨滴经过从喷嘴喷出、与衬底碰撞、铺展，以及最后干燥成膜的四个阶段。在这一过程中，墨水的性质、墨滴的产生方式及衬底性质都会对墨滴的沉积面积及打印图案的分辨率产生影响。研究这些因素对液滴沉积尺寸的影响可以为提高器件的分辨率打下基础。本节选用一种聚芴蓝光材料 PFSO 作为研究对象，系统地研究了溶剂性质、墨水浓度、打印温度、衬底性质、打印参数等因素对墨滴成膜质量和尺寸的影响。

2.5.1　"咖啡环"效应

Deegan 等[239]在 1997 年对"咖啡环"现象进行了深入的研究。他们认为"咖啡环"的形成是液滴挥发不均匀而形成的毛细流动将悬浮的溶质携带到液滴边缘并且沉积造成的，如图 2-32 所示。他们提出，挥发液滴三相接触线的钉扎是形成"咖啡环"效应的必要条件之一。当液滴的接触线钉扎在衬底时，液滴边缘处溶剂的挥发速率大于中心处的挥发速率。为了补偿液滴边缘损失的溶剂，液滴内产生由中心向边缘流动的毛细流动，这种毛细流动将溶质携带到边缘，干燥形成"咖啡环"[241]。因此，毛细流动的强弱也是影响"咖啡环"形成的另一关键。

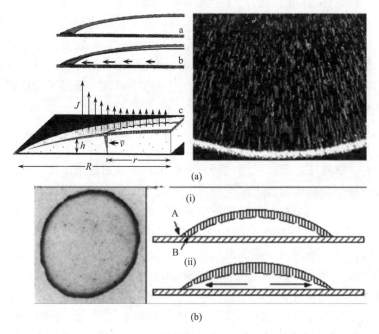

图 2-32 "咖啡环"现象示意图[242]

此外，"咖啡环"形成的另一必要条件是抑制向内的马兰戈尼毛细运动[243,244]，如图 2-33 所示。马兰戈尼流是由马兰戈尼（Marangoni）在 1865 年发现

图 2-33 液滴干燥过程中内部流动的可视图[244]

的，是一种与重力无关的自然对流。由于高表面张力的液体对周围液体的拉拽力超过低表面张力的液体，在表面张力梯度的诱导下液体将由低表面张力处向高表面张力处流动。浓度梯度或者温度梯度均可引起液滴表面张力梯度的产生。一般来说，由外向内的马兰戈尼流可将溶质从液滴边缘携带到中心，与毛细流动相反，它有利于抑制"咖啡环"的形成。

此外，研究还发现液滴的尺寸也能影响"咖啡环"的形成。"咖啡环"效应的产生在液滴尺寸上存在一个极限值。例如，对于含有直径为 100 nm 纳米颗粒的溶液，其形成"咖啡环"的最小液滴尺寸为 10 μm[245]。这是由于随着液滴尺寸的减小，液滴溶剂挥发速率逐渐增大，而液滴内部粒子的移动速度却变化不大。当液滴的尺寸减小到一定程度时，溶剂的挥发速率远远大于粒子的迁移速率，溶质粒子来不及运动到边缘就沉积干燥了。

2.5.2 "咖啡环"效应的影响因素

基于对"咖啡环"形成机理的研究和认识，可以通过三大类方法来抑制"咖啡环"效应：一是减弱液滴内部的由内向外的毛细流；二是增大液体内部由外向内的马兰戈尼流；三是控制干燥过程中液滴三相接触线的移动[242]。

由于液滴不均匀挥发产生的向外毛细流动将溶质迁移到边缘是形成"咖啡环"的原因，因此减弱向外毛细流动可以有效抑制"咖啡环"的形成。首先，调控溶剂的挥发速率可以减弱毛细流动。Soltman[246]研究发现，降低衬底温度时液滴边缘溶剂挥发速率下降得比中心多，使得液滴挥发的不均匀性降低，从而减弱了毛细流动获得了均匀薄膜；疏水处理衬底表面以增大液滴的接触角也能在一定程度上降低液滴边缘与中心的不均匀性，打印形貌由环形转变为点状。Tokito 等[247]通过增加打印环境湿度来减小溶剂挥发速率，导致毛细流动产生的浓度梯度被高湿度下较快的扩散所均衡。其次，溶质粒子或者分子之间的相互作用对液滴干燥行为的影响也能用来削弱毛细流动[248-250]。Yodh 等[251]利用椭球形粒子间的毛细作用力消除了"咖啡环"现象。蒸发溶液的黏度也会对其内部粒子的迁移产生重要影响。宋延林课题组[252]通过在墨水中加入丙烯酰胺单体，利用单体聚合生成聚合物来增加溶液黏度而减缓粒子向边缘的迁移速率。

在液体干燥过程中，液滴中心和边缘的温度、浓度差等会引起表面张力梯度，导致溶液由低表面张力处向高表面张力处流动，形成马兰戈尼流。通常情况下，马兰戈尼流是沿着液滴表面从液滴边缘向中心流动，与溶剂挥发引起的由内向外的毛细流动方向相反。因此，增大马兰戈尼流可以有效抑制"咖啡环"效应。其中，最常用的方法是采用高低沸点溶剂共混[244, 253-255]。例如，Moon 等[254]通过在溶液中添加相对于主溶剂水沸点更高、表面张力更低的乙二醇溶剂，打印出均匀的导电银线。这是因为液滴在干燥过程中边缘挥发速率高于中心，而水的挥发速率高于乙二醇的挥发速率，因此随着液滴挥发的进行，乙二醇在边缘处的浓度大于中心处，使得边缘的表面张力小于中心，产生了向内的马兰戈尼流。此外，还可以引入溶剂蒸气环境来制造表面张力梯度。Pasquali 等[256]在乙醇的饱和蒸气下打印水溶性纳米粒子墨水。由于液滴边缘的气液接触面积小于中心处，干燥时液滴边缘吸附周围环境的乙醇浓度低于中心处，形成较强的马兰戈尼流使得粒子均匀沉积。另外，表面活性剂的添加可以使液滴内部形成局域性的涡旋流动，称为马兰戈尼涡旋[257-259]，也可以有效抑制"咖啡环"的形成。

前面提到，液滴三相接触线的钉扎是形成"咖啡环"的必要条件之一。一般情况下，衬底不是理想的光滑无缺陷的，在干燥过程中，液滴的三相接触线就会因为这些缺陷而发生钉扎。虽然初期三相接触线对衬底的黏附力小，但随着溶剂的挥发溶质逐渐向接触线移动沉积，进一步将接触线钉扎在液滴边缘[241]。施加一定的外界作用力使三相接触线在液滴干燥过程中随着液体体积的减小不断回缩，抑制粒子在边缘的沉积，从而抑制"咖啡环"的形成。Augustine 等[260]就是通过电浸润的方式控制三相接触线移动，成功抑制了"咖啡环"的形成。

在消除"咖啡环"的研究中，室温条件下利用单一溶剂实现在无疏水处理的衬底上薄膜均匀沉积的研究并不多。作者基于自行研发的聚合物蓝光材料PFSO[261]，通过筛选一系列不同极性和沸点的溶剂(结构式见图 2-34)，实现了在单一溶剂下喷墨打印聚合物发光材料的均匀沉积，并且详细研究了溶剂、浓度、温度、衬底等对成膜质量和尺寸大小的影响。

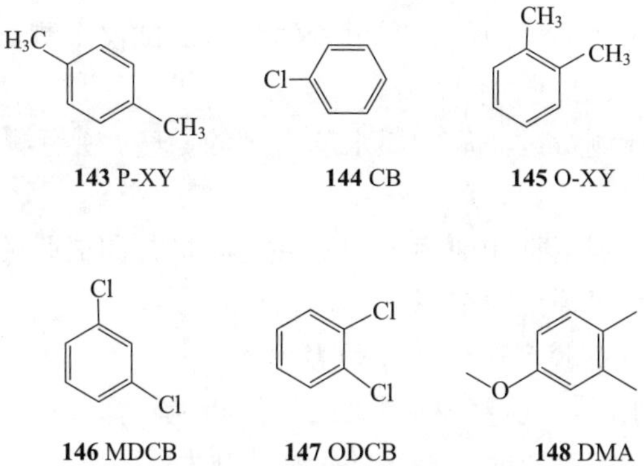
H3C
CH3
Cl
CH3
CH3
143 P-XY
144 CB
145 O-XY
Cl
Cl
Cl
Cl
O
146 MDCB
147 ODCB
148 DMA

图 2-34　不同溶剂的结构式

1. 衬底处理

采用小面积无像素结构的衬底，尺寸为 1.5 cm×1.5 cm，其中 ITO 的覆盖面积为 1.0 cm×1.5 cm。利用超声波清洗仪清洗衬底，清洗的步骤为：丙酮清洗—回收异丙醇—洗液清洗—两遍去离子水清洗—干净异丙醇清洗。每个步骤超声 10 min。

洗完后放置 80℃烘箱烘干待用。

分别在 ITO 上旋涂 PEDOT∶PSS、PVK、ZnO、PEI 作为打印衬底,制备方法如下。

PEDOT∶PSS 衬底:先用紫外光处理 ITO 衬底 5 min,然后在大气环境下旋涂 40～50 nm 厚度的 PEDOT∶PSS,再置于手套箱内于 180℃热处理 10 min。

PVK 衬底:在制备好的 PEDOT∶PSS 上继续旋涂 20～30 nm 厚度的 PVK,于 140℃热处理 10 min,干燥固化薄膜。

ZnO 衬底:在 ITO 上旋涂一层 ZnO 纳米颗粒,于 120℃热处理 10 min。

PEI 衬底:在制备好的 ZnO 表面上再旋涂一层 PEI。

2. 墨水的配制和喷墨打印

将 PFSO 分别溶解在不同极性和沸点的溶剂[P-XY、CB、间二氯苯(MDCB)、邻二氯苯(ODCB)、N,N-二甲基苯胺(DMA)]中,置于 60℃热台上加热溶解 24 h。墨水的浓度为 5 mg/mL。打印墨水经 0.22 μm 孔径的滤膜过滤到 Jetlab II 打印机的墨盒中,设置好打印程序,调整电脉冲信号和 N_2 流量,放置相应的衬底并设置不同温度打印。实验中使用的打印头喷嘴直径为 30 μm,各种墨水打印条件相同(脉冲信号、N_2 流量、打印参数等),打印完的薄膜放在手套箱过渡舱内抽干溶剂完全干燥。

3. 性能测试和薄膜形貌表征

用接触角测试仪测试去离子水、二碘甲烷、打印墨水在不同衬底上的接触角,每个接触角的数据采用 3 次独立测量的平均值。利用去离子水、二碘甲烷在衬板上的接触角计算各衬底的表面能。利用表面张力测试仪来测量各种溶剂和墨水的表面张力。

利用旋转黏度计测量过滤后的墨水和溶剂的黏度。所有测试都在 25℃室温条件下进行。

利用偏光显微镜观察打印薄膜形貌,并且测量打印成膜的尺寸。综合利用台阶仪和白光干涉仪来表征薄膜的形貌和均匀性。

4. 溶剂对 PFSO 薄膜形貌和尺寸的影响

在配制打印墨水时,既要考虑墨水的可打印性和稳定性,又要考虑墨水对成膜质量的影响。在给定溶质时,墨水的性质很大程度上取决于选择溶剂的性质,因此溶剂的选择至关重要。需要衡量的影响主要有打印喷嘴的喷射状态、喷射出的液滴稳定情况,以及墨水在衬底上的铺展程度。

墨水的物理性质应该符合打印机的可打印范围。实验采用的 Micro Fab 公司的 Jetlab II 打印设备,其可打印溶液的黏度范围在 1～20 cP,表面张力范围在 28～65 mN/m。例如,5 mg/mL PFSO 的甲苯溶液,黏度仅为 0.82 cP(<1cP),在打印过程中液滴发生漂移晃动,打印稳定性差。低沸点的 1,4-二氧六环作为溶剂,虽

然其黏度、表面张力在可打印范围内，但是由于溶剂沸点低挥发快，打印过程中，溶质容易析出从而堵塞喷嘴，也是不利于稳定打印的。综合以上几点考虑，筛选出 CB、P-XY、MDCB、ODCB、DMA 五种不同极性和沸点的溶剂来研究溶剂对打印成膜质量的影响。

液滴从喷嘴稳定喷射出来后，在衬底表面经历了一个碰撞、铺展、收缩的过程[262]。达到平衡的液滴在其干燥过程中，溶剂的挥发速率是影响膜层形成的关键因素。液滴在干燥过程中保持球冠状，如图 2-35 所示，溶剂的挥发会导致液滴表面处的溶质浓度大于内部。对于溶剂挥发速率较慢的液滴，表面处的溶质浓度增大较慢，增加的溶质可继续扩散到液滴内部，这样边界处溶质的聚集就减小了，可以延迟接触线的钉扎，接触线钉扎延迟的越久，发生钉扎时液滴内部的溶液浓度越大，可以减小内部溶液的向外移动，有利于点状薄膜的形成；而对于溶剂挥发速率快的液滴，其表面处溶质的增加速率大于其向内部扩散的速率，增加的溶质就在表面处聚集而形成高浓度溶液薄层，加速了接触线的钉扎，这样钉扎后溶液内部浓度小，液滴形成由内向外的流通通量，最终形成环状薄膜[263,264]，如图 2-35(b) 所示。

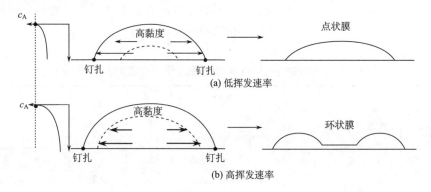

图 2-35　不同挥发速率的墨水干燥成点状和环状薄膜示意图

图 2-36 为相同浓度 (5 mg/mL) 不同溶剂的 PFSO 墨水在相同条件下打印独立点在 PEDOT：PSS 衬底上的成膜形貌。为了排除相液滴之间的影响，打印点间距为 1 mm，打印的点可看作独立的点。

由图 2-36 可以看出，不同溶剂的墨水打印成膜形貌差异很大。这里定义咖啡环因子 (coffee ring factor，CRF) 来衡量打印薄膜的均匀性：

$$CRF = \frac{H_{max}}{H_{min}} \tag{2-27}$$

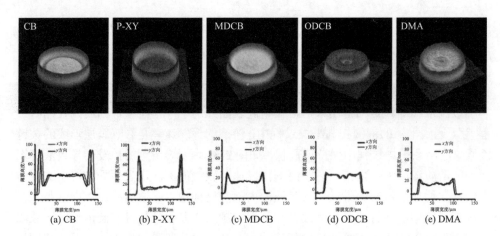

图 2-36 不同溶剂的墨水在 PEDOT：PSS 衬底上成膜的白光干涉图(上)和对应的截面图(下)

式中，H_{max} 为薄膜上的最大厚度；H_{min} 为薄膜上的最小厚度。由此可得知，CRF 越大，"咖啡环"越显著，薄膜的均匀性越差；CRF 越接近于 1，薄膜均匀性越好。当 CRF=1 时，表明"咖啡环"完全被抑制了。

为了更好地分析溶剂对成膜形貌的影响原因，表 2-1 列出了各种溶剂和对应墨水的物理性质，以及各种墨水打印和成膜特性。

表 2-1 溶剂和对应墨水的物理性质及墨水打印和成膜特性

溶剂	沸点/℃	表面张力/(mN/m)	黏度/cP		接触角/(°)	印刷稳定性	液滴半径/μm	CRF
			溶液(0.5%) η	$\Delta\eta$ $(\eta-\eta_s)$				
CB	132	33.0	1.32	0.53	10.0	普通	63.8	4.62
P-XY	138	27.9	1.02	0.37	10.4	普通	60.5	7.63
MDCB	172	36.7	1.62	0.58	14.5	好	58.2	2.06
ODCB	180	36.4	2.30	0.95	14.2	好	55.7	1.38
DMA	203	33.0	2.46	0.8	10.1	好	50.9	1.67

由表 2-1 可以看出，打印点的半径随着溶剂沸点的增大而减小。液滴在衬底上的铺展直径除了受衬底与溶液之间的作用相关外(液滴在衬底上的本征接触角)，还受溶液的黏度和溶剂饱和蒸气压影响[241, 250, 265, 266]。溶液的黏度越大，黏度效应(黏滞摩擦)就越强，液滴铺展程度减小，液滴干燥直径减小；溶剂沸点越高，饱和蒸气压就越小，溶剂挥发速率就越慢，铺展时间就越长，液滴干燥时直径就越大。实验中用的溶剂沸点高，相对黏度也大，对于直径的影响是一个相互

抑制的作用，最后呈现出来的是黏度大的高沸点溶液直径小。同时，溶剂的沸点越高，溶剂挥发速率越慢，喷嘴不易发生堵塞，打印的稳定性也得到了提高。

不同于其对液滴尺寸存在相互抑制的影响，溶剂沸点和溶液黏度对打印形貌的影响是相同的。在前面提到，沸点高的溶剂挥发速率慢，能延迟接触线的钉扎并且增大发生钉扎时液滴内部浓度，有利于点状薄膜的形成。挥发速率越慢的溶剂，在液滴表面处的蒸气通量 $J_S(r,t)$ 就越小，而毛细流动的速率 $v(r,t) \propto J_S(r,t) \propto (R-r)^{-\lambda}$，所以对应的毛细流动速率慢，有利于抑制"咖啡环"的形成[239,267]；溶液黏度的增大，会减缓溶质的移动速率，有利于溶质的均匀沉积[268]。所以，构建高黏度低挥发性的墨水体系有利于抑制毛细流动，改善薄膜的均匀性。但不同的是，ODCB 墨水的黏度、沸点均小于 DMA，但是 CRF 却比 DMA 小。进一步分析可知，ODCB 的黏度增量 $\Delta\eta$ 大于 DMA 的黏度增量是根本原因。在不同极性的溶剂内，PFSO 分子间的相互作用不同，所以溶液黏度增加量不同。溶液的黏度增量越大，说明聚合物分子间的相互作用越强，溶质分子就越难向边缘移动，薄膜的均匀性得到了提高[250]。

综合分析得到，ODCB 溶剂具有较高的沸点和溶液黏度，同时在 ODCB 溶剂中 PFSO 分子间的聚集作用加强，相互作用使得溶质在 ODCB 溶剂中沉积均匀性最好，CRF 因子仅为 1.38。

5. 墨水浓度对 PFSO 薄膜形貌和尺寸的影响

基于对 ODCB 溶剂中 PFSO 成膜分析，为了进一步提高 PFSO 薄膜的均匀性，配制了 PFSO 浓度为 5 mg/mL、10 mg/mL、15 mg/mL 的墨水进行打印分析，所用的溶剂均为 ODCB。不同墨水的物理性质如表 2-2 所示。

表 2-2　不同浓度的 PFSO 墨水性质

浓度 /(mg/mL)	表面张力 /(mN/m)	黏度/cP		接触角 /(°)
		溶液黏度	$\Delta\eta / (\eta - \eta_s)$	
5	36.4	2.30	0.95	14.2
10	36.5	3.38	2.03	14.7
15	36.4	4.79	3.44	15.5

不同浓度的墨水主要是黏度发生变化，不同于小分子有机材料，聚合物的黏度随着浓度的增大而增大。打印薄膜的均匀性随着黏度增大而提高，当浓度为 15 mg/mL 时，CRF=1.03，"咖啡环"完全被抑制，打印出边缘规则的平整薄膜，如图 2-37 所示。

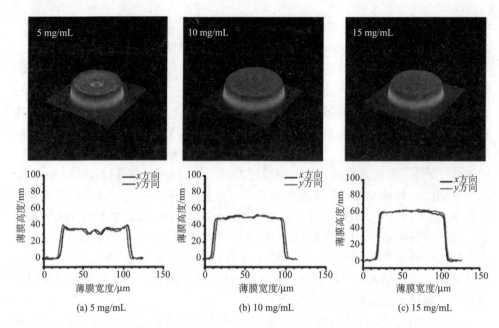

图 2-37　不同浓度的墨水打印点的白光干涉形貌(上)和对应的截面图(下)

随着浓度的增大，溶质分子间的作用力越大，溶质就越难向边缘迁移，同时浓度增大，溶剂挥发的蒸气流量小，对应的毛细流动减弱，实现溶剂的挥发过程中溶质均匀沉积，得到均匀的薄膜。此外，浓度增大导致溶液在衬底上铺展的黏滞阻力增大，溶剂挥发速率的增大也缩短了液滴的铺展时间，所以打印的液滴直径随着墨水浓度的增大而减小。打印薄膜的形貌和直径大小随着墨水浓度的变化趋势如图 2-38 所示。

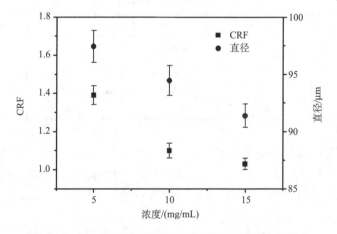

图 2-38　墨水浓度对打印薄膜均匀性和直径大小的影响

但是，在选择溶剂时并不是沸点越高、黏度越大就越好。一方面，黏度太大喷射液滴所需的最小电压增大，喷射出的液滴体积也会增大，降低打印分辨率，同时高浓度下容易发生喷嘴堵塞，影响打印稳定性。另一方面，沸点过高，液滴的干燥速率太慢，影响最后成膜的均匀性[269]。例如，以 DMA 为溶剂的 15 mg/mL 的 PFSO 墨水打印出的薄膜就存在凸起，如图 2-39 所示。

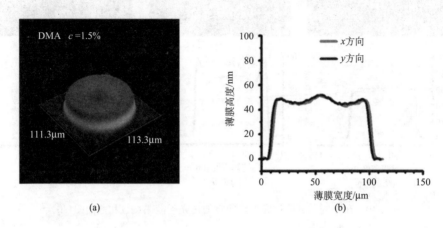

图 2-39　DMA 在 PEDOT 上打印点的白光干涉图(a)和截面图(b)

6. 衬底温度对 PFSO 薄膜形貌和尺寸的影响

衬底温度对溶剂的挥发速率影响很大，因此在一定程度上影响着打印成膜的形貌和尺寸。为了研究温度的影响，保持其他条件相同，在不同温度的衬底上打印 PFSO 墨水，干燥后打印点的形貌如图 2-40 所示。

研究发现，在室温下打印均匀的点状薄膜随着温度的升高开始出现"咖啡环"现象。温度越高，"咖啡环"现象越明显。这是由于衬底的温度升高，打印液滴在衬底上的挥发速率增大，加快了接触线的钉扎，对边缘溶液损失的补偿速率加快，即毛细流动加快，"咖啡环"现象加剧。同时，衬底温度升高溶液分子内的相互作用减弱，使得分子向边缘移动更容易。因此，当衬底温度加热到 80℃时，打印点的 CRF 高达 2.06。

此外，衬底温度还影响着打印点的直径大小。一般情况下，衬底温度越高，溶剂挥发速率越快，溶液没有完全铺展就干燥了，得到的打印点直径会减小。但是，在实验中，打印点直径却随着衬底温度的升高而增大，如图 2-41 所示。这主要是由于衬底的表面能随着温度的升高而增大[270-272]，这样液滴在高表面能上的接触角减小了，就得到直径更大的点，而且较小的接触角更容易形成"咖啡环"现象[239, 273]。

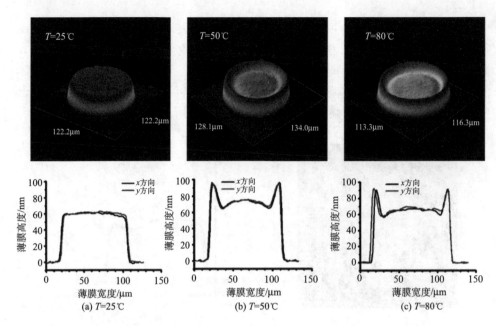

图 2-40　在不同温度的衬底上打印点的白光干涉图(上)和截面图(下)

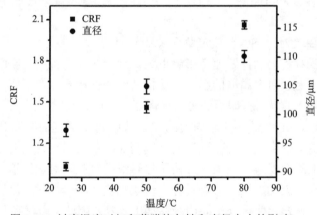

图 2-41　衬底温度对打印薄膜均匀性和直径大小的影响

　　液滴在衬底上的铺展主要受衬底表面的浸润性和溶剂的挥发速率影响，而这两个因素都受衬底温度的影响。在实验中，加热对衬底有两个影响：一方面，增加溶剂的挥发速率，减小液滴的铺展；另一方面，增大了衬底的表面能，增大了液滴在衬底上的铺展直径。因此，在不同衬底温度下，最终的液滴铺展直径是两种影响竞争的结果。

　　7. 打印点/线间距对相邻点/线形貌的影响

　　在前面的研究中设置打印点/线间距为 1 mm，可以近似看作孤立的点/线而不受相邻点/线的影响，打印出来的点/线形貌基本一致。但随着打印点间距的减小，矩阵中每个点的挥发速率受相邻点影响更大[274]。为了进一步研究相邻点/线之间形貌的影响，减小打印的点/线间距为 0.15 mm，打印 10×10 的点、线矩阵。

当 d_s=0.15 mm 时，在打印的点矩阵中，点的形貌随着位置的变化而不同，如图 2-42 所示。不同于中心的点形貌是对称均匀的，边缘上的点形貌是非对称的。例如，在左边缘的点左边比右边高[图 2-42(a)、(d)、(g)]，右边缘的点右边比左边高[图 2-42(c)、(f)、(i)]。这是由于相邻点之间溶剂挥发会增大蒸气压而减慢溶剂挥发速率，而在边缘处的点靠近边缘的一侧是空气，其挥发速率更快，造成溶质在靠近边缘一侧沉积更快，膜厚更大。从本质上讲，打印点间距对形貌的影响是溶剂挥发速率对形貌的影响。这种现象在高沸点溶剂时更明显，因为沸点越高的溶剂挥发速率越慢干燥时间越长，沉积的时间越长，边缘厚度不均匀性更大。

不同于点矩阵，L_s=0.15 mm 的线矩阵中不同位置处线形貌变化不明显，如图 2-43 所示。这主要是由于线的边缘接触长度相较于点更小，引起的挥发速率不均匀性减小。

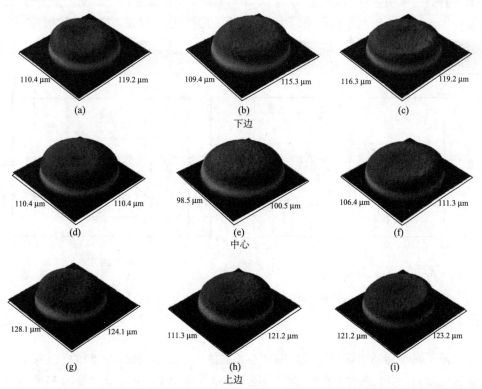

图 2-42　在 PEDOT：PSS 衬底上打印点间距为 0.15 mm 的 10×10 点矩阵的白光干涉形貌

9 个点选自矩阵的中心和 4 条边

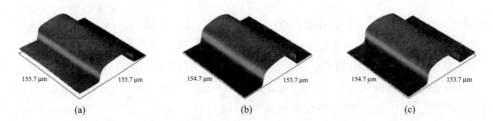

图 2-43　在 PEDOT：PSS 衬底上打印线间距为 150 μm 的 10×10 线矩阵的白光干涉形貌

三条线点选自矩阵的中心和两条边

8. 打印脉冲信号对薄膜形貌和尺寸的影响

喷射液滴的大小是决定液滴铺展尺寸的关键因素，而喷射液滴大小的决定因素包括喷嘴直径、生成液滴所用的驱动脉冲波形及墨水本身的物理性质。减小喷射墨水直径最直接的方法是缩减喷嘴直径，但小喷嘴打印对墨水在黏度、表面张力、挥发速率上有更高的要求，才能实现液滴稳定喷出。优化驱动电压脉冲的波形是有效调节喷射液滴体积的方法[275]。其中最简单的就是改变驱动喷墨的电压：驱动电压越高，压电原件形变越大，所喷射的墨滴也就越大，同时其喷射速率也会加快。此外，驱动电压的持续时间的调整也能优化喷射液滴的质量和体积，一般增大驱动信号的脉冲宽度也会增大喷射液滴的尺寸（图 2-44）[276]。

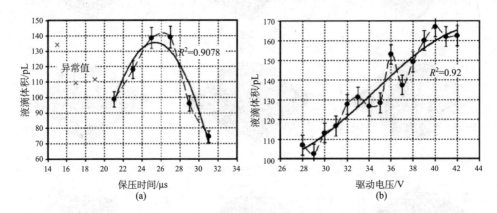

图 2-44　(a)在单极脉冲波形中保压时间对 PEDOT：PSS 喷射体积的影响；(b)驱动电压对
PEDOT：PSS 喷射体积的影响

除了减小驱动电压和保压时间减小喷射体积，还必须保证液滴的稳定喷射。调节优化后，得到两种不同的波形实现 PFSO 墨滴稳定喷射，分别称为 M 型和双极波形（图 2-45）。这两种波形均分为两个部分，第一个正向脉冲决定喷射液滴的大小，第二个脉冲是为了稳定液滴，控制喷射时卫星点和拖尾的产生。不同的是

图 2-45(a)中 M 型波形加的是正向电压，使压电陶瓷在喷射出液滴后再次膨胀到一定程度而产生一个负压来将拖尾推回喷嘴，值得注意的是，必须优化第二个脉冲以避免在此期间喷射第二个液滴；图 2-45(b)中双极波形加的是负向电压，使压电陶瓷迅速被压缩而产生一个"吸力"将拖尾吸回喷嘴。

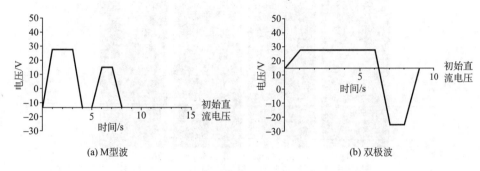

图 2-45　液滴能稳定喷射的两种不同波形

虽然在两种波形下均能稳定打印出形貌相同的 PFSO 薄膜，但成膜的直径却分别为 110 μm 和 70 μm，这是二者第一个脉冲的驱动电压和脉冲宽度不同造成的。M 型波形虽然脉冲宽度比双极波形稍小，但是其驱动电压为 40 V，远大于双极波形中的 12 V，所以在双极波形驱动下液滴的喷射体积明显减小。

9. 打印点间距对打印线形貌和线宽的影响

当打印的两个液滴发生叠加时就会发生融合，在第一个液滴没有完全干燥时第二个液滴就滴落，两个液滴就会形成一个液滴整体。同理，多个液滴线型地叠加可以融合成一个线型溶液珠串。研究发现，稳定的、边缘平行的打印线的形成存在两个边界条件：最低边界(最小线宽)为液滴能稳定融合的最大间距；最高边界(最大线宽)为凸起不稳定不产生的液滴最小间距[277,278]。图 2-46 为实验中通过调节液滴间距得到的几种不同的打印线形貌。

研究发现，通过调节相邻液滴间距 d_s(液滴中心到中心的间距)可以得到均匀的线。当 d_s 大于液滴的最大铺展直径(D_w =70 μm)时，液滴没有叠加而无法融合，仍为一个个独立的点[图 2-46(a)]；随着 d_s 逐渐减小，液滴发生叠加而开始融合，但若间距不够小，液滴刚融合就开始干燥，每个液滴还保持部分圆形边缘，而形成波浪形边缘[图 2-46(b)]，圆形边缘随着 d_s 减小而逐渐消失，液滴在干燥前完全融合，形成均匀的线[图 2-46(c)]；但当 d_s 继续减小，液滴的重合部分增大到一定程度出现流体不稳定性，而产生鼓包[图 2-46(d)]，即凸线的产生。

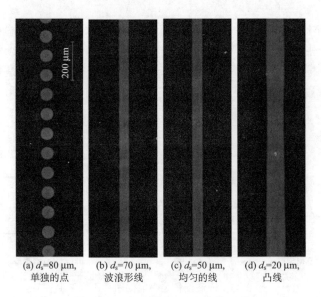

(a) d_s=80 μm,　(b) d_s=70 μm,　(c) d_s=50 μm,　(d) d_s=20 μm,
　单独的点　　　波浪形线　　　均匀的线　　　凸线

图 2-46　不同点间距打印线的形貌

图 2-47 表明了线宽和线厚度对点间距的依赖关系。很明显，当点间距增大时，单位长度上会沉积更少的材料从而导致线宽更小，厚度也更薄。当点间距大于 60 μm 时线边缘出现锯齿状，形成不均匀线。因此，使用 60 μm 的点间距可以产生最小的 53 μm 线宽，这时的分辨率相当于每英寸有 480 个点(480 个点的分辨率对应 2.54 cm/480≈53 μm 的单点直径)。

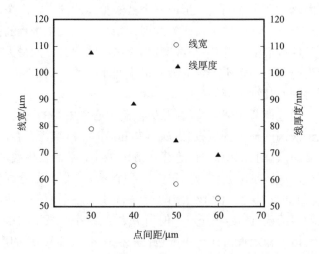

图 2-47　线宽和线厚度对点间距的依赖关系

此外，通过对不同黏度的 PFSO 墨水在不同衬底表面和不同温度下打印，发现每种条件下的两个边界液滴间距是不同的。这是不同条件下液滴在衬底上的铺展直径、铺展速率及融合速率不同造成的。从根本上，要得到连续均匀的打印线就是控制各种条件使相邻的液滴产生叠加并且在未完全干燥前融合成稳定的流体整体。

10. 不同衬底对 PFSO 薄膜尺寸和形貌的影响

喷射出的墨滴与衬底发生碰撞后开始铺展、收缩，最终干燥成膜。因此，衬底的表面性质，如衬底表面粗糙度[279]、表面能[272,280]、化学组成[281]等均能影响打印液滴在衬底上的铺展和成膜形貌。

液滴在光滑的衬底表面均匀挥发而得到形貌均匀的薄膜；当存在一定粗糙度时，接触线发生钉扎而导致向外的毛细流，溶质发生不均匀沉积。此外，若衬底存在一定的粗糙度，高速飞行的液滴在与衬底碰撞过程中产生较大形变，进而发生飞溅，产生"卫星液滴"，造成打印图案边缘不锐，降低分辨率；同时，依据流体力学，一定速度的液滴在和衬底碰撞时，粗糙表面起到分流作用而减小了液滴的侧向射流，降低了溶液对衬底的浸润性，容易形成不连续薄膜[282]。

衬底表面能是最重要的衬底表面性质之一。液滴在衬底上的浸润、挥发和沉积都与衬底的表面能息息相关，衬底表面能 γ_{sv} 与墨水表面能 γ_{ink} 的大小在一定程度上能影响成膜的形貌。一般情况下，当 $\gamma_{sv} < \gamma_{ink}$ 时，液体在固体表面接触角大，液滴边缘与中心处挥发速率差异小，较难形成向外的毛细流，容易得到均匀的、尺寸较小的打印图案；当 $\gamma_{sv} > \gamma_{ink}$ 时，液滴在固体表面铺展直径大，容易形成"咖啡环"现象，而且干燥尺寸相对大[283]。

在实验中，选择了几种不同表面能的有机功能界面(表 2-3)作为打印衬底表面，打印 15 mg/mL 浓度 PFSO 的 ODCB 墨水，成膜形貌如图 2-48 所示。虽然衬底的表面能均大于墨水的表面能，但墨水在这些不同性质的表面上打印的线均不存在"咖啡环"现象，这进一步说明了 PFSO 墨水打印消除"咖啡环"的主要原

表 2-3　不同衬底的表面能和 PFSO 墨水的接触角

衬底	表面能/(mN/m)			接触角
	γ^D	γ^P	γ^{tol}	/(°)
PEDOT	28.28	33.19	61.47	15.5
玻璃	37.47	18.71	56.18	8.1
PEI	33.29	22.50	55.79	6.6
ZnO	31.22	18.51	49.73	17.0
PVK	41.56	3.22	44.78	14.5

注：γ^D 为表面能极性分量；γ^P 为表面能弥散分量；γ^{tol} 为总表面能

图 2-48   PFSO 在不同衬底上打印线的白光干涉形貌

因在于墨水本身的性质，而不是对衬底的调控。对比不同的表面，线的形貌差异来自衬底的化学和物理性质的差异。可以得出，PFSO 的 ODCB 墨水在不同的功能表面上均能打印出无"咖啡环"的平整线或凸线，对衬底的依赖不强，拓展了 PFSO 打印结构的选择。

综上所述，喷墨打印技术是一种可以方便快捷地实现大面积复杂书写的方法，其制备工艺简单、环境友好、成本低廉、功能多样，在图案制备方面具有明显优势。在喷墨技术的应用中，最重要的两个性能指标是打印图案的成膜质量和分辨率。以聚芴蓝光材料 PFSO 为研究对象，系统地研究了溶剂类型、墨水浓度、衬底温度、打印参数等对其成膜影响。实验表明，这些影响因素都能间接影响墨滴三相接触线的钉扎时间和毛细流动的强弱，从而影响液滴干燥的形貌。以 ODCB 为溶剂，配制 PFSO 浓度为 15 mg/mL 的墨水，实现在室温条件下打印出 CRF 接近 1，边界清晰的均匀点、线薄膜。这是因为 ODCB 本身具有较低的挥发速率，能延迟液滴接触线的钉扎并增大发生钉扎时液滴内部浓度，减弱毛细流动；随着墨水浓度的增大，溶质分子间的作用力越大，溶质就越难向边缘迁移，同时浓度增大，溶剂挥发的蒸气流量小，对应的毛细流动减弱，当溶剂的挥发速率与溶质迁移速率达到平衡时，就实现了溶剂挥发过程中溶质的均匀沉积。相反，衬底温度升高，打印参数(点、线间距)等均会破坏这种平衡而出现"咖啡环"。而液滴沉积的尺寸主要由液滴喷射体积和在衬底上的铺展程度决定。主要通过优化脉冲波形有效地将液滴沉积直径减小到 60 μm，打印得到线宽最小为 53 μm 的均匀直线。

参 考 文 献

[1] Vincett P S, Barlow W A, Hann R A, et al. Electrical conduction and low voltage blue electroluminescence in vacuum-deposited organic films. Thin Solid Films, 1982, 94(2): 171-183.

[2] Patel N K, Cinà S, Burroughes J H, et al. High-efficiency organic light-emitting diodes. IEEE J Sele Top Quan Elect, 2002, 8(2): 346-361.

[3] Marks R N, Bradely D D C, Jackson R W, et al. Charge injection transport in polymer (*p*-phenylenevinylene) light-emitting diodes. Synth Met, 1993, 57: 4128-4133.

[4] Parker I D. Carrier tunneling and device characteristics in polymer light-emitting diodes. J Appl Phys, 1994, 75(3): 1656-1666.

[5] Vestweber H, Pommerehne J, Sander R, et al. Majority carrier injection from ITO anodes into organic light-emitting diodes based upon polymer blends. Synthetic Met, 1995, 68(3): 263-268.

[6] Eley D D, Parfitt G D, Perry M J, et al. Semiconductivity of organic substances I. Traps Faraday Soc, 1953, 49: 79-86.

[7] Kemeny G, Rosenberg B. Small polarons in organic and biological semiconductors. J Chem Phys, 1970, 53(9): 3549-3551.

[8] Munn R W, Siebrand W. Theory of the hall effect in aromatic hydrocarbon crystals. Phys Rev B, 1970, 53(8): 3343-3357.

[9] 高观志, 黄维. 固体中的电输运. 北京: 科学出版社, 1991: 548.

[10] 樊美公. 光化学基本原理与光子学材料科学. 北京: 科学出版社, 2001.

[11] Sheats J R, Antoniadis H, Hueschen M, et al. Organic electroluminescent devices. Science, 1996, 273(5277): 884-888.

[12] Scott J S, Kaminski J P, Wanke M C, et al. Terahertz frequency response of an $In_{0.53}Ga_{0.47}As/AlAs$ resonant-tunneling diode. Appl Phys Lett, 1994, 64(15): 1995-1997.

[13] Kim J S, Ho P K H, Murphy C E, et al. Phase separation in polyfluorene-based conjugated polymer blends: Lateral and vertical analysis of blend spin-cast thin films. Macromolecules, 2004, 37(8): 2861-2871.

[14] Corcoran N, Arias A C, Kim J S, et al. Increased efficiency in vertically segregated thin-film conjugated polymer blends for light-emitting diodes. Appl Phys Lett, 2003, 82(2): 299-301.

[15] Pope M, Kallmann H P, Magnante P. Electroluminescence in organic crystals. J Chem Phys, 1963, 38(8): 2042-2043.

[16] Vincett P S, Barlow W A, Hann R A, et al. Electrical conduction and low voltage blue electroluminescence in vacuum-deposited organic films. Thin Solid Films, 1982, 94(2): 171-183.

[17] Tang C W, Vanslyke A. Organic electroluminescent diodes. Appl Phys Lett, 1987, 51(12): 913-915.

[18] Burroughes J H, Bradley D D C, Brown A R, et al. Light-emitting diodes based on conjugated polymer. Nature, 1990, 347(6293): 539-541.

[19] Braun D, Heeger A J. Visible-light emission from semiconducting polymer diodes. Appl Phys Lett, 1991, 58: 1982-1984.

[20] Gustafsson G, Cao Y, Heeger A J, et al. Flexible light-emitting diodes made from soluble conducting polymers. Nature, 1992, 357(2): 477-479.

[21] Bharathan J, Yang Y. Polymer electroluminescent devices processed by inkjet printing: I. Polymer light-emitting logo. Appl Phys Lett, 1998, 72(21): 2660-2662.

[22] Chang S C, Bharathan J, Yang Y, et al. Dual-color polymer light-emitting pixels processed by hybrid inkjet printing. Appl Phys Lett, 1998, 73(18): 2561-2563.

［23］ Pei Q, Yu G, Zhang C, et al. Polymer light-emitting electrochemical cells. Science, 1995, 269, (5227): 1086-1088.

［24］ Huang F, Wu H, Wang D, et al. Novel electroluminescent conjugated polyelectrolytes based on polyfluorene. Chem Mater, 2004, 160(4): 708-716.

［25］ Zeng W, Wu H, Zhang C, et al. Polymer light-emitting diodes with cathodes printed from conducting Ag paste. Adv Mater, 2007, 19(6): 810-814.

［26］ Zheng H, Zheng Y N, Liu N L, et al. All-solution processed polymer light-emitting diode displays. Nature Commun, 2013, 4(3): 1971.

［27］ Macpherson C, Anzlowar M, Innocenzo J, et al. Development of full color passive PLED displays by inkjet printing. SID 2003 Digest, Baltimore, USA: SID, 2003: 1191-1193.

［28］ van der Vaart N C, Lifka H, Young N D, et al. Towards large-area full-color active-matrix printed polymer OLED television. SID 2004 Digest, Seattle, USA: SID, 2004: 1284-1287.

［29］ Gupta R, Ingle A, Natarajan S, et al. SID 2004 Digest, Seattle, USA: SID, 2004: 1281-1283.

［30］ Lee Dongwon, Chung J, Rhee J, et al. Ink jet printed full color polymer LED displays. SID 2005 Digest, Boston, USA: SID, 2005: 527-529.

［31］ Saafir Ameen K, Chung J, Joo I, et al. A "14. 1" WXGA solution processed OLED display with a-Si TFT. SID 2005 Digest, Boston, USA: SID, 2005: 968-970.

［32］ Zhao L, Zou J H, Huang J, et al. Asymmetrically 9, 10-disubstituted anthracenes as soluble and stable blue electroluminescent molecular glasses. Org Electron, 2008, 9(5): 649-655.

［33］ Huang J, Qiao X F, Xia Y J, et al. A dithienylbenzothiadiazole pure red molecular emitter with electron transport and exciton self-confinement for nondoped organic red-light-emitting diodes. Adv Mater, 2008, 20(21): 4172-4175.

［34］ Huang J, Liu Q, Zou J H, et al. Electroluminescence and laser emission of soluble pure red fluorescent molecular glasses based on dithienylbenzothiadiazole. Adv Funct Mater, 2009, 19(18): 2978-2986.

［35］ Li Y, Li A Y, Li B X, et al. Asymmetrically 4,7-disubstituted benzothiadiazoles as efficient non-doped solution-processable green fluorescent emitters. Org Lett, 2009, 11(22): 5318-5321.

［36］ Liu H M, Xu W, Tan W Y, et al. Line printing solution-processable small molecules with uniform surface profile via ink-jet printer. J Colloid Interface Sci, 2016, 465: 106-111.

［37］ Lee C L, Lee K B, Kim J J. Polymer phosphorescent light-emitting devices doped with tris(2-phenylpyridine) iridium as a triplet emitter. Appl Phys Lett , 2000, 77(15): 2280-2282.

［38］ Gong X, Robinson M R, Ostrowski J C, et al. High-efficiency polymer-based electrophosphorescent devices. Adv Mater, 2002, 14(8): 581-585.

［39］ Zhu W G, Mo Y Q, Yang W, et al. Highly efficient electrophosphorescent devices based on conjugated polymers doped with iridium complexes. Appl Phys Lett, 2002, 80(12): 2045-2047.

［40］ Jiang C Y, Yang W, Peng J B, et al. Compliant, robust, and truly nanoscale free-standing multilayer films fabricated using spin-assisted layer-by-layer assembly. Adv Mater, 2004, 16(6): 537-541.

[41] Zhang X J, Jiang C Y, Mo Y Q, et al. High-efficiency blue light-emitting electrophosphorescent device with conjugated polymers as the host. Appl Phys Lett, 2006, 88(5): 051116.

[42] Zhang Y, Wang L, Li C, et al. Enhanced electroluminescent efficiency based on functionalized europium complexes in polymer light-emitting diodes. Chin Phys Lett, 2007, 24(5): 1376-1379.

[43] Wu Z L, Xiong Y, Zou J H, et al. High-triplet-energy poly(9,9'-bis(2-ethylihexyl)-3, 6-fluorene) as host for blue and green phosphorescent complexes. Adv Mater, 2008, 20(12): 2359-2364.

[44] Chen Z, Jiang C Y, Niu Q L, et al. Enhanced green electrophosphorescence by using polyfluorene host via interfacial energy transfer from polyvinylcarbazole. Org Electron, 2008, 9(6): 1002-1009.

[45] Wu H B, Zou J H, Liu F, et al. Efficient single active layer electrophosphorescent white polymer light-emitting diodes. Adv Mater, 2008, 20(4): 696-702.

[46] Wu H B, Zhou G J, Zou J H, et al. Efficient polymer white-light-emitting devices for solid-state lighting. Adv Mater, 2009, 21(41): 4181-4184.

[47] Xie G Z, Li X L, Chen D C, et al. Evaporation- and solution-process-feasible highly efficient thianthrene-9,9',10,10'-tetraoxide-based thermally activated delayed fluorescence emitters with reduced efficiency roll-off. Adv Mater, 2016, 28(1): 181-187.

[48] Chen D J, Cai X Y, Li X L, et al. Efficient solution-processed red all-fluorescent organic light-emitting diodes employing thermally activated delayed fluorescence materials as assistant hosts: Molecular design strategy and exciton dynamic analysis. J Mater Chem C, 2017, 5(21): 5223-5231.

[49] Cai X Y, Chen D J, Gao K, et al. "Trade-Off" hidden in condensed state solvation: Multiradiative channels design for highly efficient solution-processed purely organic electroluminescence at high brightness. Adv Funct Mater, 2018, 28(7): 1704927-1704936.

[50] Burroughes J H, Bradley D D C, Brown A R, et al. Light-emitting diodes based on conjugated polymers. Nature, 1990, 347(6293): 539-541.

[51] Gustafsson G, Cao Y, Treacy G M, et al. Flexible light-emitting diodes made from soluble conducting polymers. Nature, 1992, 357(6378): 477-479.

[52] Yang R Q, Tian R Y, Hou Q, et al. Synthesis and optical and electroluminescent properties of novel conjugated copolymers derived from fluorene and benzoselenadiazole. Macromolecules, 2003, 36(20): 7453-7460.

[53] Yang R Q, Tian R Y, Yan J A, et al. Deep-red electroluminescent polymers: Synthesis and characterization of new low-band-gap conjugated copolymers for light-emitting diodes and photovoltaic devices. Macromolecules, 2005, 38(2): 244-253.

[54] Yang J, Jiang C Y, Zhang Y, et al. High-efficiency saturated red emitting polymers derived from fluorene and naphthoselenadiazole. Macromolecules, 2004, 37(4): 1211-1218.

[55] Liu J, Chen L, Shao S Y, et al. Highly efficient red electroluminescent polymers with dopant/host system and molecular dispersion feature: Polyfluorene as the host and 2,1,

3-benzothiadiazole derivatives as the red dopant. J Mater Chem, 2008, 18(3): 319-327.

[56] Liu J, Chen L, Shao S Y, et al. Three-color white electroluminescence from a single polymer system with blue, green and red dopant units as individual emissive species and polyfluorene as individual polymer host. Adv Mater, 2007, 19(23), 4224-4228.

[57] Liu J, Xie Z Y, Cheng Y X, et al. Molecular design on highly efficient white electroluminescence from a single-polymer system with simultaneous blue, green, and red emission. Adv Mater, 2007, 19(4): 531-535.

[58] Zhang L J, Hu S J, Chen J W, et al. A series of energy-transfer copolymers derived from fluorene and 4,7-dithienylbenzotriazole for high efficiency yellow, orange, and white light-emitting diodes. Adv Funct Mater, 2011, 21(19): 3760-3769.

[59] Li Y Y, Wu H B, Zou J H, et al. Enhancement of spectral stability and efficiency on blue light-emitters via introducing dibenzothiophene-*S*,*S*-dioxide isomers into polyfluorene backbone. Org Electron, 2009, 10(5): 901-909.

[60] Liu J, Zou J H, Yang W, et al. Highly efficient and spectrally stable blue-light-emitting polyfluorenes containing a dibenzothiophene-*S*,*S*-dioxide unit. Chem Mater, 2008, 20(13): 4499-4506.

[61] Liu J, Hu S J, Zhao W, et al. Novel spectrally stable saturated blue-light-emitting poly[(fluorene)-*co*-(dioctyldibenzothiophene-*S*,*S*-dioxide)]s. Macromol Rapid Commun, 2010, 31(5): 496-501.

[62] Guo T, Yu L, Zhao B F, et al. Blue light-emitting hyperbranched polymers using fluorene-*co*-dibenzothiophene-*S*,*S*-dioxide as branches. J Polym Sci Poly Chem, 2015, 53(8): 1043-1051.

[63] Hu L W, Yang Y, Xu J, et al. Blue light-emitting polymers containing fluorene-based benzothiophene-*S*,*S*-dioxide derivatives. J Mater Chem C, 2016, 4(6): 1305-1312.

[64] Xu J, Yu L, Hu L W, et al. Color tuning in inverted blue light-emitting diodes based on a polyfluorene derivative by adjusting the thickness of the light-emitting layer. J Mater Chem C, 2015, 3(38): 9819-9826.

[65] Liang J F, Zhong W K, Ying L, et al. The effects of solvent vapor annealing on the performance of blue polymer light-emitting diodes. Org Electron, 2015, 27: 1-6.

[66] Wang J H, Song C, Zhong Z M, et al. *In situ* patterning of microgrooves via inkjet etching for a solution-processed OLED display. J Mater Chem C, 2017, 5(20): 5005-5009.

[67] Mu L, Hu Z H, Zhong Z M, et al. Inkjet-printing line film with varied droplet-spacing. Org Electron, 2017, 51: 308-313.

[68] Peng F, Guo T, Ying L, et al. Improving electroluminescent performance of blue light-emitting poly(fluorene-co-dibenzothiophene-*S*,*S*-dioxide) by end-capping. Org Electron, 2017, 48: 118-126.

[69] Peng F, Li N, Ying L, et al. Highly efficient single-layer blue polymer light-emitting diodes based on hole-transporting group substituted poly(fluorene-*co*-dibenzothiophene-*S*,*S*-dioxide). J Mater Chem C, 2017, 5(37): 9680-9686.

[70] Zou J H, Liu J, Wu H B, et al. High-efficiency and good color quality white light-emitting

devices based on polymer blend. Org Electron, 2009, 10(5): 843-848.

[71] Li A Y, Li Y Y, Cai W Z, et al. Realization of highly efficient white polymer light-emitting devices via interfacial energy transfer from poly(*N*-vinylcarbazole). Org Electron, 2010, 11(4): 529-534.

[72] Hu S J, Zhu M R, Zou Q H, et al. Efficient hybrid white polymer light-emitting devices with electroluminescence covered the entire visible range and reduced efficiency roll-off. Appl Phys Lett, 2012, 100(6): 063304.

[73] Liang J F, Zhong Z J, Li S, et al. Efficient white polymer light-emitting diodes from single polymer exciplex electroluminescence. J Mater Chem C, 2017, 5(9): 2397-2403.

[74] Liang J F, Zhao S, Jiang X F, et al. White polymer light-emitting diodes based on exciplex electroluminescence from polymer blends and a single polymer. ACS Appl Mater Interfaces, 2016, 8(9): 6164-6173.

[75] Guo X, Qin C J, Cheng Y X, et al. White electroluminescence from a phosphonate-functionalized single-polymer system with electron-trapping effect. Adv Mater, 2009, 21(36): 3682-3688.

[76] Liu J, Cheng Y, Xie Z, et al. White electroluminescence from a star-like polymer with an orange emissive core and four blue emissive arms. Adv Mater, 2008, 20(7): 1357-1362.

[77] Chen L, Li P, Cheng Y, et al. White electroluminescence from star-like single polymer systems: 2,1,3-benzothiadiazole derivatives dopant as orange cores and polyfluorene host as six blue arms. Adv Mater, 2011, 23(26): 2986-2990.

[78] Sandee A J, Williams C K, Evans N R, et al. Solution-processible conjugated electrophosphorescent polymers. J Am Chem Soc, 2004, 126(22): 7041-7048.

[79] Zhen H Y, Luo C, Yang W, et al. Electrophosphorescent chelating copolymers based on linkage isomers of naphthylpyridine-iridium complexes with fluorene. Macromolecules, 2006, 39(5): 1693-1700.

[80] Zhen H Y, Luo J, Yang W, et al. Novel light-emitting electrophosphorescent copolymers based on carbazole with an Ir complex on the backbone. J Mater Chem, 2007, 17(27): 2824-2831.

[81] Zhen H Y, Xu W, Yang W, et al. White-light emission from a single polymer with singlet and triplet chromophores on the backbone. Macromol Rapid Commun, 2006, 27(24): 2095-2100.

[82] Zhang K, Chen Z, Yang C L, et al. Saturated red-emitting electrophosphorescent polymers with iridium coordinating to beta-diketonate units in the main chain. Macromol Rapid Commun, 2006, 27(22): 1926-1931.

[83] Zhang K, Chen Z, Yang C L, et al. First iridium complex end-capped polyfluorene: Improving device performance for phosphorescent polymer light-emitting diodes. J Phys Chem C, 2008, 112(10): 3907-3913.

[84] Zhang K, Chen Z, Zou Y, et al. Effective suppression of intra- and interchain triplet energy transfer to polymer backbone from the attached phosphor for efficient polymeric electrophosphorescence. Chem Mater, 2009, 21(14): 3306-3314.

[85] Park M J, Lee J, Kwak J H, et al. Synthesis and electroluminescence of new polyfluorene copolymers containing iridium complex coordinated on the main chain. Macromolecules, 2009,

42 (15): 5551-5557.

[86] Chen X W, Liao J L, Liang Y M, et al. High-efficiency red-light emission from polyfluorenes grafted with cyclometalated iridium complexes and charge transport moiety. J Am Chem Soc, 2003, 125 (3): 636-637.

[87] Jiang J X, Jiang C Y, Yang W, et al. High-efficiency electrophosphorescent fluorene-*alt*-carbazole copolymers *N*-grafted with cyclometalated Ir complexes. Macromolecules, 2005, 38 (10): 4072-4080.

[88] Du B, Wang L, Wu H B, et al. High-efficiency electrophosphorescent copolymers containing charged iridium complexes in the side chains. Chem Eur J, 2007, 13 (26): 7432-7442.

[89] Ying L, Xu Y H, Yang W, et al. Efficient red-light-emitting diodes based on novel amino-alkyl containing electrophosphorescent polyfluorenes with Al or Au as cathode. Org Electron, 2009, 10 (1): 42-47.

[90] Pei J, Liu X L, Yu W L, et al. Efficient energy transfer to achieve narrow bandwidth red emission from Eu^{3+}-grafting conjugated polymers. Macromolecules, 2002, 35 (19): 7274-7280.

[91] Wong C T, Chan W K. Yellow light-emitting poly (phenylenevinylene) incorporated with pendant ruthenium bipyridine and terpyridine complexes. Adv Mater, 1999, 11 (6): 455-459.

[92] Jiang J X, Xu Y H, Guan R, et al. High-efficiency white-light-emitting devices from a single polymer by mixing singlet and triplet emission. Adv Mater, 2006, 18 (13): 1769-1773.

[93] Ma Z H, Chen L C, Ding J Q, et al. Green electrophosphorescent polymers with poly (3, 6-carbazole) as the backbone: A linear structure does realize high efficiency. Adv Mater, 2011, 23 (32): 3726-3729.

[94] Shao S Y, Ding J Q, Wang L X, et al. White electroluminescence from all-phosphorescent single polymers on a fluorinated poly (arylene ether phosphine oxide) backbone simultaneously grafted with blue and yellow phosphors. J Am Chem Soc, 2012, 134 (50): 20290-20293.

[95] Shao S Y, Ding J Q, Ye T L, et al. A novel, bipolar polymeric host for highly efficient blue electrophosphorescence: A non-conjugated poly (aryl ether) containing triphenylphosphine oxide units in the electron-transporting main chain and carbazole units in hole-transporting side chains. Adv Mater, 2011, 23 (31): 3570-3574.

[96] Guan R, Xu Y H, Ying L, et al. Novel green-light-emitting hyperbranched polymers with iridium complex as core and 3,6-carbazole-*co*-2,6-pyridine unit as branch. J Mater Chem, 2009, 19 (4): 531-537.

[97] Liu J, Yu L, Zhong C M, et al. Highly efficient green-emitting electrophosphorescent hyperbranched polymers using a bipolar carbazole-3,6-diyl-*co*-2,8-octyldibenzothiophene-*S*, *S*-dioxide-3,7-diyl unit as the branch. RSC Adv, 2012, 2 (2): 689-696.

[98] Guo T, Guan R, Zou J H, et al. Red light-emitting hyperbranched fluorene-*alt*-carbazole copolymers with an iridium complex as the core. Polym Chem, 2011, 2 (10): 2193-2203.

[99] Guo T, Yu L, Zhao B F, et al. Highly efficient, red-emitting hyperbranched polymers utilizing a phenyl-isoquinoline iridium complex as the core. Macromol Chem Phys, 2012, 213 (8): 820-828.

[100] Lee C L, Kang N G, Cho Y S, et al. Polymer electrophosphorescent device: Comparison of

phosphorescent dye doped and coordinated systems. Opt Mater, 2002, 21(1): 119-123.

[101] Tokito S, Suzuki M, Sato F. Improvement of emission efficiency in polymer light-emitting devices based on phosphorescent polymers. Thin Solid Films, 2003, 445(2): 353-357.

[102] Tokito S, Suzuki M, Sato F, et al. High-efficiency phosphorescent polymer light-emitting devices. Org Electon, 2003, 4(2): 105-111.

[103] Suzuki M, Tokito S, Sato F, et al. Highly efficient polymer light-emitting devices using ambipolar phosphorescent polymers. Appl Phys Lett, 2005, 86(10): 103507.

[104] You Y, Kim S H, Jung H K, et al. Blue electrophosphorescence from iridium complex covalently bonded to the poly(9-dodecyl-3-vinylcarbazole): Suppressed phase segregation and enhanced energy transfer. Macromolecules, 2006, 39(1): 349-356.

[105] Wang X, Ogino K, Tanaka K, et al. Novel iridium complex and its copolymer with N-vinyl carbazole for electroluminescent devices. J IEEE J Select Topics Quantum Electron, 2004, 10(1): 121-126.

[106] Wang X Y, Prabhu R N, Schmehl R H, et al. Polymer-based tris(2-phenylpyridine)iridium complexes. Macromolecules, 2006, 39(9): 3140-3146.

[107] Deng L, Furuta P T, Garon S, et al. Living radical polymerization of bipolar transport materials for highly efficient light emitting diodes. Chem Mater, 2006, 18(2): 386-395.

[108] Newkome G R, Shreiner C. Dendrimers derived from 1→3 branching motifs. Chem Rev, 2010, 110(10): 6338-6442.

[109] Lupton J M, Samuel I D W, Beavington R, et al. Control of charge transport and intermolecular interaction in organic light-emitting diodes by dendrimer generation. Adv Mater, 2001, 13(4): 258-261.

[110] Cao X Y, Zhang W B, Wang J L, et al. Extended π-conjugated dendrimers based on truxene. J Am Chem Soc, 2003, 125(41): 12430-12431.

[111] Cao X Y, Zhang W, Zi H, et al. π-conjugated twin molecules based on truxene: Synthesis and optical properties. Org Lett, 2004, 6(26): 4845-4848.

[112] Jiang Y, Wang J Y, Ma Y G, et al. Large rigid blue-emitting π-conjugated stilbenoid-based dendrimers: Synthesis and properties. Org Lett, 2006, 8(19): 4287-4290.

[113] Wang L, Jiang Y, Luo J, et al. Highly efficient and color-stable deep-blue organic light-emitting diodes based on a solution-processible dendrimer. Adv Mater, 2009, 21(47): 4854-4858.

[114] Zhao Z H, Jin H, Zhang Y X, et al. Synthesis and properties of dendritic emitters with a fluorinated starburst oxadiazole core and twisted carbazole dendrons. Macromolecules, 2011, 44(6): 1405-1413.

[115] Moonsin P, Prachumrak N, Namuangruk S, et al. Novel is(fluorenyl)benzothiadiazole-cored carbazole dendrimers as highly efficient solution-processed non-doped green emitters for organic light-emitting diodes. Chem Commun, 2013, 49(57): 6388-6390.

[116] Usluer Ö, Demic S, Kus M, et al. White organic light emitting diodes based on fluorene-carbazole dendrimers. J Lumin, 2014, 146(1): 6-10.

[117] Albrecht K, Matsuoka K, Fujita K, et al. Carbazole dendrimers as solution-processable

thermally activated delayed-fluorescence materials. Angew Chem Int Ed, 2015, 54(19): 5677-5682.

[118] Lo S C, Male N A H, Markham J P J, et al. Green phosphorescent dendrimer for light-emitting diodes. Adv Mater, 2002, 14(13-14): 975-979.

[119] Lo S C, Namdas E B, Burn P L, et al. Synthesis and properties of highly efficient electroluminescent green phosphorescent iridium cored dendrimers. Macromolecules, 2003, 36(26): 9721-9730.

[120] Namdas E B, Ruseckas A, Samuel I D W, et al. Photophysics of fac-tris(2-phenylpyridine) iridium(III) cored electroluminescent dendrimers in solution and films. J Phys Chem B, 2004, 108(5): 1570-1577.

[121] Anthopoulos T D, Frampton M J, et al. Solution-processable red phosphorescent dendrimers for light-emitting device applications. Adv Mater, 2004, 16(6): 557-560.

[122] Frampton M J, Namdas E B, Lo S C, et al. The synthesis and properties of solution processable red-emitting phosphorescent dendrimers. J Mater Chem, 2004, 14(19): 2881-2888.

[123] Lo S C, Richards G J, Markham J P J, et al. A light-blue phosphorescent dendrimer for efficient solution-processed light-emitting diodes. Adv Fuct Mater, 2005, 15(9): 1451-1458.

[124] Lo S C, Male N A H, Markham J P J, et al. Green phosphorescent dendrimer for light-emitting diodes. Adv Mater, 2002, 14: 975-979.

[125] Anthopoulos T D, Markham J P J, Namdas E B, et al. Influence of molecular structure on the properties of dendrimer light-emitting diodes. Org Electron, 2003, 4(2): 71-76.

[126] Tsuzuki T, Shirasawal N, Suzukil T, et al. Organic light-emitting diodes using multifunctional phosphorescent dendrimers with iridium-complex core and charge-transporting dendrons. Jpn J Appl Phys, 2005, 44(6): 4151-4154.

[127] Liang B, Jiang C Y, Chen Z, et al. New iridium complex as high-efficiency red phosphorescent emitter in polymer light-emitting devices. J Mater Chem, 2006, 16(13): 1281-1286.

[128] Liang B, Wang L, Xu Y H, et al. High-efficiency red phosphorescent iridium dendrimers with charge-transporting dendrons: Synthesis and electroluminescent properties. Adv Funct Mater, 2007, 17(17): 3580-3589.

[129] Ding J Q, Gao J, Cheng Y X, et al. Highly efficient green-emitting phosphorescent iridium dendrimers based on carbazole dendrons. Adv Funct Mater, 2006, 16(4): 575-581.

[130] Ding J Q, Wang B, Yue Z Y, et al. Bifunctional green iridium dendrimers with a "self-host" feature for highly efficient nondoped electrophosphorescent devices. Angew Chem Int Ed, 2009, 48(36): 6664-6666.

[131] Xia D B, Wang B, Chen B, et al. Self-host blue-emitting iridium dendrimer with carbazole dendrons: Nondoped phosphorescent organic light-emitting diodes. Angew Chem Int Ed, 2014, 53(4): 1048-1052.

[132] Tang M C, Tsang D P K, Chan M M Y, et al. Dendritic luminescent gold(III) complexes for highly efficient solution-processable organic light-emitting devices. Angew Chem Int Ed,

2013, 52(1): 446-449.

[133] Han T H, Choi M R, Woo S H, et al. Molecularly controlled interfacial layer strategy toward highly efficient simple-structured organic light-emitting diodes. Adv Mater, 2012, 24(11): 1487-1493.

[134] Jaymand M. Recent progress in chemical modification of polyaniline. Prog Polym Sci, 2013, 38(9): 1287-1306.

[135] Jang J, Ha J, Kim K. Organic light-emitting diode with polyaniline-poly(styrene sulfonate) as a hole injection layer. Thin Solid Films, 2008, 516(10): 3152-3156.

[136] Choi M R, Han T H, Lim K G, et al. Soluble self-doped conducting polymer compositions with tunable work function as hole injection/extraction layers in organic optoelectronics. Angew Chem-Ger Edit, 2011, 123(28): 6398-6401.

[137] Choudhury K R, Lee J, Chopra N, et al. Highly efficient hole injection using polymeric anode materials for small-molecule organic light-emitting diodes. Adv Funct Mater, 2009, 19(3): 491-496.

[138] Lin H W, Lin W C, Chang J H, et al. Solution-processed hexaazatriphenylene hexacarbonitrile as a universal hole-injection layer for organic light-emitting diodes. Org Electron, 2013, 14(4): 1204-1210.

[139] Huang F, Cheng Y J, Zhang Y, et al. Crosslinkable hole-transporting materials for solution processed polymer light-emitting diodes. J Mater Chem, 2008, 18(38): 4495-4509.

[140] Yang X H, Muller D C, Neher D, et al. Highly efficient polymeric electrophosphorescent diodes. Adv Mater, 2006, 18(7): 948-954.

[141] Zacharias P, Gather M C, Rojahn M, et al. New crosslinkable hole conductors for blue-phosphorescent organic light-emitting diodes. Angew Chem Int Edit, 2007, 46(23): 4388-4392.

[142] Liaptsis G, Meerholz K. Crosslinkable TAPC-based hole-transport materials for solution-processed organic light-emitting diodes with reduced efficiency roll-off. Adv Funct Mater, 2013, 23(3): 359-365.

[143] Niu Y H, Liu M S, Ka J W, et al. Crosslinkable hole-transport layer on conducting polymer for high-efficiency white polymer light-emitting diodes. Adv Mater, 2007, 19(2): 300-304.

[144] Cheng Y J, Liu M S, Zhang Y, et al. Thermally cross-linkable hole-transporting materials on conducting polymer: Synthesis, characterization, and applications for polymer light-emitting devices. Chem Mater, 2008, 20(2): 413-422.

[145] Ma B, Kim B J, Poulsen D A, et al. Multifunctional crosslinkable iridium complexes as hole transporting/electron blocking and emitting materials for solution-processed multilayer organic light-emitting diodes. Adv Funct Mater, 2009, 19(7): 1024-1031.

[146] Jiang W, Ban X X, Ye M Y, et al. A high triplet energy small molecule based thermally cross-linkable hole-transporting material for solution-processed multilayer blue electrophosphorescent devices. J Mater Chem C, 2015, 3(2): 243-246.

[147] Niu Y H, Liu M S, Ka J W, et al. Thermally crosslinked hole-transporting layers for cascade hole-injection and effective electron-blocking/exciton-confinement in phosphorescent

polymer lightemitting diodes. Appl Phys Lett, 2006, 88(9): 093505.

[148] Ma B W, Lauterwasser F, Deng L, et al. New thermally cross-linkable polymer and its application as a hole-transporting layer for solution processed multilayer organic light emitting diodes. Chem Mater, 2007, 19 (19): 4827-4832.

[149] Zuniga C A, Abdallah J, Haske W, et al. Crosslinking using rapid thermal processing for the fabrication of efficient solution-processed phosphorescent organic light-emitting diodes. Adv Mater, 2013, 25(12): 1739-1744.

[150] Li W J , Wang Q W, Cui J, et al. Covalently interlinked organic LED transport layers via spin-coating/siloxane condensation. Adv Mater, 1999, 11(9), 730-734.

[151] Yan H, Huang Q L, Scott B J, et al. A polymer blend approach to fabricating the hole transport layer for polymer light-emitting diodes. Appl Phys Lett, 2004, 84(19): 3873-3875.

[152] Park J, Lee C, Jung J, et al. Facile photo-crosslinking of azide-containing hole-transporting polymers for highly efficient, solution-processed, multilayer organic light emitting devices. Adv Funct Mater, 2014, 24(48): 7588-7596.

[153] Lee J, Han H, Lee J, et al. Utilization of "thiol-ene" photo cross-linkable hole-transporting polymers for solution-processed multilayer organic light-emitting diodes. J Mater Chem C, 2014, 2(8): 1474-1481.

[154] Tanaka D. Ultra high efficiency green organic light-emitting devices. Jpn J Appl Phys, 2007, 46(1L): L10.

[155] Sasabe H, Chiba T, Su S J, et al. 2-Phenylpyrimidine skeleton-based electron-transport materials for extremely efficient green organic light-emitting devices. Chem Commun, 2008, (44): 5821-5823.

[156] Su S J, Chiba T, Takeda T, et al. Pyridine-containing triphenylbenzene derivatives with high electron mobility for highly efficient phosphorescent OLEDs. Adv Mater, 2008, 20(11): 2125-2130.

[157] Su S J, Tanaka D, Li Y J, et al. Novel four-pyridylbenzene-armed biphenyls as electron-transport materials for phosphorescent OLEDs. Org Lett, 2008, 10(5): 941-944.

[158] Huang F, Wu H, Cao Y. Water/alcohol soluble conjugated polymers as highly efficient electron transporting/injection layer in optoelectronic devices. Chem Soc Rev, 2010, 39(7): 2500-2521.

[159] Cai X, Zhan R, Feng G X, et al. Organometallic conjugated polyelectrolytes: Synthesis and applications. J Inorg Organomet Polym, 2015, 25(1): 27-36.

[160] Wu H B, Huang F, Mo Y Q, et al. Efficient electron injection from a bilayer cathode consisting of aluminum and alcohol-/water-soluble conjugated polymers. Adv Mater, 2004, 16(20): 1826-1830.

[161] Wu H B, Huang F, Peng J B, et al. High-efficiency electron injection cathode of Au for polymer light-emitting devices. Org Electron, 2005, 6(3): 118-128.

[162] Duan C H, Zhang K, Zhong C M, et al. Recent advances in water/alcohol-soluble π-conjugated materials: New materials and growing applications in solar cells. Chem Soc Rev, 2013, 42(23): 9071-9104.

［163］ Hu Z C, Zhang K, Huang F, et al. Water/alcohol soluble conjugated polymers for the interface engineering of highly efficient polymer light-emitting diodes and polymer solar cells. Chem Commun, 2015, 51: 5572-5585.

［164］ Huang F, Wu H B, Cao Y. Water/alcohol soluble conjugated polymers as highly efficient electron transporting/injection layer in optoelectronic devices. Chem Soc Rev, 2010, 39(7): 2500-2521.

［165］ Wang Q, Zhou Y, Zheng H, et al. Modifying organic/metal interface via solvent treatment to improve electron injection in organic light emitting diodes. Org Electron, 2011, 12(11): 1858-1863.

［166］ Zeng W J, Wu H B, Zhang C, et al. Polymer light-emitting diodes with cathodes printed from conducting Ag paste. Adv Mater, 2007, 19(6): 810-814.

［167］ Zheng H, Zheng Y N, Liu N L, et al. All-solution processed polymer light-emitting diode displays. Nat Commun, 2013, 4(3): 1971.

［168］ Zhang B, Qin C, Ding J. High-performance all-polymer white-light-emitting diodes using polyfluorene containing phosphonate groups as an efficient electron-injection layer. Adv Funct Mater, 2010, 20(17): 2951-2957.

［169］ Huang F, Niu Y H, Zhang Y, et al. A conjugated, neutral surfactant as electron-injection material for high-efficiency polymer light-emitting diodes. Adv Mater, 2007, 19(15): 2010-2014.

［170］ Jin Y, Bazan G C, Heeger A J. Improved electron injection in polymer light-emitting diodes using anionic conjugated polyelectrolyte. App Phys Lett, 2008, 93(12): 123304.

［171］ Yang R Q, Wu H B, Cao Y, et al. Control of cationic conjugated polymer performance in light emitting diodes by choice of counterion. J Am Chem Soc, 2006, 128(45): 14422-14423.

［172］ Hoven C, Yang R Q, Garcia A, et al. Ion motion in conjugated polyelectrolyte electron transporting layers. J Am Chem Soc, 2007, 129(36): 10976-10977.

［173］ Zhong C M , Liu S J, Huang F, et al. Highly efficient electron injection from indium tin oxide/cross-linkable amino-functionalized polyfluorene interface in inverted organic light emitting devices. Chem Mater, 2011, 23(21): 4870-4876.

［174］ Zhu Y, Xu X, Zhang L, et al. High efficiency inverted polymeric bulk-heterojunction solar cells with hydrophilic conjugated polymers as cathode interlayer on ITO. Sol Energy Mater Sol Cells, 2012, 97: 83-88.

［175］ Xu X F, Zhu Y X, Zhang L J, et al. Hydrophilic poly(triphenylamines) with phosphonate groups on the side chains: Synthesis and photovoltaic applications. J Mater Chem, 2012, 22(10): 4329-4336.

［176］ Sun J, Zhu Y, Xu X, et al. High efficiency and high VOC inverted polymer solar cells based on a low-lying HOMO polycarbazole donor and a hydrophilic polycarbazole interlayer on ITO cathode. J Phys Chem C, 2012, 116(27): 14188-14198.

［177］ Pho T V, Kim H, Seo J H, et al. Quinacridone-based electron transport layers for enhanced performance in bulk-heterojunction solar cells. Adv Funct Mater, 2011, 21(22): 4338-4341.

［178］ Reilly T H, Hains A W, Chen H Y, et al. A self-doping, O₂-stable, n-type interfacial layer for organic electronics. Adv Energy Mater, 2012, 2(4): 455-460.

［179］ Ye H, Hu X, Jiang Z, et al. Pyridinium salt-based molecules as cathode interlayers for enhanced performance in polymer solar cells. J Mater Chem A, 2013, 1(10): 3387-3394.

［180］ Emslie A G, Bonner F T, Peck L G. Flow of a vicous liquid on a rotating disk. J Appl Phy, 1958, 29(5): 858-862.

［181］ Hall D B, Underhill P, Torkelson J M. Spin coating of thin and ultrathin polymer films. Polym Eng Sci, 1998, 38(12): 2039-2045.

［182］ Meyerhofer D. Characteristics of resist films produced by spinning. J Appl Phys, 1978, 49(7): 3993-3997.

［183］ Middieman S. The effect of induced air-flow on the spin coating of viscous liquids. J Appl Phy, 1987, 62(6): 2530-2532.

［184］ Burroughes J H, Bradley D D C, Brown A R, et al. Light-emitting diodes based on conjugated polymers. Nature, 1990, 347(6293): 539-541.

［185］ Gustafsson G, Cao Y, Heeger A J, et al. Flexible light-emitting diodes made from soluble conducting polymers. Nature, 1992, 357(6378): 477-479.

［186］ D'Andrade B. White phosphorescent LEDs offer efficient answer. Nat Photon, 2007, 1(1): 33-34.

［187］ Wang L, Liang B, Cao Y, et al. Utilization of water/alcohol-soluble polyelectrolyte as an electron injection layer for fabrication of high-efficiency multilayer saturated red-phosphorescence polymer light-emitting diodes by solution processing. Appl Phys Lett, 2006, 89(15): 151115.

［188］ Huang F, Hou L T, Cao Y, et al. High-efficiency, environment-friendly electroluminescent polymers with stable high work function metal as a cathode: Green and yellow-emitting conjugated polyfluorene polyelectrolytes and their neutral precursors. J Am Chem Soc, 2004, 126(31): 9845-9853.

［189］ Huang F, Wu H B, Cao Y, et al. Novel electroluminescent conjugate polyelectrolytes based on polyfluorene. Chem Mater, 2004, 16(4): 708-716.

［190］ Huang F, Hou L T, Cao Y, et al. Synthesis, photophysics, and electroluminescence of high-efficiency saturated red light-emitting polyfluorene-based polyelectrolytes and their neutral precursors. J Mater Chem, 2005, 15(25): 2499-2507.

［191］ Huang F, Hou L T, Cao Y, et al. Sythesis and optical and electroluminescent properties of novel conjugated polyelectrolytes and their neutral precursors derived from fluorene and benzoselenadiazole. J Polym Sci Poly Chem, 2006, 44(8): 2521-2532.

［192］ Hou L T, Huang F, Cao Y, et al. High-efficiency inverted top-emitting polymer light-emitting diodes. Appl Phys Lett, 2005, 87(15): 153509.

［193］ Ma W L, Iyer P K, Heeger A J, et al. Water/methanol-soluble conjugated copolymer as an electron-transport layer in polymer light-emitting diodes. Adv Mater, 2005, 17(3): 274-277.

［194］ Ogi T, Modesto-Lopez L B, Okuyama K, et al. Fabrication of a large area monolayer of silica particles on a sapphire substrate by a spin coating method. Colloids Surf A, 2007, 297(1): 71-78.

[195] Li X, Han Y C, An L J. Surface morphology evolution of thin tribock copolymer films during spin coating. Langmuir, 2002, 18(13): 5293-5298.

[196] Schubert D W, Dunkel T. Spin coating from a molecular point of view: Its concentration regimes, influence of molar mass and distribution. Mat Res Innovat, 2003, 7(5): 314-321.

[197] de Gans B J, Duineveld P C, Schubert U S. Inkjet printing of polymers: State of the art and future development. Adv Mater, 2004, 16(3): 203-213.

[198] Gans B D, Schubert U S. Inkjet printing of polymer micro-arrays and libraries: Instrumentation, requirements, and perspectives. Macromol Rapid Commun, 2003, 24(11): 659-666.

[199] David A. Gen 7 PFD inkjet equipment—development status. SID Symposium Digest 36. Boston, Massachusetts, USA: Society for Information Display, 2005: 1200-1203.

[200] Chang S C, Bharathan J, Yang Y, et al. Dual-color polymer light-emitting pixels processed by hybrid inkjet printing. Appl Phys Lett, 1998, 73(18): 2561-2563.

[201] van der Vaart N C, Lifka H, Young N D, et al. Towards large-area full-color active-matrix printed polymer OLED television. SID Symposium Digest 35. Seattle, Washington, USA: Society for Information Display, 2004: 1284-1287.

[202] Wu S J, Cheng J A, Chen H M P, et al. Large area color filter fabrication by using ink-jet printing technology//Morreale J. SID Symposium Digest 39. Los Angeles, California, USA: Society for Information Display, 2008: 1435-1438.

[203] Souk J H, Kim B J. Inkjet technology for large size color filter plates. Morreale J SID Symposium Digest 39. Los Angeles, California, USA: Society for Information Display, 2008: 429-432.

[204] Orgill D. 液晶面板的制造技术: 喷墨印刷. 中国电子商情, 2006, 4: 052-055.

[205] Kinura H, Kawaguchi K, Saito T, et al. New full color oleds techonoly based on advanced color conversion method using ink-jet printing. Morreale J. SID Symposium Digest 39. Los Angeles, California, USA: Society for Information Display, 2008: 299-302.

[206] Mauthner G, Landfester K, List E J W, et al. Inkjet printed surface cell light-emitting devices from a water-based polymer dispersion. Org Electron, 2008, 9(2): 164-170.

[207] Min H C, Sun H L, Yong H K, et al. Solvent effect on uniformity of the performance of inkjet printed organic thin-film transistors for flexible display. Morreale J. SID Symposium Digest 39. Los Angeles, California, USA: Society for Information Display, 2008: 440-443.

[208] Tatsuya S. Ink-jet technology for fabrication processes of flat panel displays. Morreale J. SID Symposium Digest 39. Los Angeles, California, USA: Society for Information Display, 2008: 1178-1181.

[209] Sirringhaus H, Kawase T, Woo E P, et al. High-resolution inkjet printing of all-polymer transistor circuit. Science, 2000, 290(5499): 2123-2126.

[210] Sele C W, Friend R H, Sirringhaus H, et al. Lithography-free, self-aligned inkjet printing with sub-hundred-nanometer resolution. Adv Mater, 2005, 17(8): 997-1001.

[211] Gans D B, Tekin E, Meyer W, et al. Ink-jet printing polymers and polymer libraries using micropipettes. Masromol Rapid Commun, 2004, 25(1): 292-296.

[212] 汪敏, 王萌, 武猛, 等. 聚合物发光材料喷墨打印成膜技术研究进展. 高分子材料科学与工程, 2007, 23(2): 9-13.

[213] Landau L D, Levich B V G. Dragging of a liquid by a moving plate. Acta Physciochim URSS, 1942, 17(2): 42-54.

[214] Gibson M, Frejlich J, Machorro R. Dip-coating method for fabricating thin photoresist films. Thin Solid Films, 1985, 128(1): 161-170.

[215] Strawbrodge I, James P F. The factors affecting the thickness of sol-gel derived silica coating prepared by dipping. J Non-Cryst Solids, 1986, 86(3): 381-393.

[216] Schroeder H. Oxide layers deposited from organic solutions. Phys of Thin Films, 1969, 5: 87-141.

[217] Dislich H, Hussman E. Amorphous and crystalline dip coatings obtained from organometallic solutions-procedures, chemical processes and products. Thin Solid Films, 1981, 77(1): 129-139.

[218] Gao C, Lee Y C, Russak M, et al. Dip-coating of ultra-thin liquid lubricant and its control for thin-film magnetic hard disks. IEEE Trans On Magn, 1995, 31(6): 2982-2984.

[219] Yimsiri P, Mackley M R. Spin and dip coating of light-emitting polymer solutions: Matching experiment with modelling. Chem Eng Sci, 2006, 61: 3496-3505.

[220] Davis J M. Asymptotic analysis of liquid films dip-coated onto chemically micropatterned surfaces. Phys Fluids, 2005, 17(3): 038101.

[221] Davis J M, Tiwari N. Theoretical ananlysis of the effect of insoluble surfactant on the dip coating of chemically micropatterned surface. Phys Fluids, 2006, 18(2): 022102.

[222] Ha J S, Kim C S, Cheong D S, Processing and properties of Al$_2$O$_3$/SiC nanocomposite coated alumina by slurry dipcoating. J Mater Sci Lett, 1998, 17(9): 747-749.

[223] Kang T J, Yoon J W, Kim Y H, et al. Sandwich-type laminated nanocomposites developed by selective dip-coating of carbon nanotubes. Adv Mater, 2007, 19(3): 427-432.

[224] Luo K, Walker C T, Edler K J. Mesoporous silver films from dilute mixed-surfacent soutions by using dip-coating. Adv Mater, 2007, 19(11): 1506-1509.

[225] Yimsiri P, Mackley M R. Microstructure and device performance of thin film light emitting polymers. Thin Solid Films, 2007, 515(7): 3787-3796.

[226] Huang J, Fan R, Yang P, et al. One-step patterning of aligned nanowire arrays by programmed dip coating. Angew Chem Int Ed, 2007, 46(14): 2414-2417.

[227] Liu N L, Zhou Y, Wang J, et al. *In situ* growing and patterning of aligned organic nanowire arrays via dip coating. Langmuir, 2009, 25(2): 665-671.

[228] Singh M, Haverinen H M, Dhagat P, et al. Inkjet printing-process and its applications. Adv Mater, 2010, 22(6): 673-685.

[229] Gans D B, Duineveld P C, Schubert U S. Inkjet printing of polymers: State of the art and future developments. Neuroendocrinology, 1988, 47(4): 335-342.

[230] Chen S, Chiu H, Wang P, et al. Inkjet printed conductive tracks for printed electronics. ECS J Solid State Sci Technol, 2015, 4(4): 3026-3033.

[231] Kuang M, Wang L, Song Y. Controllable printing droplets for high-resolution patterns. Adv

Mater, 2014, 26(40): 6950-6958.

[232] Krebs F C. Fabrication and processing of polymer solar cells: A review of printing and coating techniques. Sol Energy Mater Sol Cells, 2008, 93(4): 394-412.

[233] Ferris C J, Gilmore K G, Wallace G G, et al. Biofabrication: An overview of the approaches used for printing of living cells. Appl Microbiol Biotechnol, 2013, 97(10): 4243-4258.

[234] Zhang Z L, Zhang X Y, Xin Z Q, et al. Synthesis of monodisperse silver nanoparticles for ink-jet printed flexible electronics. Nanotechnology, 2011, 22(42): 3982-3989.

[235] Bora Y, Dae-Young H, Oktay Y, et al. Inkjet printing of conjugated polymer precursors on paper substrates for colorimetric sensing and flexible electrothermochromic display. Adv Mater, 2011, 23(46): 5492-5497.

[236] Koji A, Koji S, Daniel C. Inkjet-printed microfluidic multianalyte chemical sensing paper. Anal Chem, 2008, 80(18): 6928-6934.

[237] Chen P Y, Chen C L, Chen C C, et al. 30.1: Invited paper: 65-Inch inkjet printed organic light-emitting display panel with high degree of pixel uniformity. SID Symposium Digest of Technical Papers, 2014.

[238] Dijksman J F, Duineveld P C, Hack M J J, et al. Precision ink jet printing of polymer light emitting displays. J Mater Chem, 2007, 17(17): 511-522.

[239] Deegan R D, Bakajin O, Dupont T F, et al. Capillary flow as the cause of ring stains from dried liquid drops. Nature, 1997, 389(6653): 827-829.

[240] 邝旻翾. 喷墨打印液滴的精度控制及功能器件制备. 北京: 中国科学院大学, 2014.

[241] Deegan R D, Bakajin O, Dupont T F, et al. Contact line deposits in an evaporating drop. Phys Rev E, 2000, 62(1): 756.

[242] Sun J, Bao B, Min H, et al. Recent advances in controlling the depositing morphologies of inkjet droplets. ACS Appl Mater Interfaces, 2015, 7(51): 28086-28099.

[243] Hua H, Larson R G. Marangoni effect reverses coffee-ring depositions. J Phys Chem B, 2006, 110(14): 7090-7094.

[244] Babatunde P O, Nanri N, Onitsuka K, et al. Factors dominating polymer film morphology formed from droplets using mixed solvents. Chem Eng Jpn, 2012, 45(8): 622-629.

[245] Shen X Y, Ho C M, Wong T S. Minimal size of coffee ring structure. J Phys Chem B, 2010, 114(16): 5269-5274.

[246] Soltman D, Subramanian V. Inkjet-printed line morphologies and temperature control of the coffee ring effect. Langmuir, 2008, 24(5): 2224-2231.

[247] Fukuda K, Sekine T, Kumaki D, et al. Profile control of inkjet printed silver electrodes and their application to organic transistors. ACS Appl Mater Interfaces, 2013, 5(9): 3916-3920.

[248] Bigioni T P, Lin X M, Nguyen T T, et al. Kinetically driven self assembly of highly ordered nanoparticle monolayers. Nat Mater, 2006, 5(4): 265-270.

[249] Jung J Y, Kim Y W, Yoo J Y. Behavior of particles in an evaporating didisperse colloid droplet on a hydrophilic surface. Anal Chem, 2009, 81(19): 8256-8259.

[250] Tekin E, Holder E, Kozodaev D, et al. Controlled pattern formation of poly[2-methoxy-5-(2′-ethylhexyloxyl)-1,4-phenylenevinylene] (MEH-PPV) by ink-jet printing. Adv Funct

Mater, 2007, 17(2): 277-284.

[251] Yunker P J, Still T, Lohr M A, et al. Suppression of the coffee-ring effect by shape-dependent capillary interactions. Nature, 2011, 476(7360): 308-311.

[252] Wang L. Inkjet printed colloidal photonic crystal microdot with fast response induced by hydrophobic transition of poly(N-isopropyl acrylamide). J Mater Chem, 2012, 22(40): 21405-21411.

[253] Jungho P, Jooho M. Control of colloidal particle deposit patterns within picoliter droplets ejected by ink-jet printing. Langmuir, 2006, 22(8): 3506-3513.

[254] Kim D, Jeong S, Park B K, et al. Direct writing of silver conductive patterns: Improvement of film morphology and conductance by controlling solvent compositions. Appl Phys Lett, 2006, 89(26): 264101.

[255] Denneulin A, Bras J, Carcone F, et al. Impact of ink formulation on carbon nanotube network organization within inkjet printed conductive films. Carbon, 2011, 49(8): 2603-2614.

[256] Majumder M, Rendall C S, Eukel J A, et al. Overcoming the "coffee-stain" effect by compositional Marangoni-flow-assisted drop-drying. J Phys Chem B, 2012, 116(22): 6536-6542.

[257] Tadashi K, Wataru K, Tohru O, et al. Controlling the drying and film formation processes of polymer solution droplets with addition of small amount of surfactants. J Phys Chem B, 2009, 113(47): 15460-15466.

[258] Still T, Yunker P J, Yodh A G. Surfactant-induced Marangoni eddies alter the coffee-rings of evaporating colloidal drops. Langmuir, 2012, 28(11): 4984-4988.

[259] de Dier R, Sempels W, Mizuno H, et al. Auto-production of biosurfactants reverses the bacterial coffee ring effect. Clim Change, 2013, 120(1-2): 1-12.

[260] Eral B, Mampallil A D, Duits M, et al. Suppressing the coffee stain effect: How to control colloidal self-assembly in evaporating drops using electrowetting. Soft Matter, 2011, 7(10): 4954-4958.

[261] Lei Y, Cheuk-Lam H, Hongbin W, et al. White polymer light-emitting devices for solid-state lighting: Materials, devices, and recent progress. Adv Mater, 2014, 26(16): 2459-2473.

[262] Ikegawa M, Azuma H. Droplet behaviors on substrate in thin-film formation using ink-jet printing. JSME Int J, 2004, 47(3): 490-496.

[263] Kaneda M, Ishizuka H, Sakai Y, et al. Film formation from polymer solution using inkjet printing method. Aiche J, 2007, 53(5): 1100-1108.

[264] Li Y, Xu J. Computer Simulation of the deposit topography in dried metal nanoparticle dispersion droplets. Chin J Electron Devices, 2008, 1: 53.

[265] Ikegawa M, Azuma H. Droplet behaviors on substrates in thin-film formation using ink-jet printing. JSME Int J-Ser B, 2004, 47(3): 490-496.

[266] Le H P. Progress and trends in ink-jet printing technology. J Imaging Sci Technol, 1998, 42(1): 49-62.

[267] de Gans B, Schubert U S. Inkjet printing of well-defined polymer dots and arrays. Langmuir, 2004, 20(18): 7789-7793.

［268］Kajiya T, Nishitani E, Yamaue T, et al. Piling-to-buckling transition in the drying process of polymer solution drop on substrate having a large contact angle. Phys Rev E, 2006, 73(1): 11601.

［269］Gohda T, Kobayashi Y, Okano K, et al. 58.3: A3.6. In. 202-ppi full-color AMPLED display fabricated by ink-jet method. SID Symposium Digest of Technical Papers, 2006.

［270］Berg A M J V, Laat A W M D, Smith P J, et al. Geometric control of inkjet printed features using a gelating polymer. J Mater Chem, 2007, 17(7): 677-683.

［271］Kang B J, Oh J H. Geometrical characterization of inkjet-printed conductive lines of nanosilver suspensions on a polymer substrate. Thin Solid Films, 2010, 518(10): 2890-2896.

［272］Shin K Y, Lee S H, Oh J H. Solvent and substrate effects on inkjet-printed dots and lines of silver nanoparticle colloids. J Micromech Microeng, 2011, 21(4): 45012-45022.

［273］Hwayoung K, Jungho P, Hyunjung S A, et al. Rapid self-assembly of monodisperse colloidal spheres in an ink-jet printed droplet. Chem Mater, 2004, 16(22): 4212-4215.

［274］Shimoda T, Morii K, Seki S, et al. Inkjet printing of light-emitting polymer displays. MRS Bull, 2003, 28(28): 821-827.

［275］Chen A U, Basaran O A. A new method for significantly reducing drop radius without reducing nozzle radius in drop-on-demand drop production. Phys Fluids, 2002, 14(1): L1-L4.

［276］Gan H Y, Shan X, Eriksson T, et al. Reduction of droplet volume by controlling actuating waveforms in inkjet printing for micro-pattern formation. J Micromech Microeng, 2009, 19(5): 1050-1055.

［277］Jonathan S, Brian D. Formation and stability of lines produced by inkjet printing. Langmuir, 2010, 26(12): 10365-10372.

［278］Dan S, Vivek S. Inkjet-printed line morphologies and temperature control of the coffee ring effect. Langmuir, 2008, 24(5): 2224-2231.

［279］Ying Y L, Goh Y M, Liu C. Surface treatments for inkjet printing onto a PtFe-based substrate for high frequency applications. Ind Eng Chem Res, 2013, 52(33): 11564-11574.

［280］Osch T H J V, Perelaer J, Laat A W M D, et al. Inkjet printing of narrow conductive tracks on untreated polymeric substrates. Adv Mater, 2007, 20(2): 343-345.

［281］Mantysalo M, Mansikkamaki P, Miettinen J, et al. Evaluation of inkjet technology for electronic packaging and system integration//Electronic Components and Technology Conference. Reno, NV: 57th Electronic Components and Technology Conference, 2007.

［282］毛靖儒, 施红辉, 俞茂铮, 等. 液滴撞击固体表面时的流体动力特性实验研究. 力学与实践, 1995, (3): 52-54.

［283］Tay B Y, Edirisinghe M J. On substrate selection for direct ink-jet printing. J Mater Sci Lett, 2002, 21(4): 279-281.

第 **3** 章

印刷 TFT 材料与器件工艺

薄膜晶体管(TFT)是显示屏中用以控制每一个像素选址及亮度的有源开关器件,是实现图像显示的关键部件。在每一个像素点都设计有 TFT,通过 TFT 对像素存储电容充电,来维持每幅图像所需要的电压直到下一幅图像更新;这种方法能有效地克服非选通时的串扰,使显示屏的静态特性与扫描行数无关,因此大大提高了图像显示的质量。TFT 技术是平板显示[如 AMOLED、TFT-LCD、e-paper(电子纸)等]的共有技术。然而,与 LCD 的电压驱动型不同的是,OLED 是电流控制发光的,属于电流驱动型,因而要求 TFT 的导电沟道具有较高的载流子迁移率[通常认为需要 5 $cm^2/(V \cdot s)$ 以上],传统的非晶硅 TFT 技术已经难以满足此要求。此外,为保证对显示效果的控制,还要求 TFT 具有较好的电学均匀性和稳定性。因此,AMOLED 对 TFT 技术提出了更高的性能要求。

当前产业化的 TFT 技术都是基于真空工艺的,而印刷工艺制备 TFT 的研究起步比较晚,其性能与真空工艺制备的 TFT 相比还有很大的差距。只有 OLED 和 TFT 都采用印刷方法制备,实现全印刷 AMOLED,才能真正摆脱所有的真空和光刻工序,最大限度地降低制造成本。

本章介绍 TFT 的原理、分类、材料及制备技术,着重介绍可印刷的 TFT 材料与工艺,包括可印刷半导体层、电极、栅介电材料及其印刷制备方法。

3.1 薄膜晶体管基本原理与性能表征

3.1.1 薄膜晶体管的概念与发展历史

TFT 也称为薄膜型场效应晶体管,它是一种以沉积形成的半导体、金属和绝缘体等薄膜组成的场效应器件。"场效应"是指利用垂直于半导体表面的电场来控制半导体的导电能力的现象。常用的 TFT 是三端器件。一般在玻璃衬底上制作半导体层,在其两端有与之相连接的源极和漏极;栅极与半导体之间设置介电层(绝缘层);利用施加于栅极的电压来控制源、漏电极间的电流强度。

晶体管的概念早在 20 世纪 30 年代就被 Lilienfeld[1]提出来了,但是,限于当时的技术水平,制造这种器件的材料达不到足够的纯度,使得这种晶体管无法制造出来。1947 年 12 月,美国贝尔实验室的 Shockley、Bardeen 和 Brattain 用元素锗(Ge)制造了世界上第一个晶体管,打破了电子管在体积、功耗、寿命等方面的局限性,使电子技术跃入一个新的阶段,这种晶体管属于双极型晶体管。第一个场效应(单极型)晶体管的问世则是在 1960 年,由阿塔拉和贝尔实验室的江大原共同在 Si/SiO$_2$ 上制造出来。1962 年,RCA 实验室的 Weimer[2]制造出第一个 TFT,他们在玻璃衬底上通过遮挡掩模蒸镀一层金薄膜作为源极和漏极,然后又通过遮挡掩模蒸镀一层硫化镉(CdS)薄膜作为半导体有源层,接着蒸镀一层 SiO$_x$ 薄膜作为栅绝缘层,最后,再蒸镀一层金薄膜作为栅极,在栅电容值为 50 pF 的情况下得到的跨导约为 25 000 μA/V。而实际显示应用的 TFT 是由 Brody 研制的,他于 1973 年首次用 CdSe 作有源层研制出 6 in×6 in、每英寸 20 线的 TFT 液晶显示屏。1980 年,德国斯图加特大学的 Lueder 教授在当年的 SID 年会上发表了题为 "Processing of thin film transistors with photolithography and application for displays" 的文章,开启了非晶硅(a-Si)作有源层的 TFT 应用于液晶显示的大门。随后 TFT 的研究如雨后春笋般全面展开。

TFT 的整个发展历程,根据沟道半导体材料的不同,大致经历了如下三个阶段:

探索性阶段: CdS-TFT 是 TFT 发展之初出现的有源驱动方案,其薄膜控制性和再现性均难保证,而且其关态电流较大。此外,其在可靠性方面也存在问题,这些缺陷导致最终未能实现应用化,但开启了研究 TFT 的大门。

硅材料阶段:硅基 TFT 是当今较成熟的 TFT 技术,为大家所熟悉,主要包括 a-Si TFT 和低温多晶硅(low temperature poly-silicon,LTPS)TFT,目前广泛应用于 LCD 和 AMOLED 等显示器上。

新材料阶段:主要包括有机 TFT(organic thin-film transistor,OTFT)和氧化物 TFT。OTFT 由于具有制备工艺简单、有机材料多样化及有机薄膜的天然"柔性"等优势,在柔性器件中展示了很大的发展前景;氧化物 TFT 作为新兴起的 TFT 技术,由于具有迁移率高、工艺温度低、均匀性好及与 a-Si TFT 产线兼容等优点而得到广泛重视并取得实质性进展。

3.1.2　TFT 的工作原理

　　TFT 是一个三端有源器件，由栅极(gate，G)、栅绝缘层(gate insulator)、有源层(active layer)、源极(source，S)和漏极(drain，D)等组成，如图 3-1 所示。其中，栅绝缘层也称为栅介电层(gate dielectric layer)，有源层也称为半导体层(semiconductor layer)或沟道层(channel layer)。

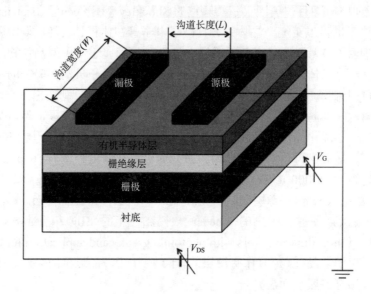

图 3-1　TFT 的结构及工作原理图

　　TFT 就像一个平行板电容器，半导体层相当于平行板电容器的一个电极，栅极则相当于另一个电极，栅绝缘层相当于电容器中的介质层。当在栅极上施加一定的电压(V_G)时，就能在源、漏极之间的沟道区域感应出一定数量的载流子；在一定的源漏电压(V_{DS})下，这些感应出的载流子就能参与导电，形成源漏电流(I_{DS})。因此，通过调节 V_G 的大小就能控制载流子的多少，从而控制 I_{DS} 的大小。在 TFT 中，源极和漏极之间的间距称为沟道长度(L)，源极和漏极相对应的长度称为沟道宽度(W)，如图 3-1 所示。

3.1.3　TFT 的基本参数

　　在表征 TFT 的性能时首先需要测试其输出特性曲线和转移特性曲线，从这两种特性中可提取迁移率、阈值电压、开关电流比及亚阈陡度等参数，下面将逐一介绍其定义及意义。

1. 输出特性曲线

TFT 在工作时电流受到两种电压(V_G 和 V_{DS})共同控制,在各种 V_G 情况下,半导体层中电流 I_{DS} 的大小变化与 V_{DS} 的变化关系曲线为 TFT 的输出特性曲线,如图 3-2 所示。

在 V_{DS} 比较小时($|V_{DS}|<|V_G-V_T|$,V_T 为阈值电压),由于每一条曲线的 V_G 是固定的,也就是说从源极注入的电子或空穴(载流子)数(载流子浓度)是一定的,而沟道的电导率(σ)可由式(3-1)得到:

$$\sigma = nq\mu \tag{3-1}$$

式中,n 为载流子浓度;q 为单位载流子所带的电荷;μ 为载流子的迁移率。由于材料的迁移率是一定的,故由式(3-1)可知,沟道的电导率是一个定值,因此在该区域内 I_{DS} 会随着 V_{DS} 的大小变化产生线性的变化,称这个区域为线性区(linear regime)。

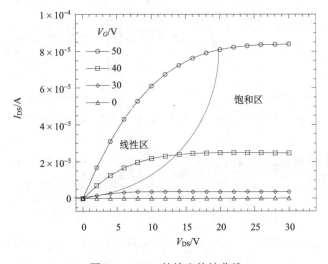

图 3-2　TFT 的输出特性曲线

当 $|V_{DS}|>|V_G-V_T|$ 时,由于器件中靠近漏极一端的导电沟道被夹断,当电流传输到这一侧时其传输主要靠隧穿效应,这时 I_{DS} 逐渐达到饱和状态,称这一区域为饱和区(saturation regime)。在这个区域中可以看到 I_{DS} 不再随 V_{DS} 的增大而增大,而是固定不变。

2. 转移特性曲线和阈值电压

在 V_{DS} 固定不变时,I_{DS} 的大小随着 V_G 的变化关系曲线为 TFT 的转移特性曲线,如图 3-3 所示。当 V_{DS} 较小时(一般取 0.1~1V),器件工作在线性区,线性区

的 I_{DS} 由经验式(3-2)表示:

$$I_{DS} = \frac{W}{L} \mu_{lin} C_i \left(V_G - V_T - \frac{V_{DS}}{2} \right) V_{DS} \qquad (3-2)$$

式中, C_i 为单位面积的绝缘层电容, F/cm^2 ; μ_{lin} 为线性区的载流子迁移率。由式(3-2)可知, I_{DS} 与 V_G 呈线性关系。图 3-3(a)左边的曲线为对数坐标下的 I_{DS} 对应于 V_G 的关系(即 lgI_{DS}-V_G), 右边的曲线为线性坐标下的 I_{DS} 对应于 V_G 的关系, 从右边的线性坐标曲线可以看出 I_{DS} 与 V_G 呈线性关系, 与式(3-2)相符。线性区的阈值电压 V_T 定义: I_{DS} 对应于 V_G 的线性关系部分的反向延长线与 x 轴的交点, 如图 3-3(a)所示。

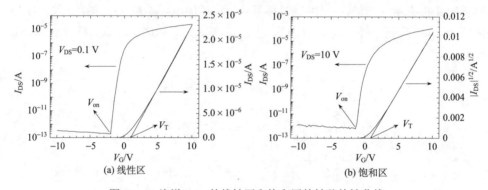

图 3-3　n 沟道 TFT 的线性区和饱和区的转移特性曲线

当 V_{DS} 较大时, 器件工作在饱和区, 饱和区的 I_{DS} 由经验式(3-3)表示:

$$I_{DS} = \frac{W \mu_{sat} C_i}{2L} (V_G - V_T)^2 \qquad (3-3)$$

式中, μ_{sat} 为饱和区的载流子迁移率。由式(3-3)可知, I_{DS} 的平方根($I_{DS}^{1/2}$)与 V_G 呈线性关系。图 3-3(b)左边的曲线为对数坐标下的 I_{DS} 对应于 V_G 的关系(即 lgI_{DS}-V_G), 右边的曲线为线性坐标下的 $I_{DS}^{1/2}$ 对应于 V_G 的关系, 从右边的线性坐标曲线可以看出 $I_{DS}^{1/2}$ 与 V_G 呈线性关系, 与式(3-3)相符。饱和区 V_T 定义: $|I_{DS}|^{1/2}$(在 p 沟道器件中 I_{DS} 为负数, 故通用的表达式为 $|I_{DS}|^{1/2}$)对应于 V_G 的线性关系部分的反向延长线与 x 轴的交点, 如图 3-3(b)所示。

由于线性区和饱和区的 V_T 的定义不同, 所以在同一个器件中它们的值不一定相同。另外, 由于 V_T 的值是通过线性拟合得出的, 在实际中会存在较大的误差, 所以有时使用开启电压的概念来代替阈值电压的概念。

3. 开启电压

开启电压(turn-on voltage, V_{on})指在一定的 V_{DS} 下, $\lg I_{DS}$-V_G 曲线中 I_{DS} 随着 V_G 开始明显增大时的 V_G 值, 如图 3-3 所示。开启电压的大小代表了半导体材料中的局域态能级密度的大小。在 MTR 模型(multiple trapping and release model)中, 半导体材料的费米能级被带隙中的局域态能级限制在禁带中, 费米能级要想移动到导带使材料进入能带传输区域, 就必须先填充高密度的局域态能级, 因此, 必须外加上一定的电压后才能完全填充局域态能级, 这就造成了增强型(enhance mode)场效应晶体管且具有明显的开启电压。

一般来说, TFT 的开启电压更能准确地表示 TFT 器件的特性, 它的值是确定的。在没有短沟道效应(short-channel effect)和漏压诱导的势垒降低(drain-induced barrier lowering, DIBL)效应的情况下, 线性区与饱和区的 V_{on} 是相同的。

4. 迁移率

迁移率(mobility, μ)是 TFT 中的一个重要参数, 它指载流子(电子或空穴)在单位电场作用下的平均漂移速度, 即载流子在电场作用下运动速度的快慢的量度, 运动得越快, 迁移率越大; 运动得越慢, 迁移率越小。载流子迁移率与载流子在电场作用下的平均漂移速度的关系可以通过式(3-4)表示:

$$v_d = \mu \, | E | \tag{3-4}$$

式中, v_d 为载流子在电场作用下的平均漂移速度; E 为电场强度。

迁移率主要影响到 TFT 的两个性能: 首先是与载流子浓度一起决定半导体材料电导率的大小[式(3-1)], 迁移率越大, 电阻率越小, 输出的电流就越大; 其次是提高迁移率可以提高 TFT 的开关速度。

由式(3-2)可知, 线性区的载流子迁移率可以通过跨导(g_m)来计算:

$$g_m = \left. \frac{\partial I_{DS}}{\partial V_G} \right|_{V_D = \text{const}} = \frac{WC_i}{L} \mu_{lin} V_{DS} \tag{3-5}$$

g_m 的意义为在 V_D 为常数(const)时, V_G 大小对器件中 I_{DS} 的控制能力, 它就是图 3-3(a)中右边曲线的斜率。根据 g_m 能够得到在线性区的载流子迁移率 μ_{lin}。

由式(3-3)可知, 饱和区的载流子迁移率 μ_{sat} 可以通过式(3-6)算出:

$$\mu_{sat} = \frac{k^2 \cdot 2L}{W \cdot C_i} \tag{3-6}$$

其中:

$$k = \frac{\partial (I_{DS}^{1/2})}{\partial V_G} \tag{3-7}$$

式中，k 为图 3-3(b) 中右边曲线的斜率。

5. 开关电流比

TFT 的另一个重要的性能参数为开关电流比 (I_{on}/I_{off})，体现的是 TFT 的整体性质，定义为 TFT 的开态电流 (I_{on}) 和关态电流 (I_{off}) 之比。在 TFT 的转移特性曲线中体现为最大电流与最小电流的比值，如图 3-3(b) 所示，图中最大电流约为 10^{-4}A，最小电流约为 10^{-12}A，故开关电流比为 10^8。它代表了 TFT 的开启和关断的相对能力。其中 I_{on} 越高，代表器件的驱动能力越强；I_{off} 越低，代表器件的关断能力越强。通常，作为 AMOLED 驱动的 TFT 的开关电流比至少要达到 10^6。

6. 亚阈陡度

亚阈陡度 [subthreshold slope，SS，又称亚阈值摆幅 (subthreshold swing)] 是在 $\lg I_{DS}$-V_G 曲线中，从 $\lg I_{DS}$ 刚开始快速上升时，上升一个数量级所对应的 V_G 的跨度 (ΔV_G)。其表达式为

$$SS = \frac{\partial V_G}{\partial \lg I_{DS}} \tag{3-8}$$

单位为 V/dec (dec 代表一个数量级，decade)。SS 代表了 TFT 从"关"态开启到"开"态所需要的最低电压，它的值越小，说明器件的工作电压越低。

SS 的大小还体现了半导体层-绝缘层界面及半导体体内缺陷的多少，因为当 V_G 增大时界面的载流子电荷浓度也增大，而一部分载流子电荷要用来填充半导体层-绝缘层界面及半导体体内的缺陷；所以缺陷越多，所需要用来填充它的那部分载流子电荷就越多，电流增加的速度就越慢，表现为 SS 增大，即

$$SS = \frac{qk_B T(N_t t_c + D_{it})}{C_i \lg e} \tag{3-9}$$

式中，N_t 为半导体层的缺陷密度；D_{it} 为绝缘层/半导体层界面的缺陷密度；k_B 为 Boltzmann 常数；T 为热力学温度；t_c 为导电沟道的厚度。因此，可以通过 SS 来计算 TFT 器件的缺陷密度。

3.1.4 TFT 的分类

主流的、面向显示应用的 TFT 根据半导体有源层的材料不同可以大致分为四类，即氢化非晶硅 (a-Si：H) TFT、LTPS TFT、OTFT 和氧化物 TFT。

1. a-Si：H TFT

a-Si：H TFT 具有很低的关态电流和较高的开关电流比。最早的 a-Si：H TFT 是由 LeComber 小组[3]于 1979 年发表。由于 a-Si：H TFT 具有均匀性好、工艺简单及制备成本低等优点，早期被广泛用于驱动 LCD。然而，a-Si：H TFT 的迁移

率较低[通常<1 cm²/(V·s)]，这严重阻碍了其进一步的应用，特别是在需要较大驱动电流的 AMOLED 显示中的应用。此外，a-Si：H TFT 还存在性能不稳定的缺点。

2. LTPS TFT

寻找高迁移率的有源层材料以替代低迁移率的 a-Si 材料，是 TFT 技术发展的必然趋势。1980 年，IBM 公司的 Depp 等[4]发布了多晶硅(p-Si)材料，其迁移率高达 50 cm²/(V·s)。早期的 p-Si TFT 一般需要较高的晶化温度，超过了普通玻璃衬底所能承受的最高温度，因而 p-Si 技术一度被认为不适合制备在廉价的玻璃衬底上。为了降低晶化温度，一些特殊的晶化技术，如激光晶化、金属诱导晶化等，被用来制备 LTPS。最成熟的激光晶化方法是准分子激光退火(excimer laser annealling，ELA)。现在，ELA 技术已经发展成制备 LTPS TFT 的主流技术，并已成功应用到 LCD 和 AMOLED 中。此外，金属诱导晶化(metal-induced crystallization，MIC)、金属诱导横向晶化(metal-induced lateral crystallization，MILC)、金属诱导单一方向横向晶化(metal-induced unidirection lateral crystallization，MIULC)及"带帽的 MIC"、"电场加速的 MIC"也被用于 LTPS 的制备。由于 LTPS TFT 具有迁移率高和稳定性好的特点，所以被广泛应用于当前高分辨率 LCD 和 AMOLED 显示中。但是，LTPS TFT 技术也存在一些问题：一方面，薄膜的晶化方式决定了 LTPS TFT 的工艺成本较高、大面积制备较为困难；另一方面，由于 LTPS 薄膜是多晶结构，存在大量晶界，LTPS-TFT 器件均匀性难以保证，这会影响 OLED 的发光均一性，尤其在大尺寸的新型显示领域该问题显得尤为突出。

3. OTFT

OTFT 是半导体有源层为有机材料(共轭聚合物或有机小分子)的 TFT。第一只真正意义上的 OTFT 器件是在 1986 年由 Tsumura 等[5]报道，采用的有源层是基于电化学聚合的聚噻吩，当时得到的器件载流子迁移率只有 10^{-5} cm²/(V·s)，性能上虽然无法与无机材料相比，但是它改变了人们对半导体沟道材料的认识，开启了研制 OTFT 的大门。Garnier 等[6]在 1994 年首次利用全打印法制备了全聚合物的 OTFT，得到的空穴迁移率为 0.06 cm²/(V·s)，这使得 OTFT 的低成本和大面积制备成为可能。Haddon 等[7]在 1995 年报道了用 C_{60} 作为有源层制备 n 沟道的 OTFT，其电子迁移率达到 0.08 cm²/(V·s)。Lin 课题组[8]报道了有源层为小分子材料并五苯的 OTFT，其空穴迁移率达 1.5 cm²/(V·s)。这之后，在众多科学家的努力下，OTFT 的性能不断提高，近几年已取得突破性进展，其性能已超过了 a-Si：H TFT 的水平。相比无机 TFT，OTFT 具有以下优点：①成膜技术多，如旋涂、滴膜、Langgmuir-Blodgett (LB)膜、分子自组装、真空蒸发技术、丝网印刷技术、喷墨打印技术等，容易实现大面积制备；②有机材料的合成制备方法灵活、简单，可以通过引入侧链或取代的方法对有机材料的电学性质进行调制，进而有针对性地调节 TFT 的性能，还可以通过化学掺杂的方法改变有机材料的电导率；③有机材料天然具有柔性，能很好地与柔性衬底兼容。

4. 氧化物 TFT

近年来，基于氧化物半导体(oxide semiconductor)材料的氧化物 TFT 受到了人们的广泛关注。Hoffman 课题组[9]在 2003 年报道了全透明的基于 ZnO 半导体的TFT，引起强烈反响。随后，Hosono 课题组[10]在 *Nature* 期刊上报道了低温制备的基于非晶态 InGaZnO$_4$(IGZO)有源层的柔性 TFT，受到人们的广泛关注。相比于其他 TFT，氧化物 TFT 具有如下诸多优点：①良好的电学性能，氧化物 TFT 具有较高的迁移率和较大的开关电流比，能够提高显示器的响应速度，满足高清晰显示的要求，这对于需要较大电流驱动的 OLED 显示有着十分重要的意义；②良好的光学透过性，由于氧化物半导体材料大多带隙较宽，氧化物薄膜在可见光范围有很高的透过率，可以制备全透明 TFT(T-TFT)，在透明显示中有着很大的应用前景，还可以显著提高显示器件的开口率，显著改善解析度，降低成本；③良好的均一性，与 LTPS 不同，氧化物半导体的导带底是由球对称的金属离子的 ns轨道交叠而成，即便在非晶态的情况下也不会影响到 ns 轨道的交叠，因而氧化物TFT 具有较好的均一性；④工艺温度低，氧化物薄膜可以在低温甚至室温下制备，退火温度也一般不超过 350℃，可兼容普通玻璃，并为柔性显示开辟了新的途径，彭俊彪课题组[11]在 2014 年报道了基于氧化物 TFT 背板驱动的柔性 AMOLED 显示屏，衬底是聚萘二甲酸乙二醇酯(PEN)，整个工艺最高温度为 150℃，如图 3-4所示[11]；⑤由于氧化物 TFT 与 a-Si∶H TFT 具有相似的器件结构，因此只需要对a-Si∶H TFT 的生产线进行适当调整就可以用来进行氧化物 TFT 的量产。

图 3-4　氧化物 TFT 驱动的柔性 AMOLED 显示屏照片[11](见文后彩图)

四种 TFT 的性能比较列于表 3-1,其中 OTFT 有报道接近 $100 \ cm^2/(V \cdot s)$ 的迁移率,但这是在非常严苛的条件下制备的,在普通工艺下制备的 OTFT 的迁移率一般难以超过 $10 \ cm^2/(V \cdot s)$。

表 3-1　各类 TFT 的性能比较

有源层材料	迁移率/cm²/(V·s)	稳定性	均匀性	工艺温度/℃	光刻次数	成本
a-Si：H	0.1～1	差	较好	<300	4～6	低
LTPS	10～400	好	差	<700	5～11	高
有机物	<10	差	差	<150	—	较低
氧化物	1～100	较好	较好	<400	4～7	较低

除了这四种 TFT,近年来还出现了一些其他 TFT,如基于一维材料(如单壁碳纳米管等)的 TFT、基于二维材料(如石墨烯、二硫化钼等)的 TFT 等,将在本书第 5 章介绍。

3.2　印刷 TFT 的半导体材料与薄膜工艺

3.2.1　印刷 TFT 简介

目前,已经实现显示应用的 TFT 均为基于真空法制备的,例如,Si 薄膜和绝缘薄膜通常采用等离子体增强型化学气相沉积(plasma enhanced chemical vapor deposition,PECVD)制备,氧化物半导体薄膜和电极薄膜通常采用磁控溅射制备。由于这些真空设备价格昂贵,大约占据了整个 TFT 生产成本的 40%以上,这些真空设备和光刻工艺(包括蚀刻和后端工序)的成本加起来占据整个生产成本的 90%以上,如图 3-5 所示,因此,如何减少或摆脱真空工序成为降低平板显示面板生产成本的关键。

溶液法被认为是最有可能替代真空工艺的一种成膜技术。相比于传统的真空工艺,溶液法的优点是容易实现大面积制备,且成本较低。但溶液法也存在一些问题:如通过溶液法制备的薄膜通常杂质较多、薄膜密度较低,而且电学性能不稳定等。尽管如此,人们对溶液法进行了大量研究,并取得了较大的进展。

目前,可印刷半导体材料主要包括聚合物、可溶性有机小分子、氧化物(前驱体或悬浮液)、碳纳米管(悬浮液)等。下面介绍一些常见的可印刷材料。

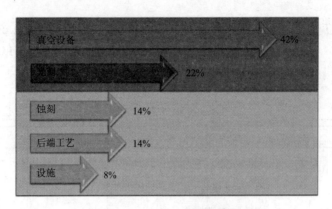

图 3-5　真空工艺的成本分布[12]

3.2.2　聚合物半导体材料

1. p 型聚合物半导体材料

随着导电聚合物的发现，人们开始关注聚合物电子器件的研究，因为聚合物材料可以通过溶液加工的方法成膜，在室温或近室温下结合工业生产成本低的旋涂或者打印技术制备成膜，因而有可能大幅度降低工业生产成本，而且，可以实现大面积柔性电子器件的制备。

1986 年，Tsumura 等[5]首次报道了基于电化学聚合的聚噻酚 OTFT 器件，其场效应迁移率为 $10^{-5} cm^2/(V \cdot s)$、阈值电压为–13 V、开关电流比大于 10^2。经过二十多年的不断努力，目前无论是在高性能聚合物半导体材料的设计合成上，还是在聚合物 TFT 器件的制备工艺和性能优化上，均取得了许多突破性的进展。尤其在最近几年，性能良好的聚合物 OTFT 的迁移率已经超过了 $1.0 cm^2/(V \cdot s)$，超过了 a-Si：H 的迁移率，甚至在一些特殊的制备条件下可以与 LTPS 的迁移率相媲美（3.2.5 节）。

在聚合物半导体中，聚 3-己基噻吩（P3HT，图 3-6）是研究最为广泛的 p 型聚合物半导体材料，一直被用来作为衡量新型聚合物半导体材料性能好坏的标准。P3HT-TFT 的空穴迁移率与分子取向和区域规整性有很大的关系，其迁移率可以在 $10^{-5} \sim 0.2 cm^2/(V \cdot s)$ 的范围内变化。

此外，P3HT 分子量的大小、侧链的长短、成膜方式、溶剂的选择和热退火处理也会显著影响聚合物链的有序排列和材料的物理性质。其中，溶剂的选择是一个重要的方面，大量的工作研究不同的溶剂对局域有序的 P3HT 薄膜的影响，其中有氯仿、1,1,2,2-四氯乙烷、氯苯、甲苯、邻二甲苯和四氢呋喃等。不同的溶剂得到的薄膜有着不同的有序排列度、薄膜平整度和连续度，所得到的迁移率也存在有最大为两个数量级的差别。

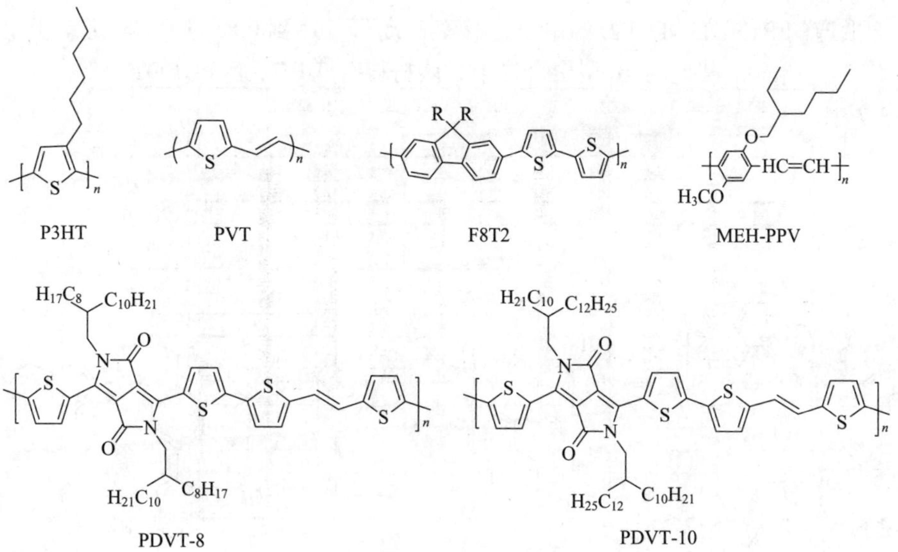

图 3-6 一些 p 型聚合物半导体材料的结构式

由于 P3HT 是电离能较低(4.8～5.0 eV)的 p 型聚合物半导体材料,因此其薄膜暴露在空气中时,将会被掺杂而引起电导的增加,从而降低器件的开关电流比;而在氧气存在的环境下,深紫外光会在 P3HT 中引入羰基缺陷,而使其失去共轭性质,降低迁移率。然而通过侧链取代或者在分子的主链上引入吸电子的稠环单元(PBTTT)[13],不仅可以提高 P3HT 的电离能、加强氧化稳定性,而且能够保留 P3HT 的微晶结构、薄层自组织和高迁移率的特性。PBTTT 的电离能比 P3HT 的提高了 0.3 eV,而且它的迁移率最高可达 1 $cm^2/(V \cdot s)$。

常见的 p 型聚合物材料还有:MEH-PPV、聚(9,9-二辛基芴-共二噻吩)(F8T2)、PTAA、PVT 等,如图 3-6 所示。最近,中国科学院化学研究所刘云圻课题组[14]报道了一类可溶液法加工的、高性能的 p 型聚合物半导体材料 PDVT(图 3-6)。研究结果表明:两个聚合物都表现出良好的空穴传输性能,其迁移率均高于 2.0 $cm^2/(V \cdot s)$,开关电流比在 $10^5 \sim 10^7$,其中含长链侧基的聚合物 PDVT-10 的迁移率最高可以达到 8.2 $cm^2/(V \cdot s)$,这一结果是目前所报道的溶液法加工聚合物场效应晶体管器件的最高值。

2. n 型聚合物半导体材料

n 型聚合物半导体材料是所有有机半导体材料中最少的,其开发的难度也是最大的。其中,梯形聚合物 BBL[15]是研究的最为深入的一种,如图 3-7 所示。通过优化制备方法获得高度有序的薄膜,迁移率最高可达 0.1 $cm^2/(V \cdot s)$,但 BBL 的溶解度差,只能溶于一些特殊的溶剂,这严重限制了其应用。最近,Chen

等[16]报道的 P(NDI2OD-T2)的电子迁移率最高可以达到 0.85 cm^2/(V·s)，其结构如图 3-7 所示，其他的 n 型聚合物半导体材料有 BBB、P(PDI-DTT)等，也列在图 3-7 中。

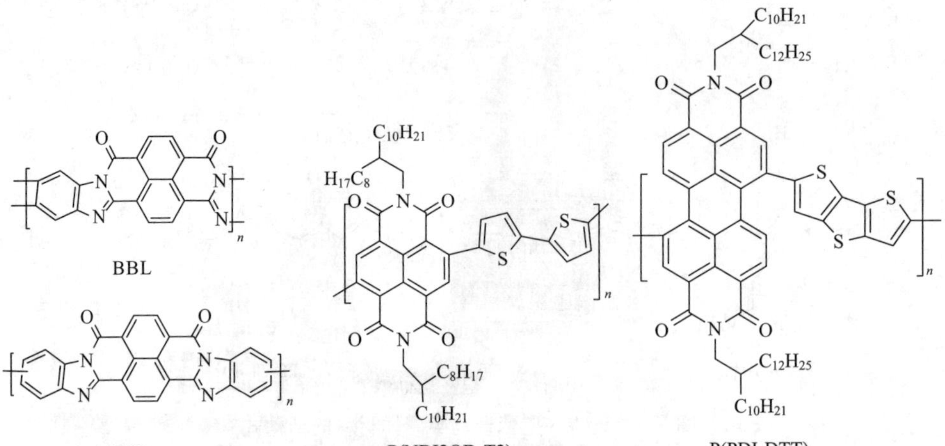

图 3-7　一些 n 型聚合物半导体材料的结构式

3.2.3　溶液加工有机小分子半导体材料

通常，有机小分子半导体材料溶液的黏度较低，不易加工成高质量的薄膜，且多数有机小分子半导体对环境较为敏感。因此，相比于聚合物半导体，溶液加工的有机小分子半导体材料在材料设计和成膜工艺方面遇到了更高的挑战。然而，由于小分子半导体材料的迁移率通常相对较高，也有一些研究组在溶液加工小分子半导体材料的研究方面做了很多工作，取得了很大的进展。

Brown 等[17]在 20 世纪 90 年代早期开发的可溶液加工的并五苯是一个引人关注的可替代溶液加工聚合物和真空沉积半导体材料的新材料。该想法结合了溶液加工的简易性和并五苯材料的高迁移率。Herwig 和 Mullen[18]合成了一种可溶的并五苯前驱体，其旋涂成膜之后再进行更高温度的退火处理可转变成并五苯。该热转变并五苯薄膜的场效应迁移率依赖于转变温度(130～200℃)，一般为 0.1～1 cm^2/(V·s)。

Anthony 等[19]对可溶液加工、高迁移率、小分子半导体的概念进行了进一步的研究。他们设计并合成了一系列可溶且沉积成膜后不需要化学转变的并五苯和双噻吩蒽衍生物，其中有三个特别成功的例子，TIPS 并五苯，TESADT，diF-TESADT，如图 3-8 所示。除了表现出在普通有机溶剂中的高溶解度，中心环的并五苯和双噻吩蒽的功能化还可以被用来调控固体状态下的分子排列, 通过降低分子间距离以诱导 π 堆积。采取最优化的沉积方式, 这些材料表现出 1～2.5 cm^2/(V·s) 的载流子迁移率。由于分子的中心芳环免受氧化作用, 它们还展现了比并五苯更好的空气稳定性。

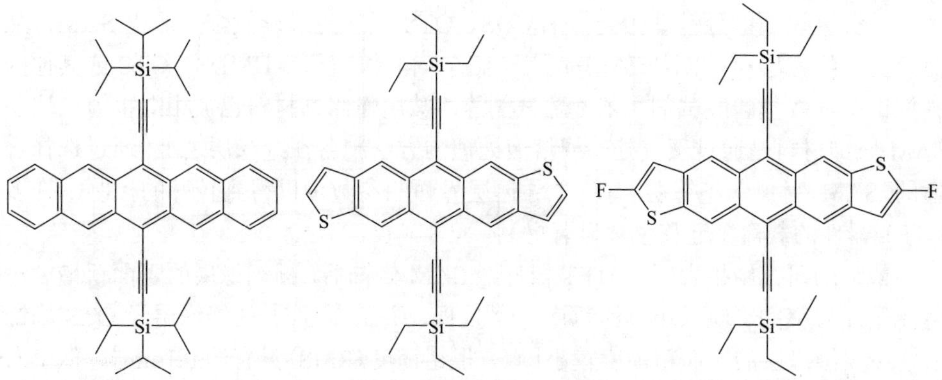

(a) TIPS 并五苯　　　　　(b) TESADT　　　　　(c) diF-TESADT

图 3-8　并五苯和双噻吩蒽衍生物的结构式

3.2.4　OTFT 的界面材料

OTFT 是由多层薄膜构筑而成的, 相邻薄膜之间存在界面, 界面的接触对 OTFT 的性能影响巨大, 甚至起着决定性的作用。因此, 界面工程对 OTFT 来讲是至关重要的一环, 其中最重要的两个界面是栅绝缘层-有机半导体层界面和有机半导体层-源/漏电极界面。

1. 栅绝缘层-有机半导体层界面

良好的栅绝缘层表面决定了与它依附的半导体层的质量, 这有利于控制有机半导体层的表面形貌、晶粒大小、晶粒之间的空隙的数量及分子的取向和有序程度。因此, 改善栅绝缘层-有机半导体层的界面接触成为改善 OTFT 器件性能的重要途径之一。

改善绝缘层-有机半导体层的界面接触最有效的办法就是界面修饰。界面修饰是在无机或聚合物绝缘层上面增加一层较薄的修饰层的方法, 它包括自组装单(分子)层(self-assembled monolayer, SAM)修饰和聚合物缓冲层修饰两种方法。

SAM 可以单独作为 OTFT 的栅绝缘层以获得低工作电压, 但是这种绝缘层的稳定性和可靠性依然是一个问题。因此, SAM 更多的是被用来作为无机或聚合物绝缘层的修饰层以改变无机或聚合物绝缘层表面的状态, 这样既可以拥有稳定可

靠的绝缘性能又可以改善栅绝缘层-有机半导体层之间的界面接触,获得高性能的
OTFT 器件。

由于无机绝缘层 SiO_2 的表面含有大量的 Si—OH 键(羟基基团),这些基团是
电子陷阱,会显著影响器件的载流子迁移率、回滞特性(hysteresis)、阈值电压等。
通过六甲基二硅烷(hexamethyldisilane, HMDS)、十八烷基三氯硅烷(OTS)等处
理后,SiO_2 表面的羟基基团会与 HMDS、OTS 反应生成硅氧烷,形成 SAM,从
而改变了绝缘层-有机半导体层的界面性能。自此之后, HMDS、OTS 或其他的
硅烷试剂、烷基磷酸试剂、苯乙烯试剂等,被用作修饰材料也被相继报道。这些
SAM 修饰材料是通过蒸气处理或溶液处理的方法制备在绝缘层之上。通过选择合
适的 SAM 材料,绝缘层-有机半导体层界面的参数可以得到较好的控制,许多
OTFT 器件的载流子迁移率被显著提高。

最近的研究结果表明,OTFT 器件经 SAM 修饰后,栅绝缘层的表面粗糙度对
载流子迁移率的影响减小。鲍哲南等[20]发现,并五苯 TFT 的绝缘层经 OTS 修饰
后,虽然绝缘层的表面粗糙度较小[均方根粗糙度(RMS)只有约 0.1 nm],但空穴
载流子的迁移率只有 $0.5 \ cm^2/(V \cdot s)$,同样的器件经 HMDS 修饰后,虽然表面粗
糙度较大(RMS 约为 0.5 nm),但迁移率却高达 $3.4 \ cm^2/(V \cdot s)$,通过对并五苯形
貌的进一步研究发现,并五苯在 HMDS 修饰的表面上呈现面状的单晶结构,而
在 OTS 修饰的表面呈现的是树枝状的多晶结构。他们最后得出结论:并五苯的
载流子迁移率取决于 SAM 层上的第一层的分子排列,而不是取决于 SAM 表面
的粗糙度。

一般来说,SAM 修饰后,绝缘层的表面能会降低,而表面能的降低有利于载流
子的传输。Umeda 等[21]报道了采用四种不同的 SAM 修饰绝缘层,所用修饰材料的
结构式见图 3-9。发现当表面能从 35.5 mN/m 降到 13.3 mN/m 时,载流子迁移率从
$0.38 \ cm^2/(V \cdot s)$ 提高到 $1.0 \ cm^2/(V \cdot s)$。

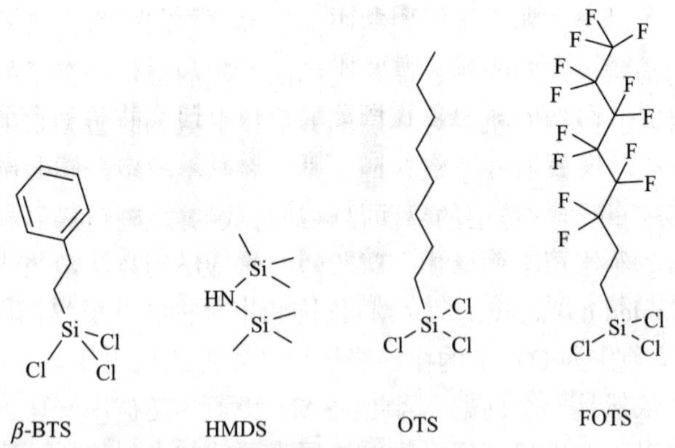

图 3-9　几种修饰材料的结构式[21]

另外，如果 SAM 采用极性的末端基团，会对器件的阈值电压产生很大的影响。Kobayashi 等[22]报道了采用含有不同极性的末端基团($—CF_3$、$—CH_3$、$—NH_2$)的 SAM 修饰绝缘层，能够调控 OTFT 的阈值电压。实验发现，末端基团为$—CF_3$时，OTFT 的阈值电压正向偏移；末端基团为$—NH_2$时，OTFT 的阈值电压负向偏移。这是因为$—CF_3$具有吸电子能力，相当于产生了空穴，这样就需要一个更正的电压来关断 OTFT 器件；而$—NH_2$具有较强的给电子能力，它会中和半导体层上已经产生的空穴，这样就需要一个更负的电压来开启 OTFT 器件。

聚合物缓冲层的界面修饰方法是在绝缘层-有机半导体层界面上再插入一层聚合物绝缘层的方法。大多聚合物绝缘材料通常具有较低的表面能、较好的平坦度、与有机半导体材料接触较好等优点。但是这类材料又通常具有较低的介电常数，无法实现低工作电压的 OTFT。为了同时达到高性能和低工作电压的目的，通常在高介电常数的绝缘层上添加一层低介电常数的聚合物绝缘层作为修饰层。Hwang 等[23]报道了基于 YO_x/PVP(聚对乙烯基苯酚)双绝缘层的 OTFT，电容率高达 47.1 nF/cm^2，在仅有–5V 的工作电压下获得了 0.83 $cm^2/(V \cdot s)$ 的空穴迁移率。

另外，与 SAM 类似，利用含有极性基团的聚合物材料作为缓冲层也可以调控 OTFT 的阈值电压。彭俊彪等[24]的研究表明，使用氨基极性基团的 PFN-PBT 共聚物作为缓冲层修饰阳极氧化的 Ta_2O_5 绝缘层可以明显调控 n 沟道 OTFT 的阈值电压。随着 PFN-PBT 共聚物中的共聚单体 PFN 含量的增加，OTFT 的阈值电压往负向移动，如图 3-10 所示。

2. 有机半导体层-源/漏电极界面

有机半导体层-源/漏电极界面接触的好坏对 OTFT 的性能有着重要的影响，而这种接触的好坏通常是由接触电阻来衡量的，如果源/漏电极与有机半导体层的接触电阻较小，就说明它们之间的接触较好。OTFT 的源极与漏极之间的电阻包括三个部分：沟道电阻、源极接触电阻和漏极接触电阻，通常源极接触电阻与漏极接触电阻统称为接触电阻。早期由于载流子迁移率低导致沟道电阻很大，相比之下接触电阻可以忽略不计。随着载流子迁移率的提高，沟道电阻降低，甚至出现接触电阻大大超过沟道电阻的现象，这个时候接触电阻的大小将直接决定 OTFT 的性能。有机半导体层-源/漏电极界面接触的好坏最直接的表现是 OTFT 的输出特性曲线的电流拥挤效应，如果接触好，在 V_{DS} 较小时，电流 I_D 会随 V_{DS} 的增大而线性增大；但接触不好时，在 V_{DS} 较小区域会出现电流拥挤效应，如图 3-11 所示。

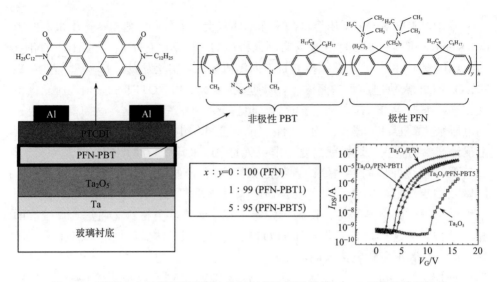

图 3-10 利用含有极性基团的聚合物材料作为缓冲层的 OTFT 器件结构及性能

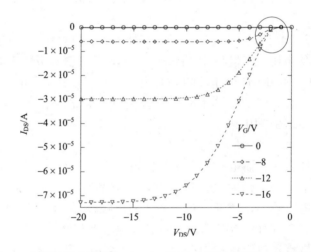

图 3-11 源漏接触电阻较大时，在 V_{DS} 较小区域出现的电流拥挤效应

　　为了降低接触电阻，电极材料必须与有机半导体材料形成良好的能级匹配。有机半导体中，由于空穴和电子分别是被注入到 HOMO 和 LUMO 能级中进行传输，因而所用的电极材料的功函数需要与有机半导体的 HOMO 能级（对 p 型半导体）或 LUMO 能级（对 n 型半导体）相近。相比于无机半导体，通过可控掺杂改变材料的费米能级的方法对于有机半导体材料仍然十分困难，这主要是由于以小分子补偿离子形式存在的掺杂物能够移动，从而容易导致器件性能的不稳定。因此，在 OTFT 中无法通过对源漏接触区域的有机半导体的掺杂来改善接触，必须通过

选择合适的金属电极及合理的金属-半导体界面的处理，才能改善界面的接触特性。通过选择合适功函数的金属电极，使其数值尽可能与有机半导体相应的能级 (HOMO 或 LUMO) 相近，可以有效地降低接触电阻，有利于形成良好的欧姆接触。而通过对金属-半导体界面的处理同样可以提高器件的性能。例如，并五苯的顶接触结构的 OTFT，在铝的源/漏电极和并五苯之间引入一层金属氧化物作为电荷注入层，如 MoO_3、WO_3 或 V_2O_5，可以大幅地提高器件性能。这被认为是由于金属氧化物薄层的引入降低了接触电阻，从而增强了载流子的注入[25]。此外，在金属和有机半导体层之间加一层金属氧化物还可以阻挡金属原子向有机半导体层的扩散，以及阻止电极层与有机半导体层接触界面的化学作用。

在底接触器件中，由于金属电极的表面能通常较高，有机分子在金属电极上的排列倾向于躺在金属电极表面，这样就会增加接触电阻。通过对金属电极表面的修饰，降低其表面能，就能够使有机分子立在金属电极的表面，从而改善它们之间的接触。刘云圻研究小组[26, 27]报道了使用 Ag-TCNQ 和 Cu-TCNQ 修饰 Ag 或 Cu 电极，制备了底接触的 OTFT 器件，大幅改善了有机半导体层-源/漏电极界面的接触，提高了器件性能。

3.2.5　OTFT 的最新进展

有机薄膜晶体管 (OTFT) 传统的成膜工艺有旋涂、提拉、打印及真空蒸镀等，其中喷墨打印最具有应用前景，尤其是全打印这一方案吸引了众多研究者的关注与努力。近几年也有相关报道实现了这一目标，并获得了不错的性能。例如，Minemawar 等[28]实现了在柔性衬底上 OTFT 各层均用打印的方法制备器件，并获得了迁移率 0.31 $cm^2/(V \cdot s)$ 的结果。

随着技术的发展，不断有新的成膜工艺及退火工艺被应用到 OTFT 器件的制备中。鲍哲南[29]开发出一种溶液剪切成膜的方式制备 OTFT，并获得 4.59 $cm^2/(V \cdot s)$ 的空穴迁移率，如图 3-12 所示。

该课题组进一步提出了流体增强结晶工艺 (fluid-enhanced crystal engineering)[30]：在印刷叶片上构筑微米级的柱状图案从而在剪切成膜过程中诱导材料成核结晶。并成功制备了不均衡的并五苯单晶，测得超高迁移率，最高达 11 $cm^2/(V \cdot s)$ (平均 8.1 $cm^2/(V \cdot s)$)，如图 3-13 所示。

Heeger 等[31]设计了一种类似隧道的结构来实现溶剂的定向挥发，且衬底构筑了纳米级的凹槽，得到了取向性的聚合物纤维，迁移率高达 6.7 $cm^2/(V \cdot s)$，如图 3-14 所示。

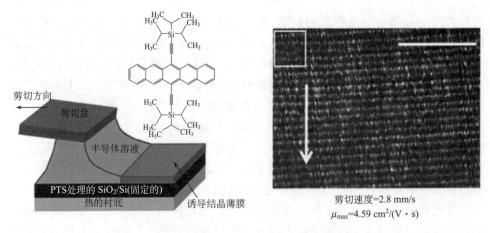

剪切速度=2.8 mm/s
μ_{max}=4.59 cm^2/(V·s)

图 3-12　剪切成膜方案示意图及所成膜的 TEM 图[29]

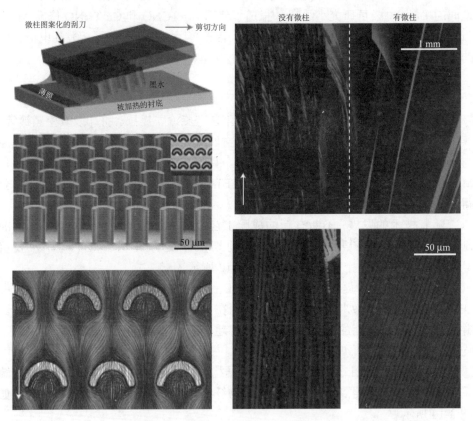

图 3-13　流体增强结晶工艺示意图[30]

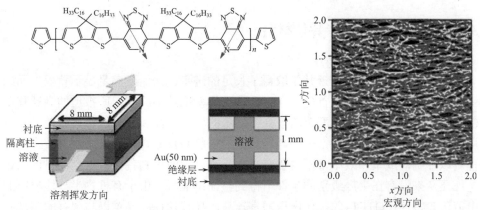

图 3-14　隧道式诱导溶剂定向挥发成膜示意图及所成膜的原子力显微镜图[31]

最近 Heeger 组[32]又设计了一个玻璃垫片隔开的三明治式的隧道装置,利用毛细管作用诱导聚合物链的自组装,使其在已构筑了纳米级凹槽的衬底上形成单轴取向的薄膜,迁移率达 21.3 cm^2/(V·s),并通过改变沟道长度,在 160 μm 时获得最高迁移率 52.7 cm^2/(V·s),如图 3-15 所示。

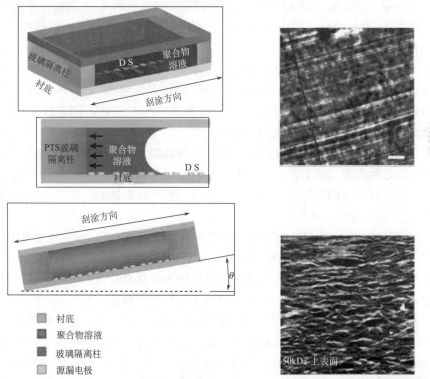

图 3-15　三明治式隧道装置毛细作用诱导成膜示意图及所成膜的原子力显微镜图[32]

1Da=1.66054×10^{-27} kg

3.2.6 可印刷氧化物半导体材料

1. 氧化物 TFT 简介

OTFT 的研究虽然在近几年取得了长足的进步，然而要满足显示背板方面的需求还有很长的路要走：首先，OTFT 的迁移率依然不够高，所报道的高迁移率OTFT 基本上都是在非常严苛的条件下制备的，重复性和均匀性都比较差，难以用普通的设备和方法实现，一些高迁移率的单晶 OTFT 甚至要采用剥离技术，过程难以控制，成本和效率都不占优势，而且难以大面积制备；其次，OTFT 的稳定性还从来没有在生产级别的条件下得到验证；最后，由于有机物半导体材料的电荷传输特性，OTFT 的工作电压通常较高，导致功耗高且难以与现有的驱动芯片兼容，虽然有不少关于低电压 OTFT 的报道，但其可靠性依然有待在生产级别的工艺上验证。

相比于 OTFT，作为后起之秀的氧化物 TFT 近年来得到了广泛关注，并取得了突飞猛进的发展。虽然氧化物 TFT 最早可以追溯到 1964 年，当时 Klasens 和Koelmans 提出了一种以蒸发方式制备的 SnO_2 半导体为有源层的 TFT，器件以 Al作为源、漏、栅电极，以 Al_2O_3 作为栅绝缘层，但是这种 TFT 在当时并没有引起太大的关注，直到后来透明电子的兴起，氧化物 TFT 才重新进入人们的视野。2003年，Hoffman 等展示了利用溅射法制备的 ZnO 基的透明 TFT。这类 TFT 的迁移率可达 2.5 $cm^2/(V \cdot s)$，器件开关比达 10^7。同年，日本东京工业大学的 Nomura 等在 *Science* 杂志上发表了单晶的 IGZO TFT，其迁移率高达 80 $cm^2/(V \cdot s)$；虽然它是用外延方法制备的，其制备温度高、难度大，但是它让人们首次看到了一种能够与 LTPS TFT 性能相媲美的 TFT。一年后的 2004 年，Nomura 等又在 *Nature* 杂志上发表了基于非晶态 IGZO ($InGaZnO_4$) 半导体的 TFT，获得了 8.3 $cm^2/(V \cdot s)$ 的迁移率，这种薄膜制备方法简单，并且是在室温下制备的，由此开创了低温、低成本、高迁移率 TFT 的先河。此后，大量的用于 TFT 的氧化物半导体材料被相继报道。

根据结构和组分，氧化物半导体材料可分为二元、三元、四元或更多元体系，其中二元材料包括 ZnO、In_2O_3、SnO_2、Ga_2O_3 等，是最简单的氧化物半导体。它们是多元氧化物的基础材料。这些二元氧化物大多具有较宽的禁带宽度，但是它们的实际应用至今尚存在包括均匀性和稳定性等诸多问题。

为获得良好均匀性及优秀电学性能的氧化物半导体材料，须将多种具有不同晶格结构、不同组分的二元材料混合一起，构成多组分非晶态材料。例如，In_2O_3和 ZnO 分别具有方铁锰矿结构和纤锌矿结构；另外，它们具有不同的氧配位数，所以把它们掺在一起通常就形成非晶态的氧化铟锌 (InZnO, IZO)。IZO 是三元氧化物半导体材料的代表，通过改变组分和制备条件，其电阻率可从 $10^{-4} \Omega \cdot cm$ 到

$10^8 \Omega \cdot cm$ 的大范围内调变，既能成为透明导体作电极用，又能成为半导体作 TFT 有源层用。这类材料的迁移率和载流子浓度随着 In/Zn 比例的增加而增加。曾有研究认为当原子比例 $n_{In}/(n_{In}+n_{Zn})$ 超过 0.8 时，IZO 薄膜会形成多晶结构，具有高的导电性。但后来 Fortunato 等利用 In_2O_3-ZnO（9：1）氧化物陶瓷靶材制备了一种常关型非晶态结构的底栅 IZO-TFT，最高迁移率为 107.2 $cm^2/(V \cdot s)$。Park 等采用一种自对准共面顶栅结构及利用 N_2O 等离子体修饰 IZO 的表面，获得迁移率为 157 $cm^2/(V \cdot s)$ 的非晶态薄膜的常开型 TFT 器件。虽然 IZO 的迁移率较高，但如何减少氧空位和载流子浓度、降低关态电流、提高负栅压光照及温度应力（negative-bias illumination temperature stress，NBITS）下的稳定性，以及提高器件的可重复性是 IZO-TFT 面临的主要问题。

氧化锌锡（ZnSnO，ZTO）是另外一种研究较多的三元氧化物材料。Sn^{4+} 是一种后过渡族重金属元素，符合 $(n-1)d^{10}ns^0 (n \geqslant 5)$ 这一原则。与 IZO 相比，ZTO 因不含昂贵的铟而具有低成本的优势。但 ZTO 要获得较高的迁移率则需较高的热处理温度，这可能是与 Sn 的价态较多，容易形成各种亚稳态缺陷（如 Sn^{2+} 等）相关，故 ZTO 的迁移率较低、稳定性较差，需要相对较高的退火温度（通常要达到 600℃）以消除或减少这些缺陷才能提高迁移率。此外，ZTO 具有很强的抗酸性，使其难于用湿法刻蚀得以图形化。

以 IGZO 为代表的四元氧化物半导体材料具有诸多优势。它的载流子浓度可以低于 $10^{17} cm^{-3}$，而迁移率仍可保持在较高水平。如图 3-16 所示，IGZO 的导带是由 In 离子 5s 轨道的重叠形成的，5s 轨道的球对称性使得 IGZO 材料对结构的变形不敏感以及半导体材料在非晶态时仍然保持较高迁移率。而 Si 属于 sp^3 杂化轨道，键的微小变化会对载流子的迁移产生较大影响，如图 3-16 所示。实际上，Si 材料的迁移率随其原子排列结构而变化，可以从单晶态的数千 $cm^2/(V \cdot s)$ 减少到非晶态的低于 1 $cm^2/(V \cdot s)$。IGZO 的低载流子浓度归因于 Ga^{3+} 的高离子势，这使得 Ga^{3+} 可以与氧离子紧紧地结合在一起，有利于抑制氧空位的生成，从而降低自由电子浓度。IGZO 载流子浓度可控性是氧化物 TFT 领域的重大突破，使其具有高迁移率、高均匀性、低温制备、低成本等特点，能满足 AMOLED 显示的需求。

仔细分析 In、Ga、Zn 的电子结构会发现，它们均符合 $(n-1)d^{10}ns^0$ 的要求，然而各元素的作用却不尽相同。认识并优化阳离子的作用及调节成分以提高 IGZO TFT 性能的研究，受到极大关注。In 的离子半径较大（n=5），相邻离子容易产生 s 轨道交叠，因此 In 主要起到有利于载流子传输（提高迁移率）的作用；而 Ga 和 Zn 的离子半径较小（n=4），其中 Zn 的作用是抑制薄膜结晶，因为 ZnO 的晶胞结构与 In_2O_3 和 Ga_2O_3 完全不同，Ga 的作用则是抑制自由电子的产生，因为 Ga^{3+} 有高离子势，不容易形成氧空位。In、Ga、Zn 含量对 IGZO 薄膜的迁移率和

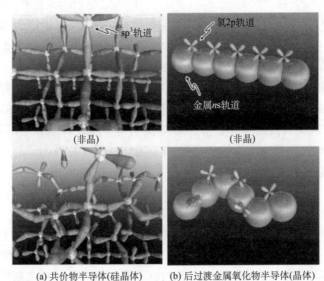

(a) 共价物半导体(硅晶体)　　　　(b) 后过渡金属氧化物半导体(晶体)

图 3-16　Si 和氧化物半导体中导带底的轨道结构示意图[10]

载流子浓度的影响如图 3-17 所示[10]。$n_{In}/(n_{In}+n_{Zn})$ 的比例越大，载流子浓度越大，电子迁移率也越大，但高的载流子浓度会使 TFT 器件难于关断。鉴于 Ga 离子与氧离子的结合键较 Zn 与 O 的结合键更强，所以随着 Ga 含量的增加，IGZO 中的氧空位会减少，从而使载流子浓度降低。因此，增加 Ga 元素的含量可以使 TFT 开启电压往正向移动。

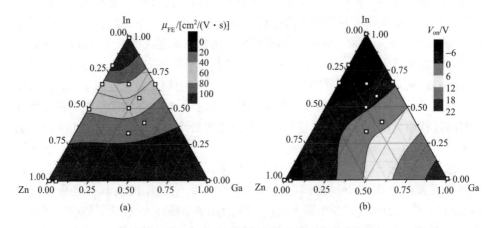

图 3-17　在 IGZO 体系中不同氧化物半导体成分的
迁移率(a)和开启电压(b)(见文后彩图)

另外，有学者使用其他低电负性的材料取代 Ga 元素，如 Al、Hf、Zr、Ta、La、Nd、Sc 等，这些元素可以作为强力的氧元素黏合剂及载流子抑制剂，从而提高 TFT 器件的偏压稳定性。因此，向 IZO 或 ZTO 中掺入如 Al 或 Zr 等元素，以期构成其他种类的高稳定性的四元或更多元的氧化物半导体材料的研究正引起关注。

目前，LG 集团、夏普公司等的基于氧化物 TFT 的电视产品已经面世，国内京东方的氧化物 TFT 面板的生产线也已建成并正在调试。从氧化物 TFT 的兴起到生产应用仅用了十年左右的时间，足以显示出氧化物 TFT 技术的强大吸引力与生命力。虽然氧化物 TFT 已经相对成熟并实现了应用，但是这些氧化物 TFT 都是基于真空法制备的，真空法制备需要使用昂贵的真空设备，如溅射仪、脉冲激光沉积（pulsed laser deposition，PLD）、PECVD、真空蒸发仪等，成本相对较高。采用印刷工艺制备氧化物 TFT 背板，相比真空工艺制备的具有低成本和大面积的优势，是未来信息显示技术的发展方向。因此，近年来，通过溶液法制备氧化物 TFT 引起了越来越多的重视。虽然相比于印刷 OTFT，印刷氧化物 TFT 起步较晚，但是由于氧化物半导体材料在迁移率方面较有优势，印刷氧化物 TFT 的进展速度要比印刷 OTFT 更快。

2. 溶液法制备氧化物半导体薄膜的原理

氧化物半导体薄膜的溶液制备方法主要包括溶胶-凝胶法、前驱体溶液法和纳米粒子(线)悬浮液法。溶胶-凝胶法是用金属盐或醇盐氧化物作为前驱体，溶解在醇或水中，溶剂分子(H_2O 或 ROH)转化为 OH^- 或 O^{2-} 配体，形成金属氢氧化物。随后，金属氢氧化物之间发生氧桥合反应，缩聚形成 M-O-M 聚合骨架；采用旋涂或打印等方法将所制备的胶体涂覆于基体表面，干燥后进行热处理形成所需的薄膜，整个过程如图 3-18 所示。下面以金属醇盐作为前驱体为例说明溶胶-凝胶法制备氧化物半导体薄膜的过程。

图 3-18　溶胶-凝胶法制备半导体薄膜的过程

第一步制取含金属醇盐和水的均相溶液以保证醇盐的水解反应在分子水平上进行。由于金属醇盐在水中的溶解度不大，一般选用醇作为溶剂，醇和水的加入应适量，习惯上以水/醇盐的摩尔比计量。催化剂对水解速率、缩聚速率及胶体的结构演变都有重要的影响，常用的酸性和碱性催化剂分别为 HCl 和 NH$_4$OH，催化剂的加入量也常以催化剂/醇盐的摩尔比计量，为保证溶液的均相性，在配制过程中须施以强烈搅拌。在此步骤中，金属阳离子 M^{x+}吸引水分子形成溶剂单元 M(H$_2$O)$_n^{x+}$，为保持其配位数，具有强烈的释放 H$^+$的趋势：

$$M(H_2O)_n^{x+} \longrightarrow M(H_2O)_{n-1}(OH)^{(x-1)+} + H^+ \tag{3-10}$$

第二步是制备溶胶。制备溶胶有两种方法：聚合法和粒子法，两者间的差别是加水量多少。聚合溶胶是在控制水解的条件下使水解产物及部分未水解的醇盐分子之间继续聚合而形成的，因此加水量很少；而粒子法溶胶则是在加入大量水，使醇盐在充分水解的条件下形成的。金属醇盐的水解反应和缩聚反应是均相溶液转变为溶胶的根本原因，控制醇盐的水解缩聚的条件，如加水量、催化剂和溶液的 pH 及水解温度等，是制备高质量溶胶的前提。

最基本的水解和缩聚反应如下：

(1)水解反应：

$$M(OR)_n + xH_2O \longrightarrow M(OH)_x(OR)_{n-x} + xROH \tag{3-11}$$

(2)缩聚反应可以分为失水缩聚和失醇缩聚，失水缩聚反应如下：

$$—M—OH + HO—M— \longrightarrow —M—O—M— + H_2O \tag{3-12}$$

失醇缩聚反应如下：

$$—M—OR + HO—M— \longrightarrow —M—O—M— + ROH \tag{3-13}$$

第三步为溶胶的涂膜，通过旋涂或打印等方法成膜。

第四步为干燥。干燥过程往往伴随着体积收缩，因而很容易引起开裂，为此需要严格控制干燥条件，或添加控制干燥的化学添加剂或采用超临界干燥技术。最后对薄膜进行热处理，其目的是去除残留有机物、提高氧化物的生成率及改善薄膜结构。

影响溶胶-凝胶法成膜的因素有很多，主要包括如下几种。

(1)溶剂：溶剂在溶胶反应过程中主要起分散作用，首先为了保证前驱体的充分溶解，须保证一定量的溶剂。在保证 pH、温度等条件不变的情况下随溶剂量的增加，形成的溶胶的透明度提高，但黏度降低。另外，在有机溶剂中还可以添加一定的水来改变水解反应的程度。溶剂的加水量一般用物质的量之比[$R = n_{H_2O}$: $n_{M(OR)_m}$]表示。加水量很少，一般 R 在 0.5～1.0 的范围，此时水解产物与未水解的醇盐分子之间继续聚合，形成大分子溶液，粒子不大于 1 mm，体系内无固液界面，属于热力学稳定系统；而加水过多($R \geqslant 100$)，则醇盐充分水解，形成存在固液界面的热力学不稳定系统。由此可见，调节加水量可以制备不同性质的材料。

（2）pH：溶液 pH（酸碱催化）对溶胶水解起催化作用，选用一定的碱调节 pH，当 pH 较高时，盐类的水解速度较低，而聚合速度较大，且易于沉淀；随着 pH 的减小，金属离子水解速度快，聚合度较小，粒子小；但 pH 过低，溶液酸度过高，金属离子络合物的稳定性下降。

（3）温度：反应温度主要影响到水解与成胶的速率，当反应温度较低时，不利于盐类水解的发生，金属离子的水解速率降低，溶剂挥发速率减慢，因而导致成胶时间过长，胶粒由于某种原因长时间作用导致不断团聚长大。当反应温度过高时，溶液中水解反应速率过快，且导致挥发组分的挥发速率提高，分子聚合反应也加快，成胶的时间就会大大缩短，由于缩聚产物碰撞过于频繁，过快的聚合可能会降低不同离子混合的均匀性。因此，选择合适的反应温度则有利于改善胶体的反应并缩短制备工艺周期。

（4）前驱体：不同的前驱体所含的金属离子不同，在相同温度、相同 pH 情况下的水解速率与程度就会不同，从而影响离子的络合，进而影响到溶胶的性质。

（5）络合剂：不同的络合剂所含羧基的数目与键的结合力强弱就会不同。例如，柠檬酸与草酸，从结构上分析，草酸含有 2 个酸性较强的羧基，与金属阳离子结合较缓慢，因此金属离子水解较充分，草酸与金属离子结合生成分散的晶核，可以制成较细小的物质前驱体；而柠檬酸具有 3 个羧基，且存在三级电离，不同 pH 下与金属的络合能力有区别，与金属盐结合较快，新生成的晶核较少，晶核长大较快，因此前驱体尺寸较大。

与其他方法相比，溶胶-凝胶法具有许多独特的优点：

（1）由于溶胶-凝胶法中所用的原料首先被分散到溶剂中而形成低黏度的溶液，因此，可以在很短的时间内获得分子水平的均匀性。

（2）由于经过溶液反应步骤，那么就很容易均匀定量地掺入一些微量元素，实现分子水平上的均匀掺杂。

（3）与固相反应相比，液相反应更容易进行，而且仅需要较低的合成温度，一般认为溶胶体系中组分的扩散在纳米范围内，而固相反应时组分扩散是在微米范围内，因此液相反应更容易进行，温度较低。

（4）选择合适的条件可以制备各种新型材料。

但是，溶胶-凝胶法也存在一些问题，其中最重要的问题是溶胶-凝胶法制备的墨水不稳定（即老化现象），因为溶胶和凝胶过程是随时间不断进行的，时间长了甚至会有沉淀出现。为了避免老化问题，Sirringhaus 等[33]提出了一种"片上溶胶-凝胶"（sol-gel on chip）方法。该方法先将前驱体溶液涂在衬底（片）上，在氮气气氛下加热干燥后，再在湿气环境下进行水解退火，使得溶胶-凝胶过程在衬底上完成，这就避免了胶体在墨水中老化。整个过程的最高温度仅需 230℃，所制备的 IZO-TFT 迁移率高达 10 cm²/(V·s)。

前驱体溶液法是指将氧化物的前驱体(通常是盐类，如硝酸盐、乙酸盐等)直接溶解在溶剂中，形成前驱体溶液；然后再将其涂覆在衬底上，经干燥后再退火使前驱体分解形成氧化物薄膜。与溶胶-凝胶法相比，前驱体溶液法具有制备简单，无老化问题等优点，缺点是分解前驱体通常需要较高的温度。在有些地方前驱体溶液法被归纳到溶胶-凝胶法中，因此，下面将溶胶-凝胶法和前驱体溶液法结合起来举例讨论这两种方法的具体过程。

3. 溶胶-凝胶法和前驱体溶液法制备氧化物半导体材料的实例

下面以氧化铟(In_2O_3)为例，详述溶胶-凝胶法或前驱体溶液法制备氧化物薄膜的制备过程及影响因素。

1)不同铟无机盐向氧化铟的转化过程

(1)氯化铟($InCl_3$)。

由于氯化铟中氯离子(Cl^-)的水解产物氯化氢(HCl)具有挥发性，因此氯化铟的转化过程会包括两种反应：氧化还原反应[式(3-14)]和水解反应[式(3-15)]。

$$InCl_3 + O_2 \longrightarrow InO_x + Cl_2 \qquad\qquad (3\text{-}14)$$

$$InCl_3 + H_2O \longrightarrow In(OH)_x + HCl \longrightarrow InO_x + H_2O \qquad (3\text{-}15)$$

以上两种反应在薄膜退火过程中同时发生。但在较高的退火温度下，以氧化还原反应为主；而在低温、湿度适中的条件下，以水解反应为主。

彭俊彪等[34]报道在 250℃下，使用纯氯化铟前驱体制备的 TFT 性能较差，迁移率仅为 0.01 cm²/(V·s)，说明在较低温度下，生成的氧化铟较少，还存在较多的杂质；采用"UV+水"处理(UV 处理后再用水浸泡处理)的方法可以改善 TFT 性能，迁移率高达 16.2 cm²/(V·s)。实验发现"UV+水"处理能使水解反应更加充分，氧化铟的生成率较高。图 3-19(a)、(b)分别为 UV 处理前后的透射电子显微镜(TEM)图，可以看出 UV 处理后薄膜出现明显减薄现象，但薄膜结构却几乎没有变化，说明薄膜中的物质量减少了，意味着有更多的 $InCl_x(OH)_{3-x}$ 转变成了InO_x[图 3-19(c)]使得器件性能大幅提升。

此外，UV 处理还能减少氧空位的生成。如图 3-20(a)所示，当有"UV+水"处理时，由于水解充分，生成较多的 In—OH 键，这样在退火之后容易脱水缩聚生成 In—O—In 键，不易形成氧空位；而当无"UV+水"处理时，由于水解不充分，有较多的 In—Cl 键残留，退火之后 In—Cl 键断裂形成氧空位，如图 3-20(b)所示。

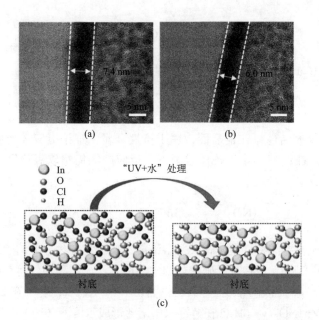

图 3-19　"UV+水"处理前(a)和经过"UV+水"处理后(b)的薄膜的 TEM 图；(c)"UV+水"
　　　　处理前后薄膜内部变化示意图[34]

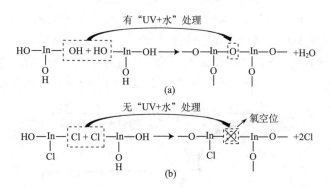

图 3-20　有"UV+水"处理和无"UV+水"处理的化学反应框图[34]

(2)硝酸铟[In(NO₃)₃]。

硝酸盐类化合物的分解有特殊的规律，不同活性金属的硝酸盐其分解反应也
不同：

活泼金属(K～Na)的硝酸盐分解生成亚硝酸盐和 O_2：

$$2NaNO_3 \longrightarrow 2NaNO_2 + O_2 \uparrow \qquad (3\text{-}16)$$

较活泼金属 (Mg～Cu)的硝酸盐分解生成金属氧化物、NO_2、O_2：

$$2Cu(NO_3)_2 \longrightarrow 2CuO + 4NO_2 \uparrow + O_2 \uparrow \qquad (3-17)$$

惰性金属(Cu 之后的)的硝酸盐分解生成金属单质、NO_2、O_2：

$$2AgNO_3 \longrightarrow 2Ag + 2NO_2 \uparrow + O_2 \uparrow \qquad (3-18)$$

由于铟的金属活性排在铜后面，属于惰性金属。理论上应该反应生成金属单质铟(In)，但是在温度不足等条件限制下，反应产物仍然以氧化铟为主。因此硝酸铟分解如下：

$$In(NO_3)_3 \longrightarrow InO_x + NO_2 \uparrow + O_2 \uparrow \qquad (3-19)$$

硝酸盐有一重要的特性就是在其水溶液能形成一种容易分解的氢氧化物，因此具有较低的退火温度。这种基于硝酸盐的水溶液方法无需添加任何有机溶剂，是一种低温、环境友好、无碳的路线。这种方法是由 D. A. Keszler 等[35]在 2008 年首次提出的，他们将 $Zn(NO_3)_2 \cdot 6H_2O$ 在蒸馏水中溶解形成水溶液 $Zn(OH)_x(NH_3)_y^{(2-x)+}$，在低温(150℃)下迅速分解为多晶纤锌矿 ZnO。此后，B. S. Bae 等[36]报道了基于硝酸盐的水溶液的柔性透明的氧化物 TFT，工艺温度低于 200℃。他们发现当 $In(NO_3)_3$ 溶于水时，铟离子(In^{3+})会被邻近水分子包围溶解，形成铟络合物 $[In(H_2O)_6]^{3+}$(图 3-21)。对不同的前驱体溶液(水溶液和 2-甲氧基乙醇溶液)进行热重分析，结果表明，水溶液路线大大降低了热分解温度。所得到的透明柔性 TFT 表现出良好的性能，包括场效应迁移率为 3.14 $cm^2/(V \cdot s)$、开关电流比为 10^9。

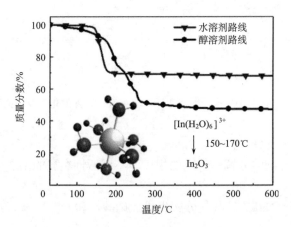

图 3-21　$In(NO_3)_3$ 的水溶液和 2-甲氧基乙醇溶液的热重分析图，插图为在水溶液中形成的 $[In(H_2O)_6]^{3+}$ 的球棍模型[36]

虽然硝酸盐的水溶液法具有温度低、薄膜质量好、无碳环保的特点，但是由于水溶液的黏度低，通常达不到喷墨打印的最低黏度要求，因此需要添加高浓度溶剂或采用其他的印刷方法，如电流体喷印法或气凝胶喷印法等。

（3）高氯酸铟 $[In(ClO_4)_3]$。

由于高氯酸根 (ClO_4^-) 是正四面体结构，氯离子周围均被氧离子包围，形成较稳定的离子团。因此纯的高氯酸铟分解温度一般较高。为了使高氯酸铟分解，获得良好的器件性能，通常需要较高的温度。研究发现：在高氯酸盐前驱体中加入相应的硝酸盐可以降低退火温度，主要原因是硝酸盐释放的氧自由基能够促使高氯酸根分解，一旦高氯酸根开始分解，将会释放大量的热，促使化学反应进一步进行直至完全分解[37]。式 (3-20) 是高氯酸铟 $[In(ClO_4)_3]$ 和硝酸铟 $[In(NO_3)_3]$ 以 1:1 共混的化学反应方程式，相应的吉布斯自由能 (ΔG°) 为 −228.31 kJ/mol，证实了化学反应的自发性。图 3-22 是分别采用 $In(ClO_4)_3$、$In(NO_3)_3$ 及 $In(ClO_4)_3 + In(NO_3)_3$ (1:1) 作为前驱体，在 250℃退火温度下 TFT 器件的转移特性曲线，可以看出采用 $In(ClO_4)_3 + In(NO_3)_3$ 作为前驱体的器件具有最高的迁移率。

$$6NO_3^- + 6ClO_4^- + 4In^{3+} \Longrightarrow 2In_2O_3 + 3Cl_2\uparrow + 6NO_2\uparrow + 12O_2\uparrow \tag{3-20}$$

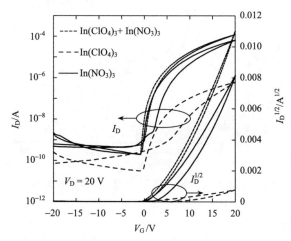

图 3-22　采用 $In(ClO_4)_3$、$In(NO_3)_3$ 及 $In(ClO_4)_3 + In(NO_3)_3$ (1:1) 作为前驱体在 250℃退火温度下 TFT 器件的转移特性曲线[37]

（4）含铟的醇盐。

醇类有机物的特征是其分子结构中带有一个或多个羟基（—OH），而羟基中的 H 原子能被金属原子取代，从而生成醇盐。醇盐的制备有两种途径，一种是将金属单质直接与醇反应，生成醇盐和氢气；另一种是将金属离子与另一种醇盐发生置换反应，将反应物醇盐中的金属离子脱去，生成新的醇盐。含铟的醇盐是用后一种方法制备。

式(3-12)为异内醇铟[In(OR)₃]的水解过程：

$$In(OR)_3 + H_2O \longrightarrow In(OH)_x + HOR \text{（异丙醇）} \longrightarrow InO_x + H_2O \quad (3-21)$$

由于其水解产物为挥发性强的异丙醇，因此水解反应极容易进行。在氧化铟薄膜制备中，将前驱体旋涂在衬底上之后，水解反应随即发生。

E. Bacaksiz 等[38]报道了不同前驱体(硝酸锌、乙酸锌、氯化锌)在相同退火温度下合成的 ZnO 薄膜的结构和光学性能。从热重分析图(图 3-23)可以看出，虽然 ZnO 薄膜具有相同的六角形结构，但由于分解温度的不同，生成的 ZnO 薄膜的表面形貌和光学带隙也不同。硝酸盐前驱体分解温度最低，氯化物分解温度最高，如图 3-23 所示。虽然硝酸锌的分解温度可以低至 200℃以下，但是在实际制备过程中通常需要高于 250℃的问题才能彻底分解。为了进一步降低退火温度，可以在前驱体溶液中进一步加入一些添加剂，下面将介绍这些添加剂的种类和作用。

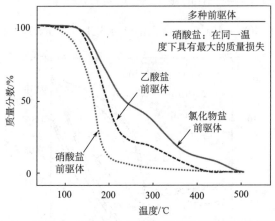

图 3-23　硝酸盐、乙酸盐、氯化物盐前驱体的热重分析图[38]

2)添加剂的作用

(1)乙醇胺。

乙醇胺是一种应用广泛的表面活性剂,能够改善前驱体与衬底之间的接触性,同时也是一种优良的分散剂(氨基易与金属离子结合)，能够分散多种纳米级粒子并形成稳定前驱体。除乙醇胺外，丁胺也是一种常见的添加剂。

(2)盐酸/乙酸。

由于许多金属离子在高浓度的溶液中会水解，生成不溶的氧化物或氢氧化物沉淀，加适量的酸能调节 pH，抑制前驱体的提前水解。当前驱体旋涂至衬底上之后，因为盐酸或乙酸本身具有挥发性，待干燥加热之后，前驱体与空气中的水接触进一步水解。

(3) 高氯酸。

有文献报道使用高氯酸能将氯化铟中的氯离子氧化成氯气，从而除去氯离子，得到氧化铟薄膜，如图 3-24 所示。250℃下制备的 TFT 器件饱和迁移率达到 8 cm^2/(V·s)左右。

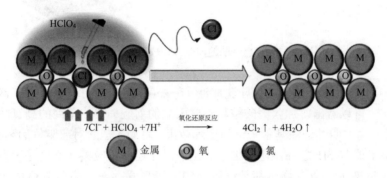

$$7Cl^- + HClO_4 + 7H^+ \xrightarrow{\text{氧化还原反应}} 4Cl_2\uparrow + 4H_2O\uparrow$$

M 金属　　O 氧　　Cl 氯

图 3-24　高氯酸除去氯离子的氧化还原反应式和反应示意图[39]

(4) 硝酸铵/尿素/乙酰丙酮。

这三种添加剂常见于燃烧法制备薄膜器件的报道中。它们的化学特性是活化能(即从初始状态到开始发生反应状态所需吸收的能量，需要吸收的能量越少，越容易发生反应)较低，给予一个较低的温度也能够开始氧化燃烧，而且反应剧烈，反应过程释放的能量较高，因此被归类为易燃易爆化学品。燃烧法中，在前驱体中加入这几种添加剂，能降低退火温度。

物质燃烧必须具备的前提条件有三个：物质本身是可燃物、使其达到燃点的火源、助燃物(如氧气或氧化剂)。燃烧法制备氧化物薄膜同样基于上述前提。以氧化铟薄膜的制备为例，作为前驱体的硝酸铟含有的硝酸根离子是良好的氧化剂，因为硝酸根在一定温度下能分解释放出氧气。

在最初对于燃烧法的报道里，前驱体中除了作为氧化剂的硝酸盐，还加入尿素、硝酸铵或乙酰丙酮等易燃物。由于前驱体中具备了发生燃烧的前提条件，所以与单纯的硝酸铟分解相比，反应活化能更低，能够在更低的温度下进行反应。

而近几年对燃烧法进行了改进，有的集中在燃料的改进上。Lee 等[40]使用乙酰丙酮锌作为可燃物，硝酸铟作为氧化剂，配制出不需要额外添加易燃物或氧化剂的"自燃烧法"前驱体。其构成原理如图 3-25 所示。最近有报道研究使用多羟基有机物(糖类)作为燃料，利用糖类物质燃烧释放能量高的特性获得迁移率更高的 IGZO TFT 器件。

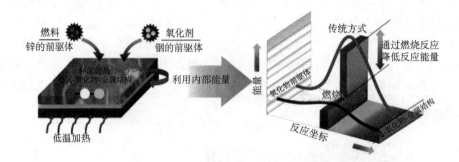

图 3-25　自燃烧法的前驱体构成及作用原理[40]

　　图 3-26 是高氯酸铟添加不同添加剂后在 250℃下制备的氧化铟 TFT 器件转移曲线对比。可以看出，加入硝酸铵与乙酰丙酮的前驱体要比单纯的高氯酸铟分解得更完全。这说明燃烧法具备一定的实际效果。而加入盐酸对前驱体的影响更大，原因是除了调节 pH 之外，还提供了一定的氧化还原反应条件。这是因为，在这一前驱体溶液中，所有物质都是以游离的离子形式存在，即前驱体中同时存在 H^+、ClO_4^-、Cl^-，还有 In^{3+}。

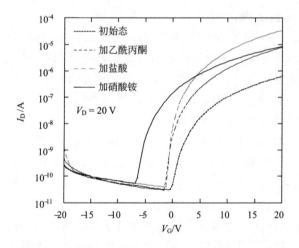

图 3-26　加入不同添加剂后制备的 TFT 器件转移曲线对比

4. 纳米粒子(线)分散法

　　另一种氧化物半导体薄膜的溶液制备方法是纳米粒子(线)分散法，即将氧化物纳米粒子或纳米线分散形成悬浮液，然后用旋涂或印刷等方法将其沉积在衬底上，通过退火将薄膜中残留的分散剂去除。早在 2005 年，Cui 等[41]就报道了基于纳米 In_2O_3 薄膜的 TFT 器件，其迁移率为 4.24×10^{-3} $cm^2/(V \cdot s)$。Liu 等[42]通过分散 ZnO 纳米粒子到有机溶剂中制备印刷 ZnO TFT，在还原性气氛中于 200℃下退火，以分解有机成分和其他副产物，获得 0.69 cm²/(V·s) 的迁移率，但开关比仅为 40，这是由于薄膜的致密性较差的原因。Noh 等[43]通过制备 ZnO 纳米线 (nanowire，NW) 获得了 TFT 器件。ZnO 纳米线通过热化学气相沉积合成，将其分散在亲水溶剂中形成墨水，通过喷墨打印成膜，得到 TFT 器件的迁移率为 2～4 cm²/(V·s)，开关比为 10⁴。Dasgupta 等[44]报道了在室温下用分散 In₂O₃ 纳米粒子制备印刷 In₂O₃ TFT，如图 3-27 所示。尽管这种印刷 In₂O₃ 薄膜没有通过热退火去除有机稳定剂，但由于被稳定剂部分覆盖的 In₂O₃ 纳米粒子之间形成了固-固接触，可以建立载流子的导电通道，利用固态聚合物电解质作为绝缘层，获得 0.8 cm²/(V·s) 的迁移率。最近 Swisher 等[45]报道了利用乙酰丙酮铟和油胺反应制备的悬浮液，在 250℃ 条件下获得高达 10.9 cm²/(V·s) 的迁移率。

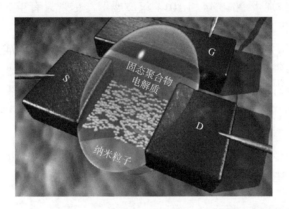

图 3-27　基于 In₂O₃ 纳米粒子悬浮液的印刷 In₂O₃ TFT[44]

纳米粒子(线)悬浮液法的优点是纳米粒子或纳米线的表面积大，可以吸附较多的气体分子/原子，在气体传感器中较有应用前景。然而，其缺点也是很明显的，纳米粒子间存在着很大的空隙，会严重影响电子传输，造成迁移率下降。最近，Dasgupta 等[46]在含有聚丙烯酸钠盐 (PAANa) 的溶液中加入卤化物盐絮凝剂，获得了密度很高的 In₂O₃ 纳米粒子薄膜和优良的粒子间电接触。在油墨干燥过程中，化学控制的扰动和絮凝作用确保了有机稳定剂几乎完全从纳米粒子表面去除，然后通过强大的毛细力使印刷粒子有效地重新团聚。基于室温下制备的 In₂O₃ 纳米粒子的 TFT 的迁移率高达 12.5 cm²/(V·s)。

虽然人们在提高纳米粒子薄膜的质量方面已经取得了很大的进展，但纳米粒子(线)悬浮液法在显示方面的实际应用依然面临着巨大的挑战。其中最大的挑战是如何对纳米粒子(线)进行掺杂。如本节前面所述，二元氧化物由于其均匀性和稳定性较差，不适合应用于 TFT 显示器。因此，合成粒径小于 30 nm 的多组分纳米粒子是实现其在显示中应用的必经之路。

5. 氧化物半导体材料的掺杂

前面提到，与固相法相比，溶液法[纳米粒子(线)悬浮液法除外]的一大优势是很容易均匀定量地掺入一些微量元素，实现分子水平上的均匀掺杂。在无机半导体中，掺入其他元素或化合物，即便掺杂量很少，也能使材料(基质)的电学、磁学和光学性能得到显著改变，从而获得具有实际应用价值或特定用途的材料。

通过前驱体溶液共混掺杂，可以制备出大量的不同性质的氧化物半导体材料，如 InZnO、InSnO、ZnSnO、InGaO、InGaZnO 等。而通过调节前驱体溶液的比例，可以控制氧化物半导体材料中各种成分的比例，例如，可以通过将 ZnO 和 In_2O_3 的前驱体溶液按任意比例共混来调控氧化物薄膜中 Zn 和 In 的含量比。

在印刷氧化物 TFT 应用方面，基于溶液法氧化物 TFT 的 12 in AMLCD 和 4 in 柔性 AMOLED 分别于 2013 年和 2014 年被展示。尽管只有半导体层是溶液处理法制备的，但这仍是一大进步，改变了传统的制备平板显示 TFT 背板的工艺。从工业前景看，溶液法，如印刷技术，有很大的潜力替代传统的成膜和光刻工艺。但是仍然有一些困难需要克服：如薄膜形态控制、墨水/胶体材料的供应、印刷精度和图案化的均匀性等。此外，也需要改进印刷设备，包括适合连续性卷对卷(R2R)印刷装置的研究和开发，以实现大面积柔性电子器件的印刷。

3.3 印刷介电材料与薄膜工艺

在印刷 TFT 中，介电材料是用于构成晶体管半导体层与栅极之间的绝缘层，是一个非常重要的组成部分。绝缘层对器件的影响主要有以下几方面：①绝缘层的形貌、取向及表面粗糙度对半导体薄膜形态、半导体晶粒的尺寸、分子排列及电荷传输均有较大的影响；②绝缘层/半导体层的界面缺陷会影响 TFT 的稳定性；③绝缘层的介电常数与器件的工作电压有着密切的联系，采用高介电常数的绝缘层材料能够有效地降低工作电压；④绝缘层泄漏电流会影响 TFT 的关态电流，而绝缘层的击穿会造成显示屏的缺陷。

目前，应用于印刷 TFT 的绝缘层材料主要有无机介电材料、有机聚合物介电材料及无机/有机复合介电材料。印刷无机介电薄膜的厚度通常较小，传统 SiO_2 介电层的介电常数低、漏电流较大且易击穿，因此寻求高介电常数(高 k)、绝缘性良好的材料成为印刷 TFT 技术的研究热点。目前，常用的无机高 k 介电材料有 Al_2O_3、HfO_2、TiO_2、ZrO_2 等；此外，以钙钛矿结构 $BaTiO_3$ 为代表的复合氧化物因为具有很高的介电常数而被关注。有机聚合物介电薄膜因为具有表面粗糙度低、便于溶液加工、制备温度低、可弯曲甚至可拉伸的特点，所以其在柔性印刷电子器件中显示出了很大的潜力。常用的有机聚合物绝缘材料包括：聚甲基丙烯酸甲酯(PMMA)、PI、PVP、聚苯乙烯(PS)、聚乙烯醇(PVA)、BCB 等。为解决印刷无机介电材料机械性能不好、有机介电薄膜介电常数低的问题，可采用无机/有机复合介电材料，从而获得高介电常数、致密、平整、机械性好、漏电流小的绝缘层。下面将详细介绍这几种可印刷介电材料。

3.3.1　可印刷无机介电材料及其薄膜工艺

无机介电材料有耐高温、化学性质稳定等优点，但是固相高温和非柔性加工工艺限制了它在大面积柔性显示、低成本溶液加工生产中的应用。从 20 世纪 60 年代开始，无机介电材料就在 TFT 器件中担当绝缘层的角色，历经半个多世纪的研究，无论是材料选取上还是制备工艺上，都已达到相当成熟的地步。

在早期，SiO_2 是主要应用的绝缘层材料，但是随着集成电路中晶体管特征尺寸的逐渐减小，目前场效应晶体管栅介质 SiO_2 的厚度已经减小到纳米量级，隧道效应产生的较大漏电流使得 SiO_2 栅介质丧失了良好的绝缘效果[42]，因此制得的 TFT 器件很难得到较大的 I_{DS}。相比之下，拥有高 k 绝缘层的 TFT 具有工作电压低、亚阈陡度小和迁移率高的特点。这是因为高 k 介电材料不但能够通过增加绝缘层厚度的方式防止电子遂穿，而且同时能提供高的电容值。因此，许多高 k 氧化物材料(如 Al_2O_3、HfO_2、Y_2O_3、ZrO_2、ZaAlO 等，表 3-2)作为绝缘层被用于溶液法制备 TFT 中。

表 3-2　部分溶液法制备高介电常数绝缘材料相关数据

年份	绝缘层	退火温度/℃	漏电流密度/(A/cm²)(对应电场强度或电压)	介电常数
2011[47]	Al_2O_3	300	6.3×10^{-5} (1.0 MV/cm)	约 6.3
2015[48]	Al_2O_3	300	7.1×10^{-7} (1.0 MV/cm)	11.4
2013[49]	Al_2O_3	180	—	约 7.5
2013[50]	HfO_2	200	1.5×10^{-7} (1.0 MV/cm)	12.5
2015[51]	HfO_2	450	7.4×10^{-8} (6V)	18.8
2013[52]	ZrO_2	300	1.0×10^{-7} (1V)	20.5
2017[53]	ZrO_2	400	1.0×10^{-6} (10V)	22
2017[54]	ZrO_2	350	5.1×10^{-7} (1.0 MV/cm)	15.4
2011[55]	Y_2O_3	400	1.0×10^{-7} (6V)	16.2
2013[56]	ZrAlO	250	—	8.4

这些材料的介电常数通常在 6～40，约为 SiO_2 的 2～10 倍。例如，2015 年 Xu 等[48]利用 Al_2O_3 作为绝缘层、In_2O_3 作为有源层，得到了迁移率为 57.2 $cm^2/(V \cdot s)$、开关比为 6.0×10^4 的 TFT 器件。2015 年，Mazran 等[51]利用 HfO_2 作为绝缘层、ZnO 作为半导体层，制备的 TFT 器件的迁移率超过 40 $cm^2/(V \cdot s)$。下面介绍几种常见无机介电材料的溶液制备方法。

1. 氧化铝（Al_2O_3）

Al_2O_3 材料有较高的介电常数（$k \approx 8$）和宽的带隙（8.7 eV），在室温下 Al_2O_3 的价带中电子被激发到导带中的概率小，绝缘性能好，击穿强度可达 10MV/cm 以上，是一种较理想的绝缘材料。

2011 年，Avis 等[47]使用溶液法制备了 Al_2O_3 并作为 TFT 的绝缘层，制备的 Al_2O_3 膜的漏电流密度为 0.063A/cm^2（在 2 MV/cm 的电场下），相对介电常数约为 6.3。2015 年，Zhang 等[57]采用溶液法在低温（200℃）下制备 Al_2O_3 薄膜，所得 Al_2O_3 薄膜的漏电流密度为 7×10^{-6}A/cm^2，介电常数为 5.8，制备的 OTFT 器件的饱和迁移率为 0.46 $cm^2/(V \cdot s)$，开关比为 1.04×10^4。

目前溶液法制备 Al_2O_3 薄膜的关键是 Al_2O_3 前驱体溶液。其主要制备方法有溶胶-凝胶法和纳米粒子分散法两种，其中溶胶-凝胶法使用较为广泛。溶胶-凝胶法制备 Al_2O_3 的水解反应如下：

$$Al(C_3H_7O)_3 + H_2O \longrightarrow Al(C_3H_7O)_2(OH) + C_3H_7OH \tag{3-22}$$

缩聚反应包括失水缩聚和失醇缩聚两种反应：

$$2Al(C_3H_7O)_2(OH) \longrightarrow (C_3H_7O)_2 - Al - O - Al - (C_3H_7O)_2 + H_2O$$

$$\tag{3-23}$$

$$Al(C_3H_7O)_3 + Al(C_3H_7O)_2(OH) \longrightarrow (C_3H_7O)_2 - Al - O - Al - (C_3H_7O)_2 + C_3H_7OH$$

$$\tag{3-24}$$

一般对氧化铝溶胶的要求是晶粒细小，组织均匀，具有适当的流变性。制备氧化铝溶胶的工艺有很多，下面介绍一种以仲丁醇铝 $[Al(OC_4H_9)_3]$ 为前驱物的方法。采用仲丁醇铝作为溶质，乙二醇甲醚（2-MOE）作为溶剂，制备 0.3 mol/L 的 Al_2O_3 溶液，其前驱体溶液的配制流程如图 3-28 所示。制备前驱体溶液的过程：首先将 $Al(OC_4H_9)_3$ 溶解在 2-MOE 中，然后放在水浴环境中进行 70℃保温搅拌 2 h。搅拌结束后再在室温下进行 48 h 的放置，最后获得均匀透明的 Al_2O_3 前驱体溶液。

在获得前驱体溶液后，可采用旋涂法制备 Al_2O_3 薄膜。薄膜制备的流程为：

（1）选择配制好的 Al_2O_3 前驱体溶液通过聚四氟乙烯过滤器过滤，然后均匀滴在洁净衬底上进行旋涂，转速为 3000 r/min，时间为 30 s；

（2）将旋涂结束后得到的湿膜放在热板上进行低温烘烤，低温烘烤是为了使溶剂挥发，要控制好温度，防止薄膜开裂，一般温度为 120～150℃，烘烤时间为 15 min；

（3）将低温烘烤的薄膜放在退火炉中进行高温退火，一般退火的温度约为 300℃，时间为 60 min；

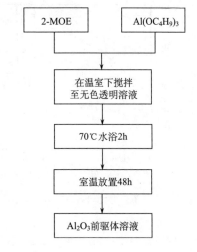

图 3-28　Al_2O_3 前驱体溶液的配制流程图

（4）重复（1）至（3）步骤若干次，直到获得理想厚度的薄膜为止。

采用上述方法制备的 Al_2O_3 薄膜，退火处理后的 Al_2O_3 通常为非晶相，这种结构相比于多晶 Al_2O_3 薄膜而言具有更好的绝缘性。原因主要是多晶 Al_2O_3 薄膜的晶界会提供导电通道，从而导致绝缘性变差。

溶液法制备的 Al_2O_3 薄膜具有良好的光透射率，其在可见光范围内的平均透过率大于 80%，适用于制备透明 TFT 器件。这样制备的薄膜表面光滑，起伏一般在 1 nm 以下。光滑的绝缘层表面有利于在绝缘层和有源层之间形成良好的界面，能增加 TFT 器件的稳定性和减小其亚阈陡度，从而提高器件的电学性能。溶液法制备 Al_2O_3 薄膜具有操作简单、生产成本低、膜的均匀性好、在可见光范围内透明等优点，是透明电子器件中理想的介电材料之一。

2. 氧化铪（HfO_2）

HfO_2 的密度为 $9.689/cm^3$，具有高的介电常数（$k = 20～25$）、较宽的禁带（5.8 eV）、低的界面态密度和良好的电学稳定性等优点。

2013 年，Yoo 等[50]在聚合物衬底上采用溶液法制得 HfO_2 薄膜，并研究了不同退火温度对薄膜性能的影响。对于 200～400℃范围内的 HfO_2 薄膜，其在电场强度为 1 MV/cm 时的漏电流密度均小于 $2×10^{-4}A/cm^2$，相对介电常数约为 12.4（图 3-29）。

采用溶液法制备 HfO_2 薄膜的工艺流程与 Al_2O_3 薄膜的类似，同样包括前驱体溶液制备及薄膜制备两个部分。溶胶前驱体的制备过程主要采取以下两种方式：

（1）直接将铪金属醇盐溶解于正丁醇或乙醇中，并添加乙酰、丙酮等作为稳定剂来制备溶胶。

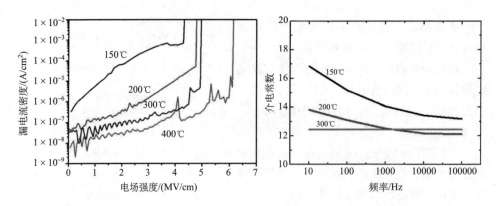

图 3-29　HfO₂ 在不同退火温度下的漏电流密度和介电常数

(2)以 HfCl₄ 或八水合氧氯化铪(HfCl₂O·8H₂O)无机盐为原料，将其溶解于乙醇等有机溶剂中，接着在酸性溶液中进行水解和胶溶。典型的制备工艺为首先将 HfCl₂O·8H₂O 溶解在 2-MOE 中，然后放在水浴环境中进行 70℃保温搅拌 2 h。搅拌结束后再在室温下放置 48 h，即可获得均匀透明的 HfO₂ 前驱体溶液。再利用旋涂、低温烘烤、高温退火等工艺就能获得 HfO₂ 薄膜。该方法的主要缺点为溶胶体粒子一般都很大，且需要高温处理才能将有机物分解排出，因此薄膜易出现孔洞和裂纹。

Mazran 等[51]采用上述方法(2)制备了 HfO₂ 薄膜，通过不同温度退火后，其掠入式 X 射线衍射(GIXRD)图谱如图 3-30 所示。

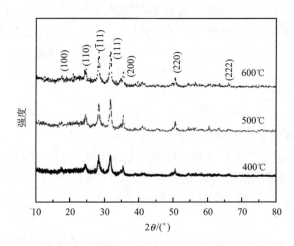

图 3-30　HfO₂ 薄膜经不同温度退火处理后的 XRD 图

退火后的 HfO₂ 为多晶态，并且当退火温度为 400℃时，HfO₂ 薄膜已经开始结晶，随着退火温度的升高，HfO₂ 薄膜的 XRD 峰强度也增加。对 HfO₂ 薄膜的绝缘层性能进行表征，发现经过 500℃退火后的 HfO$_2$ 薄膜表现出最佳的绝缘性能。薄膜的漏电特性受到它的微结构、结晶性及表面粗糙度影响。高温退火（400～600℃）可以减少薄膜内在缺陷，增加薄膜结晶性及减少晶界。然而经过 600℃退火处理的 HfO$_2$ 薄膜在 1 MV/cm 电场强度下，其漏电流密度达到 2.53×10^{-7}A/cm^2，高于经过 400℃和 500℃退火处理的 HfO$_2$ 薄膜。原因可能是在 600℃退火处理时，HfO$_2$ 和 ITO 之间出现了扩散，导致绝缘层的物理厚度减小，进而增加了漏电流密度。另外，经过 400℃、500℃ 和 600℃退火处理后的 HfO$_2$ 薄膜的相对介电常数分别为 11.7、11.8 和 12.7。HfO$_2$ 薄膜的相对介电常数随着退火温度的增加而增加，这是因为薄膜介电常数和晶粒大小及结晶程度有关。但它们均小于理想 HfO$_2$ 的体介电常数，这与溶液法制备的 HfO$_2$ 薄膜的密度较低及晶粒较小有关。另外，600℃的退火温度接近玻璃衬底的玻璃化转变温度，这可能会在玻璃内部产生应力。

　　图 3-31 为采用紫外-可见分光光度计测量不同温度退火后的 HfO$_2$ 薄膜的透过率。从图中可知，所制备的 HfO$_2$ 薄膜具有良好的透射率，100 nm 厚的 HfO$_2$ 薄膜的平均可见光（400～800 nm）透过率大于 80%，这说明 HfO$_2$ 薄膜可以用于制备透明电子器件。

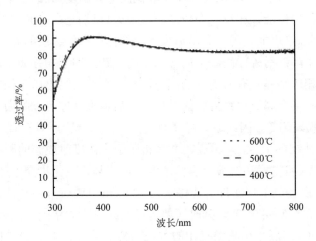

图 3-31　HfO$_2$ 薄膜经不同温度退火处理后的紫外-可见分光透射光谱

3. 氧化锆（ZrO$_2$）

　　ZrO$_2$ 具有高的介电常数（$k \approx 27$）和较宽的禁带（5.0 eV），也是一种常用的介电材料。同时，ZrO$_2$ 还具有硬度高、韧性好、抗腐蚀、高温化学稳定性好等特性，广泛应用于耐火材料、功能陶瓷、结构陶瓷及装饰材料等。另外，ZrO$_2$ 具有三种晶型，属多晶相转化的氧化物。稳定的低温相为单斜晶结构（m-ZrO$_2$），高于 1000℃时四方晶相（t-ZrO$_2$）逐渐形成，直至 2370℃只存在四方晶相，高于 2370℃至熔点温度则为立方晶相(c-ZrO$_2$)。

溶胶-凝胶法制备 ZrO$_2$ 薄膜可以用有机锆醇盐作为原料制得溶胶。2006 年，梁丽萍等[58]以丙醇锆为原料，乙酸为络合剂，聚乙二醇和聚乙烯吡咯烷酮为大分子添加剂，在乙醇体系中成功合成了 ZrO$_2$。但是锆醇盐不仅价格昂贵，而且稳定性差，工艺条件苛刻，这在相当程度上限制了它的应用。近年来许多学者使用氧氯化锆等无机盐为原料制备 ZrO$_2$ 溶胶，汪永清等[59]以 ZrOCl$_2$·8H$_2$O 和六次甲基四胺(C$_6$H$_{12}$N$_4$)为原料，三嵌段聚合物(Pluronic P123)为分散剂，采用可控溶胶-凝胶法制备了平均粒径为 20 nm 的纳米 ZrO$_2$ 粉体。徐培飒等[60]以氧氯化锆为原料，双氧水为水解促进剂，乙酸为络合剂和稳定剂，制备了具有可纺性的 ZrO$_2$ 溶胶。

2013 年，李喜峰等[52]在玻璃衬底上，以 IGZO 为有源层，ZrO$_2$ 为绝缘层制备了 TFT 器件。实验以 ZrOCl$_2$·8H$_2$O 和乙二醇单丁醚为原料，二者混合后在 60℃下以 300 r/min 搅拌 2 h，然后静置一天，待溶液老化完成后再进行旋涂。实验发现，当退火温度小于 300℃时，ZrO$_2$ 薄膜处于非晶态；退火温度超过 400℃时，ZrO$_2$ 薄膜趋向于结晶。实验结果表明，在较低的退火温度(300℃)下制备出的 TFT 器件也拥有较好的性能，相反，在较高温度退火(特别是在 500℃下退火)的器件性能则显得较差。这可能是因为高温退火下半导体层和绝缘层的界面处发生改变，导致绝缘性能下降；另外，高温下局部原子的重新排列会加强薄膜内长程的结晶化，而非晶态相比结晶态有着更低的漏电流和更高的击穿电压，如图 3-32 所示。

在溶液法制备金属氧化物薄膜的过程中，后退火处理可以除去湿膜中的有机杂质、减少薄膜缺陷等，因此退火温度及退火时间对薄膜质量有着显著影响。Cai 等[53]使用溶液法制备了 ZrO$_2$ 薄膜，并分析了退火温度对成膜的影响机制，同时发现了薄膜厚度、粗糙度和溶液前驱体浓度在溶液制备氧化物介电层中的重要性。基于 ZrO$_2$ 薄膜制备的 IGZO TFT 迁移率为 12.6 cm^2/(V·s)，开关比 10^6。相比于单个 TFT 器件，在制备 TFT 阵列时还要考虑绝缘薄膜的精确定位和均匀性问题。Li 等[54]基于 ZrO$_2$ 薄膜采用喷墨打印的方式制备了金属氧化物 TFT 阵列，其中单个 TFT 器件最高迁移率为 11.7 cm^2/(V·s)。

4. 复合无机介电材料

二元氧化物介电材料虽然已经在 TFT 器件中被广泛研究，但均有其各自的优缺点。例如，HfO$_2$ 虽然具有高的介电常数、宽的禁带、较好的电学稳定性和低的界面态密度，但它也面临着漏电流密度高和击穿电场低的缺点。Al$_2$O$_3$ 具有高击穿电场、宽禁带和低漏电流密度等优点，但它的介电常数相对于其他高 k 介电材料而言却比较低。因此，采用多种材料构建的复合薄膜来弥补单种材料的缺点，

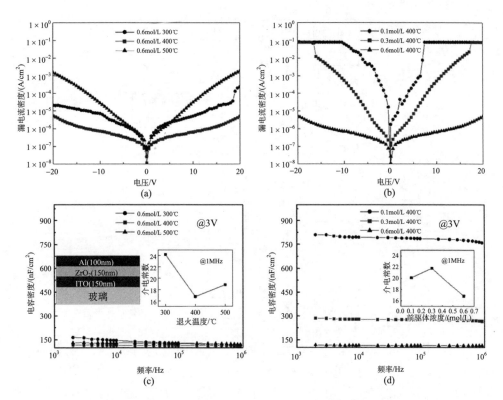

图 3-32　不同退火温度(a)、不同浓度前驱体(b)制备的 ZrO_2 薄膜的漏电流密度;不同退火温
度(c)、不同浓度前驱体(d)制备的 ZrO_2 薄膜的电容密度

也成为目前研究的热点之一。如采用 HfO_2 和 Al_2O_3 混合的 HAO 薄膜,采用 ZrO_2 和 Al_2O_3 混合的 ZAO 薄膜,这些复合薄膜一般都具有高介电常数、低漏电流密度和高击穿电场等优点。

2015 年,朱乐永等[61]采用 $HfCl_2O·8H_2O$ 和 $Al(OC_4H_9)_3$ 作为溶质,2-MOE 作为溶剂,制备 HAO 前驱体溶液(图 3-33),用于制备 HAO 薄膜,并研究了不同 Hf/Al 值对薄膜性能的影响。HAO 薄膜的 GIXRD 显示其均为非晶相,表明在 HfO_2 中掺入 Al_2O_3 可以阻止 HfO_2 的结晶,从而获得更好的电学特性。当 Hf/Al=2∶1 时,制备的 HAO 薄膜获得了较低的漏电流密度和较高的介电常数,其相对介电常数为 12.1,并且在 2 MV/cm 的电场强度下的漏电流密度为 $1.69×10^{-7}A/cm^2$。以 HAO 为绝缘层,ZITO 为有源层的 TFT 器件具有较好的性能,迁移率为 22.7 $cm^2/(V·s)$,开关比为 $1.3×10^7$,阈值电压为–0.9 V。

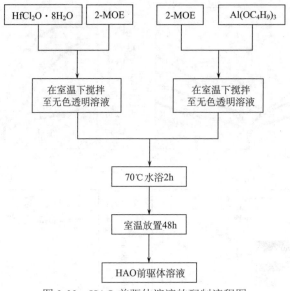

图 3-33　HAO 前驱体溶液的配制流程图

2013 年，Yang 等[56]采用溶液法制备成 Zr 和 Al 混合均匀的 ZAO 膜，与 Al_2O_3 薄膜的比较可知，ZAO 膜在保持漏电流密度很低的情况下具有很高的电容率。以 ZAO 薄膜为绝缘层，在柔性 PI 衬底上实现了 TFT 器件，其迁移率达到 51 cm²/(V·s)，开关比约为 10^4（图 3-34）。

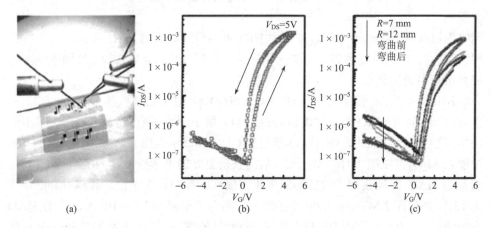

图 3-34　(a) ITO/PI 衬底上 ZAO TFT 阵列的光学图像；(b) 平面状态下 TFT 器件的转移特性；(c) 弯曲前后 TFT 器件的转移特性

除了采用混合的方式获得复合无机介电材料外，利用多种二元氧化物介电材料形成叠层结构的复合介质层薄膜也被广泛研究。

Park 等[62]在 2013 年采用溶液法获得了 $Al_2O_3/ZrO_2/Al_2O_3$ 的叠层结构,并将其作为 TFT 器件的绝缘层(图 3-35)。获得的叠层介电薄膜的漏电流密度 5.84×10^{-8} A/cm^2 (在 2 MV/cm 的电场下),相对介电常数为 12.9,其击穿电场为 3.4 MV/cm(对应的击穿电压为 88.3 V)。基于此叠层薄膜制备了透明 IZO TFT,其迁移率为 0.45 $cm^2/(V \cdot s)$,开关比约为 10^6。

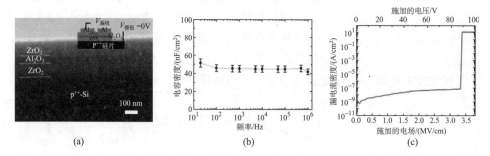

(a)　　　　　　　(b)　　　　　　　(c)

图 3-35　溶液法制备的 $Al_2O_3/ZrO_2/Al_2O_3$ 叠层结构的 SEM 图(a)、电容密度和频率的关系(b)、漏电流密度和电场的关系(c)

彭俊彪等[63]采用旋涂法制备了 Al_2O_3/ZrO_2 纳米叠层介质薄膜。研究发现,薄膜的光学带隙特性、介电强度、电容密度和相对介电常数等可以通过改变纳米叠层中 Al_2O_3/ZrO_2 的含量来进行调整,如表 3-3 所示。

表 3-3　氧化铝/氧化锆叠层的光学带隙特性、介电强度、电容密度和相对介电常数[63]

Al_2O_3 含量/%	E_g /eV	V_{DS} /(MV/cm)	C_d /(nF/cm^2)	k
0	4.23	0.11	238.85	20.3
25	4.50	0.94	155.25	13.2
50	4.66	2.23	103.50	8.66
75	4.85	2.46	91.56	7.66
100	4.89	2.83	79.62	6.9

3.3.2　可印刷有机聚合物介电材料及其工艺

与无机介电材料比较,有机聚合物介电材料具有材料种类丰富、表面粗糙度低、表面能低、表面陷阱密度低、制备温度低及与有机半导体和柔性衬底天然兼容等优点。这使得有机介电材料在柔性印刷电子器件中显示出了很大的潜力。

常用于制备 OTFT 的有机介电材料包括 PVA、PMMA、PVP、PS 等(图 3-36)。

在这些常用的有机材料中，PMMA 易溶于有机溶剂，且玻璃化转变温度较低，所以制备的时候易受有源层溶剂的影响；PVP 常温下比较稳定(可交联)，且介电常数可通过与其他材料配合使用进行调整，但其分子本身具有极性，制成器件后易产生阈值电压漂移和迟滞现象；PVA 介电常数比上述有机绝缘材料都要高，约为7.8，但成膜特性差。要得到性能优良的 OTFT 器件，高质量的介电绝缘层的制备是十分关键的。对制备绝缘层而言，首要的是选取纯度较高的材料，其次根据材料特性选取合适的工艺，还可以利用自组装单层或多层对绝缘层进行表面修饰，最终得到表面平滑、粗糙度和陷阱密度低的薄膜，然后制作 OTFT 器件。对于有机绝缘层，在选择半导体层材料溶剂的时候，尽量选取与绝缘层材料溶解度低、极性相差较大的溶剂，以减小对绝缘层薄膜的损坏。

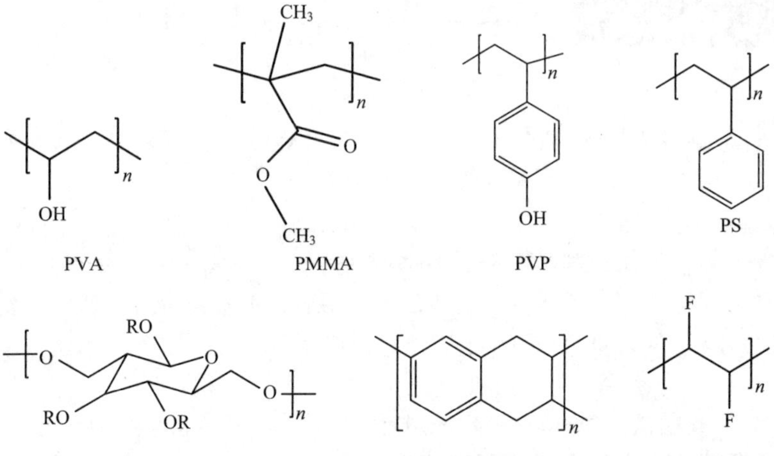

图 3-36　一些常用有机聚合物介电材料的结构式

有机介电材料的介电常数普遍不高(表 3-4)，因此在制备性能优良的 TFT 器件时，需要重点考虑与之表面相匹配的半导体层材料。下面介绍几种常见的有机介电材料。

表 3-4　常用有机绝缘材料的介电常数

有机绝缘材料	PI	PS	BCB	PMMA	PVP	PTFE	PVA
介电常数	2.7~2.8	2~3	3.17	2.5~4.5	3.9~5	1.9	7.8

1. PMMA

PMMA 俗称有机玻璃，其单体是甲基丙烯酸甲酯，为无色液体，具有香味，沸点为 101℃，密度为 0.940 g/cm^3(25℃)，是迄今为止合成透明材料中质地最优，而价格又比较便宜的有机材料。工业上是先用丙酮氰醇法或异丁烯催化氧化法制出甲基丙烯酸，然后酯化而得。它容易聚合，需要在 5℃ 以下存放，或加入 0.01% 左右的对苯二酚阻聚剂来保存。使用前需要将其蒸馏，把阻聚剂分出。PMMA 溶于苯酚、苯甲醚、氯仿等有机溶剂，通过旋涂可以形成良好的薄膜，且具有良好的介电性能，因此十分适合作为 OTFT 的绝缘层材料。

2006 年，Israel 等[64]用旋涂法以 PMMA 为栅绝缘层、并五苯为有源层制备了 MIS 结构的器件，研究了 PMMA 的漏电性能。由于 PMMA 可以在制备金属电极时免受刻蚀过程的影响，因此可得到漏电流密度为 $2×10^{-8}A/cm^2$ 的 PMMA 薄膜，其表面态密度低于 $2×10^{12}cm^2$。

2009 年，Yun 等[65]利用离子束辐射物理交联制备了 PMMA 绝缘层。将其制成 OTFT 后，工作电压低于 10 V，载流子迁移率为 1.1 $cm^2/(V·s)$，阈值电压为 –1 V，开关电流比为 $1.0×10^6$。结果表明，PMMA 的物理交联法能有效制备迁移率高、阈值电压低的 OTFT 器件。

2. PVP

PVP 也称聚乙烯苯酚，可以用对羟基乙苯为原料，催化脱氢，生成对乙烯基苯酚，再聚合制得。该材料常温下比较稳定，为白色至浅橙色粉末，介电常数（3.9～5）在有机介电材料中相对较高。

PVP 材料常通过交联的方式提高其性能。2002 年，Klauk 等[66]利用溶液旋涂的方法制备了全有机 TFT，其中接触电极、绝缘层及有源层都是通过溶液旋涂的方法制备，所制备的器件载流子迁移率为 0.1 $cm^2/(V·s)$，开关比为 10^3。随后该组人员采用相同的制作工艺，绝缘层采用交联的 PVP，得到的载流子迁移率高达 3 $cm^2/(V·s)$，比同样条件下绝缘层为 OTS 修饰过的二氧化硅的 TFT 迁移率 [1 $cm^2/(V·s)$] 还要高。

3. 高 *k*/低 *k* 有机复合介电绝缘薄膜

对于大多数的聚合物绝缘层而言，存在器件操作电压较高、开关电流比较小及迟滞现象较大的问题。因此，高 *k* 有机聚合物绝缘层或高 *k*/低 *k* 双绝缘层被用来制备 OTFT。

Kawaguchi 等[67]为提高绝缘膜的电容率以降低器件的工作电压，采用聚丙烯酸乙氰酸（PCA）和聚异氰酸酯形成混合膜作为栅绝缘膜，单位面积电容达到 146 nF/cm^2，器件的阈值电压为 0.4 V，可以工作在 5 V 的电压范围内。

2012 年，王乐等[68]使用溶液法制备了 PMMA 和 P（VDF-TrEE）的双层薄膜，PMMA 溶液的浓度为 10 mg/mL，P（VDF-TrEE）溶液的浓度为 30 mg/mL，旋涂完毕后放入真空干燥箱中进行退火处理。为探究薄膜在器件中的性能表现，实验制作了底栅顶接触的 OTFT 器件。结果表明，使用双层复合介质膜，可以大大降低 OTFT 器件的开启电压。

3.3.3　无机/有机复合介电材料及其工艺

　　无机介电薄膜虽然介电常数高，但是薄膜粗糙、不致密且机械柔性差。有机聚合物虽然介电常数较低，但具有机械性好、致密、平整等优点。一般而言，单组分材料很难同时具有优良的介电性能和力学性能。大多聚合物是良好的绝缘体，且具有可加工性、力学强度高的优势，但介电常数普遍偏低（通常室温下为 2～10），仅少数纯聚合物材料的介电常数超过 10（如偏二氟乙烯，$k=12$），但都远远低于铁电陶瓷材料的介电常数[69,70]。例如，聚酯（PET）薄膜广泛应用于传统的有机薄膜电容器中，但其介电常数较低，储能密度有限；而聚偏二氟乙烯（PVDF）薄膜虽介电常数较高，但介电损耗过大。无机材料铁电陶瓷虽然具有很高的介电常数（高达 2000），但又存在脆性大、加工温度高且与目前电子器件加工技术不相容等诸多弊端。因此，综合两者的优点，设计无机纳米粒子/聚合物的复合材料，已经成为实际应用中常用的一类高介电可印刷材料[71]。

　　复合材料的介电常数可以通过很多理论模型模拟计算，其中经常使用的是 Lichtenecker 混合模型。根据这个模型，复合材料的介电常数 ε 可以由式（3-25）计算：

$$\ln\varepsilon = V_1\ln\varepsilon_1 + V_2\ln\varepsilon_2 \tag{3-25}$$

式中，V_1 和 V_2 分别为两种材料的体积分数；ε_1 和 ε_2 分别为两种材料的介电常数。根据该模型，如果用介电常数为 4 的聚合物和介电常数为 25 的无机粒子形成介电常数为 10 的复合物，无机粒子的体积分数须达到 50%；如果使用介电常数为 4 的聚合物和介电常数为 100 的无机粒子获得介电常数为 20 的复合物，无机粒子的体积分数也须达到 50%。

　　无机粒子和聚合物复合最常使用的方法包括机械混合法、溶液法等。机械混合法是将聚合物加热到熔点之上，加入无机材料，在机械搅拌力作用下混合。溶液法是将聚合物溶解在一定的有机溶剂中，并制成无机粒子的悬浮液。在这两种方法的基础上，通过原位合成可以获得更均匀的复合材料。原位合成可以是无机纳米粒子的原位合成，也可以是聚合物的原位共聚。

　　早期报道的一种无机纳米粒子/聚合物复合绝缘材料是采用 TiO$_2$ 纳米粒子和 PS 复合而成，这种复合材料存在着不均匀和有孔隙的问题。2004 年，Chen 等[72]采用交联的 PVP 和 TiO$_2$ 纳米粒子（$k>80$）复合，以这种复合材料为绝缘层制备了并五苯 OTFT，器件迁移率从 0.20 cm^2/(V·s) 提高到了 0.24 cm^2/(V·s)，获得了 10^3～10^4 的开关比。该复合材料中，TiO$_2$ 纳米粒子含量为 7 wt%（质量分数，下同），介电常数从 PVP 的 3.5 提高到了 5.4。

　　通过对粒子表面改性可以让纳米粒子更均匀地分散于聚合物基体中，从而获得更高的无机纳米粒子体积含量。高 k 的无机物通常都是氧化物，而对于氧化物表面(如 TiO_2、Al_2O_3、$BaTiO_3$ 等)，最常用的功能化基团有磷酸根基团、硅氧基团、羧基等。2005 年，Maliakal 等[73]采用配体交换反应(图 3-37)，用带有磷酸根基团的 PS 替换 TiO_2 表面的油酸，使得 PS 包裹 TiO_2 纳米粒子，有效地提高了 TiO_2 在 PS 中的分散性，使得 TiO_2 体积分数高达 18.2%，介电常数是 PS 的 3.6 倍。通过旋涂法获得了 $0.5\sim1.25~\mu m$ 厚度的复合薄膜，击穿电场高达 $2\times10^6~V/m$。将该材料作为并五苯基薄膜晶体管的栅介电层，器件获得了 $0.2~cm^2/(V\cdot s)$ 的迁移率。

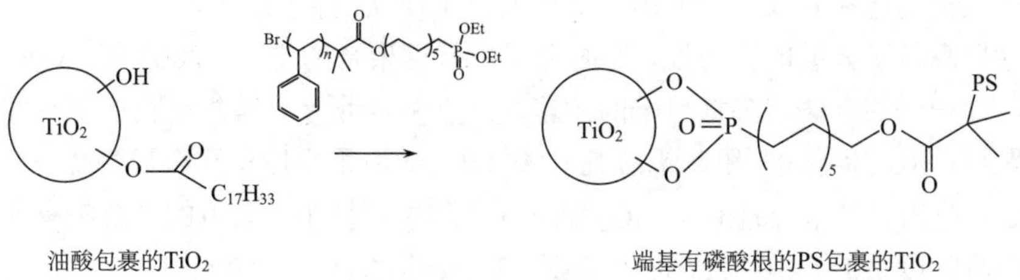

油酸包裹的 TiO_2 端基有磷酸根的PS包裹的 TiO_2

图 3-37   油酸包裹的 TiO_2 和端基为二乙基磷酸的聚苯乙烯的配体交换反应

钛酸钡的介电常数较高，具有很好的介电性质，常被用于制作介电复合材料。2005 年，Schroeder 等[74]报道了一种水相的高介电绝缘材料。这种材料是将 $BaTiO_3$ 纳米粒子分散到 PVA 中得到的，复合物在 2 MV/cm 的电场下漏电流密度低于 $10^{-5}~A/cm^2$，介电常数为 $9\sim12$。2008 年，Kim 等[75]使用了一种磷酸化合物(PEGPA)对 $BaTiO_3$ 纳米粒子表面进行修饰并与交联 PVP 复合(图 3-38)，从而制备了 $BaTiO_3$ 体积分数高达 37% 的复合材料，该复合材料的介电常数为 14。此外还发现表面修饰可以降低薄膜漏电流，且薄膜的表面粗糙度随 $BaTiO_3$ 含量的增加也有明显的增加。

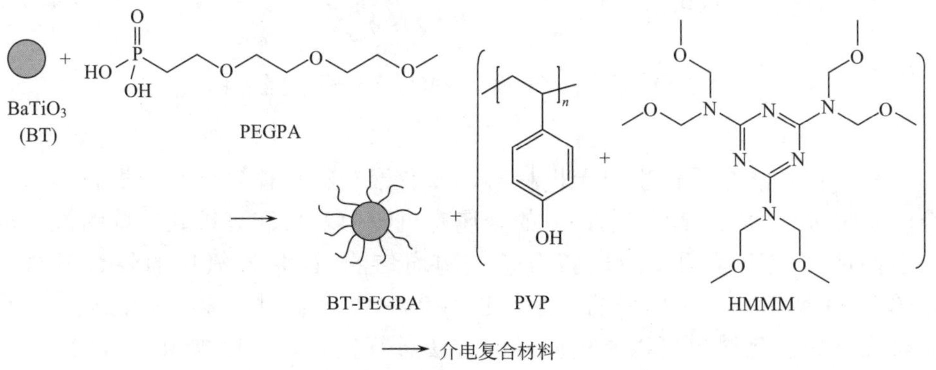

图 3-38   磷酸化合物修饰的 $BaTiO_3$ 和 PVP 的复合材料

为获得更高的介电常数，一些更高介电常数的聚合物、无机粒子被用于制作复合材料。Bai 等[76]采用 P(VDF-TrFE)共聚物和 Pb(Mg$_{1/3}$Nb$_{2/3}$)O$_3$-PbTiO$_3$ 无机粒子复合制作的介电材料，发现通过高能辐射可以提高其介电常数。当无机物体积分数为 50％时，复合材料的介电常数达到了约 250，不过该复合材料的机械性能很差。P(VDF-TrFE)共聚物还用于和 BaTiO$_3$ 复合，BaTiO$_3$ 粒子的介电常数相对来说比较高，是典型的铁电材料(ferroelectric material)，属于钙钛矿型晶体结构。当复合材料中 BaTiO$_3$ 体积分数至 50％时，获得了介电常数达 51.5 的薄膜。这些材料有很宽的电滞回线，一般用于制作低压工作铁电存储晶体管。

为提高粒子分散的均匀性，有时会采用原位聚合的方法。2007 年，Guo 等[77]采用原位聚合的方法来降低粒子的团聚。如图 3-39 所示，首先是在粒子表面包裹一种聚合反应的催化剂(甲基铝氧烷，MAO)，随后采用原位聚合聚丙烯。通过这种方法，他们将纳米 BaTiO$_3$、TiO$_2$ 均匀分散到聚丙烯中，获得的复合物有非常低的漏电流密度(10^{-9}～10^{-6} A/cm^2)和很高的击穿电场(约 4 MV/m)。

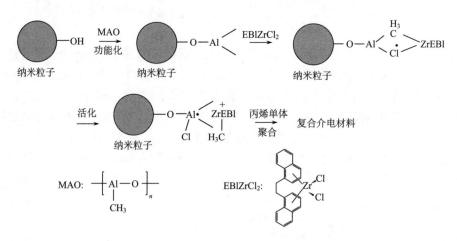

图 3-39　纳米粒子表面引发聚合反应形成复合材料

另一种方法是原位生成无机材料，或者聚合物单体聚合和无机材料原位合成同时进行。Kim 等[78]用 TiO$_2$ 的金属有机物前驱体和有机硅氧烷的混合溶液在酸的催化下共同反应，获得了结构均匀的 TiO$_2$/硅氧烷的复合材料，如图 3-40 所示。利用同样的策略，TiO$_2$/PVP 复合材料也被制备出来[79]。其他氧化物如氧化锆也可以采用同样的方法进行复合，并已被用于 TFT 的介电层[80]。

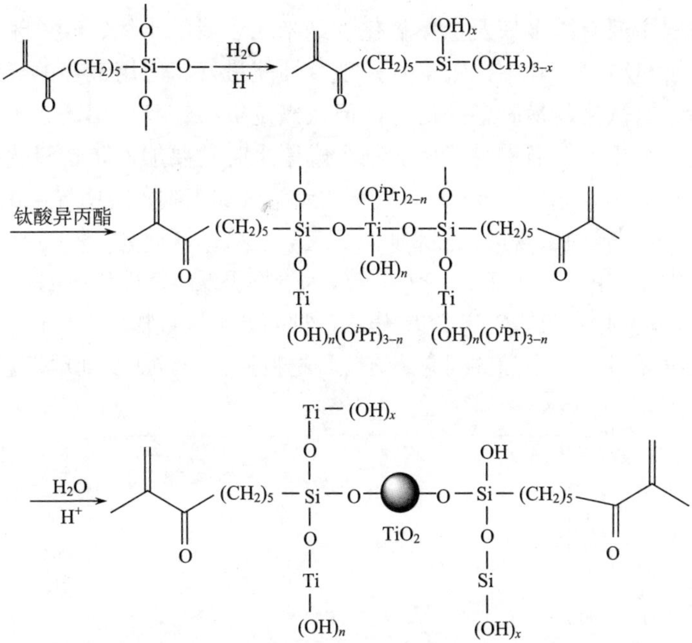

图 3-40　无机/有机复合二氧化钛纳米复合材料的形成示意图

　　除了介电常数和漏电流等介电性质外，作为栅绝缘层使用时，介电材料与金属和半导体之间形成的界面也很重要。栅绝缘层影响着器件的迁移率、亚阈陡度等性质。有些研究表明使用高 k 介电层后，TFT 的迁移率有所提高，这是因为能够在较低的电压下获得更高浓度的载流子积累[81]。另外，Kim 等[82]制备了高 k 的 TiO_2 纳米粒子和尼龙-6 聚合物的复合材料，发现即使纳米粒子均匀分散于聚合物中，还是需要添加一个 PVP 聚合物过渡层来抑制漏电流和改善表面的平整度。通过附加 PVP 层，可以有效地提高 OTFT 的迁移率。

3.4　可印刷电极材料与薄膜工艺

　　随着印刷 TFT 研究的深入，人们提出了制备全溶液加工、大面积 TFT 的想法，以满足生产柔性显示的经济和工艺效益。这就要求采用溶液法来加工具有良好导电性和接触性能的 TFT 电极。传统的 TFT 电极大多采用真空设备制备，特别是磁控溅射技术，存在设备成本高、靶材利用率低、成分固定及需要多个光刻步骤等缺点。溶液法工艺简单，不需要掩模步骤，具有传统方法不可比拟的优势[83,84]。金属纳米粒子熔化温度的尺寸效应如图 3-41 所示。目前，溶液法的

TFT 电极材料主要有：金属及金属氧化物纳米粒子或纳米线、碳纳米管材料、有机导电高分子材料等。其中，银墨水是现今性能最好、应用最多的导电墨水，具有导电性高、抗氧化、易制备的优点，但缺点是价格较高。相比之下，铜的价格较低，且电阻率相近，但铜易氧化，制备成墨水时需要加入防止氧化的添加剂，故增加了复杂性。ITO 因其光透过性好被用于溶液加工制备透明导电电极。此外，碳纳米管由于可以同时实现高性能和低温工艺，也被广泛研究，但提纯工艺较复杂。石墨烯有良好的导电、导热性质，有可能成为价格更低、性能优越的导电电极材料，目前尚处于起步阶段。PEDOT∶PSS 作为一种高分子聚合物导电材料而被广泛用于 OLED 和 OPV 器件中。下面分别介绍这几种材料的合成方法及处理工艺。

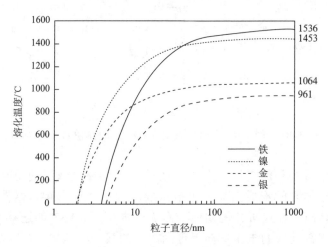

图 3-41　金属纳米粒子熔化温度的尺寸效应

3.4.1　可印刷金属电极材料及其工艺

金属墨水主要包括金属前驱体墨水和金属粒子墨水。金属前驱体墨水表面平整且电阻率低，金属粒子墨水有更高的金属含量。前驱体是指可溶解于一定溶剂，成膜后能够转化为导电金属薄膜的金属化合物，常用的可溶性金属前驱体包括一些有机物和无机物，如硝酸银、新癸酸银、乙酸银、乙烷基丁酸银、安息酸银、柠檬酸银等。Yang 等[85]采用前驱体银墨水，制备了低接触电阻的 IGZO TFT。Wu 等[86]在硝酸银溶液中加入 PVP，搅拌 30 min 后，通过喷墨打印的方式将悬浮液打印到 PI 衬底上，在乙二醇蒸气氛围下加热至 200℃并维持 1 h，从而使硝酸银转化为金属银导线。他们所使用的硝酸银黏度为 1.55～11.3 mPa·s，银导线电阻率为 27 μΩ·cm。Huang 等[87]将硝酸银溶解在去离子水与乙醇体积比 1∶3 的溶剂中，逐滴加入 NH₄OH 并搅拌直至形成无色透明溶液；然后加入乙醚和乙二醇用以改善溶液黏度和表面张力；最后，加入 PVP 和葡萄糖溶液(作为还原剂)。通过打印的方式在 Si_3N_4 衬底上成膜，最终获得了电阻率只有 3.1 $\mu\Omega \cdot cm$ 的银膜，但分解温度高达 500℃。金属前驱体墨水存在的问题是溶液浓度不够高及分解温度太高。

金属纳米粒子导电墨水根据溶剂类型可以分为水性导电墨水和溶剂性导电墨水两类，前者采用水性高分子聚合物为保护剂[88,89]，后者利用一些带有端基极性基团的长链烷基化合物(如十二烷基硫醇、十二烷基胺及十二烷基酸等)作为分散剂[90,91]。在制备导电墨水之前需先制备金属纳米粒子，其制备方法主要分为物理方法和化学方法两类[92]。物理方法是将块状金属材料转变成纳米粒子，然后分散在适宜的介质中，包括机械粉碎法、激光烧蚀法、加热蒸发法和等离子体蒸发法等[93,94]。但采用物理方法制备金属纳米粒子难以很好地控制纳米粒子形貌的一致性，且所用设备过于复杂，过程能耗高。化学方法包括液相还原法、多元醇法、电化学法和光化学法[95]等。

液相还原法是制备可印刷金属纳米粒子最常用的方法，可通过调节反应体系的浓度、还原剂种类、反应温度、pH 和保护剂种类等来控制金属纳米粒子的尺寸、形貌和稳定性等[96,97]。液相还原法一般由前驱体、稳定剂和还原剂组成[94]，常用的还原剂有硼氢化钠、氢气、柠檬酸钠、甲醛和抗坏血酸等。为使粒子的尺寸在 50 nm 以下，常加入包覆剂，一般是有机长链分子，且一端与金属离子有良好的亲和性(PVP、十二烷基硫醇等都是常用的水溶性包覆剂)。Mandal 等[98]以硝酸银为前驱体，加入长链不饱和羧酸钠和硼氢化钠作为稳定剂和还原剂，合成了银纳米粒子，然后用胱氨酸进行交换制备了银纳米粒子。研究发现，在较低温度下纳米粒子会通过氢键的结合而聚集，升高温度后由于氢键的解离纳米粒子又重新分散。Tolaymat 等[99]用 1,5-环辛二烯-1,1,1,6,6,6-六氟乙酰丙酮银的甲苯溶液为前驱体，以淀粉、PVP 和 PVA 为稳定剂，H_2 为还原剂，合成了银纳米粒子。利用稳定剂在水相和油相中的溶解度差，使油相中的纳米粒子逐步向水相转移，这一方法开启了纳米粒子从油性体系向水相体系转移的新途径。Cui 等[100]在 PVP 溶剂中，以硼氢化钠为还原剂还原 $HAuCl_4$ 制备了粒子完整的金纳米粒子，粒子尺寸在 10 nm 以下。

多元醇法中的多元醇起着分散介质，充当溶剂、还原剂和晶体生长介质的作用，此方法能够克服传统水溶液法中纳米粒子因羟基和毛细管力作用发生团聚的现象，在制备过程中易于同时实现纳米粒子表面修饰并有效抑制粒子在生长过程中的二次团聚。李威等[101]在次磷酸钠($NaH_2PO_2 \cdot H_2O$)、硫酸铜、PVP、一缩二乙二醇(DEG)的有机液相体系中，加入十六烷基三甲基溴化铵(CTAB)作为表面活性剂，采用多元醇法成功制备了铜纳米粒子。

电化学法是在一定的电势下，高价态的金属离子被还原为零价态从而形成纳米粒子的方法。Cioffi 等[102]在硝酸银的四辛基溴化铵溶液中用电化学方法制备了粒径为 1.7～6.3 nm 的银纳米粒子，并进行掺杂制备了纳米结构的复合膜。在还原的同时，电解液中存在的稳定剂将还原出来的银原子保护起来，方法简单、快速和无污染。

光化学法是利用光照使溶液中产生还原性的水化电子或者自由基，用以还原溶液中的金属离子形成纳米粒子。Huang 等[103]用波长为 254 nm 的 UV 光源，在室温下照射硝酸银的 PVP 水溶液，得到了粒径 15.2～22.4 nm 的银纳米粒子。

基于金属纳米粒子的导电墨水，主要通过以下两步配制：首先，使用重力离心或醇类沉淀的方法分离出金属纳米粒子，并以适当的溶剂清洗沉淀以除去添加剂；然后将金属纳米粒子分散在溶液中，并加入合适的添加剂。金属纳米粒子导电墨水中纳米粒子的粒子大小、粒径分布和稳定性对墨水的性能有很大影响。更小的粒子尺寸意味着更低的固化温度和更高的分辨率，而窄粒径分布不易团聚且更便于工艺的标准化。同样的浓度下，纳米粒子尺寸越小，黏度会越高，但过大尺寸的粒子容易从液体中沉降。研究发现，较强的还原剂如硼氢化钠易于生成尺寸较小的纳米粒子，而较弱的还原剂得到的纳米粒子分布更宽[104]。Evanoff 等[105]利用氧化银和氢气作为反应体系，通过控制反应时间控制粒径的大小，利用过滤和离心得到不同粒径分布的纳米粒子，但是后处理操作较为复杂。Woo 等[106]采用不同的分散剂对银纳米粒子进行调控，油胺(267.49 g/mol)分子链较短，得到的银纳米粒子平均半径为 477.7 nm；采用 PVP(55 000 g/mol)调控得到的银纳米粒子平均半径为 214.1 nm；巯基修饰的聚苯乙烯微球(26 500 g/mol)分子链较长，得到的银纳米粒子平均半径较小，为 70.1 nm。除了粒子尺寸及其分布外，溶液加工工艺过程中还要求金属粒子导电墨水要有一定的稳定性，主要包括分散性和抗氧化性。

分散性要求的提出是为了防止纳米粒子之间相互碰撞、聚集而引起沉淀，主要方法有静电法和位阻法[107]。静电法是利用双电层分子之间的静电排斥作用，获得稳定分散的纳米粒子，其条件是体系中的电势要达到一定值，电势越高则排斥力越大，体系越稳定。静电法的缺点是太过于依赖电介质的浓度，且在有机载体中作用不明显。位阻法是通过在纳米粒子外的大体积分子吸附层阻止纳米粒子的聚集。非离子型两性聚合物 PVP，具有疏水和亲水基团，能同时与金属纳米粒子和分散介质相互作用，在合成纳米金属粒子的过程中，加入 PVP 能起阻碍聚集和保护的作用。

抗氧化性对铜纳米粒子的制备尤为重要。通常，采用在铜纳米粒子表面形成聚合物保护层的方法可解决其易氧化的问题。当聚合物层足够致密时，减少了氧气向纳米粒子表面的渗透，从而减慢了氧化速度。Tang 等[108]采用了液相化学还原法，以五水硫醇铜为前驱体，表面活性剂 CTAB 和 PVP 为混合保护剂，一水合次磷酸二氢钠($NaH_2PO_2 \cdot H_2O$)为还原剂，采用电渗析的方法进行纯化制备纳米铜。这种方法不仅避免了纳米铜的氧化和团聚，而且能使制得的纳米铜导电墨水可在室温下稳定存在 30 天，没有任何沉淀出现。

金属粒子导电墨水在溶液加工成膜后通常要经过后处理去除稳定剂，增加粒子间的接触和渗流通路数量后才能获得良好的导电性。采用烧结工艺可以让溶剂挥发、除去有机稳定剂，形成纳米粒子的堆积，烧结过程如图 3-42 所示。经 150℃处理后，金属纳米粒子开始形成网状导电结构，导电性逐步提高，但稳定剂并未完全分解，导致其导电性仍比较低；经 500℃左右烧结处理后，金属纳米粒子间的稳定剂已经完全分解，导电程度可接近于其块材的导电性。常用的烧结方法有热烧结、光子烧结(photonic sintering)、微波辐射、等离子体烧结、电烧结和化学烧结[102]。热烧结是传统的金属纳米粒子烧结方法，铜基和银基墨水一般需要在300℃以上的条件下加热 10~60 min。光子烧结机理与热烧结类似，金属膜层吸收了来自光照射的能量后转化为热，从而使液体挥发。对比热烧结，光子烧结可以针对局部区域进行加热，具有选择性，所以有更高的能量转化率。Perelaer 等[109]发展的微波烧结更为高效，但穿透性不强，微波为 2.54 GHz 时只能达到 1.3~1.6 μm 的穿透深度。等离子体烧结是将薄膜暴露在氩气等离子体下进行固化，但若等离子体反应不充分，膜层的黏着力会比较小。电烧结是在材料表面通过电流进行加热实现烧结的方法，过程耗时十分短且衬底受热少。化学烧结法指在室温下由化学试剂引发金属纳米粒子相互聚集融合的烧结方法，反应温度低，工艺简单，但须注意此过程对成分的影响。

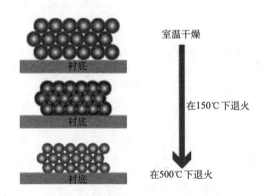

图 3-42　基于金属纳米粒子的导电墨水烧结过程[110]

实际应用中往往要求墨水的烧结温度越低越好，可简化工艺，获得更好的工艺匹配性，适用更多种类的衬底。Lee 等[111]通过在 3%的 H₂ 氛围，以 250℃的温度烧结 20 min 后得到的铜膜电阻率低于 10 μΩ·cm；在 320℃下烧结 20 min 后，铜膜电阻率进一步降低到 4.4 μΩ·cm。Layani 等[112]研发了一种"双层印刷"(double printing)方法，即先印刷一层银纳米粒子导电墨水，再印刷 NaCl 溶液，可连续交替印刷多层，然后对衬底进行 60℃的热处理，其电阻率低至 4 μΩ·cm。宁洪龙等[113]通过调节 UV 固化的工艺参数在低温下获得了电阻率约为 6.69 μΩ·cm 的银导电薄膜；并且发现通过提升打印衬底温度可以破除有机物对银粒子的包覆，实现良好的界面接触[114]。

3.4.2　可印刷氧化物电极材料及其工艺

与金属相比，氧化物导电材料的电导率较低，但因其对可见光透明，可做成透明电极而具有特殊的吸引力。透明导电氧化物薄膜的电阻率通常在 10^{-4} μΩ·cm 以上，可见光区光透过率通常在 80%以上，禁带宽度在 3 eV 左右[115]。到目前为止，In_2O_3：Sn(ITO)、ZnO：Al(AZO)、ZnO：Ga(GZO)等透明导电材料已进入实际使用中。通常，化学计量配比的氧化物一般是不导电的。需要在薄膜中引入包括氧空位、间隙原子或外来杂质等，形成掺杂才能改善其导电性。以 ITO 为例，当在 In_2O_3 中引入 SnO_2 时，Sn^{4+}替代原有的 In^{3+}，形成一个施主能级(Sn^{3+})，这个施主能级位于主晶格 In 5s 形成的导带下面，与 ITO 中存在的许多氧空位贡献出电子。Sn^{3+}和氧空位这两种施主所形成的缺陷能级与导带重叠，使费米能级进入导带内，从而使薄膜出现金属态[113]。选择透明导电氧化物薄膜材料，通常需要满足以下几个条件[116]：所采用的氧化物的禁带宽度必须大于 3.1 eV；薄膜须有金属导电性；所采用的氧化物应该易于进行简并掺杂改性；薄膜中载流子浓度不得过大(通常小于 $2.6×10^{21}$cm^{-1})，否则会降低可见光区的透过率；采用的金属氧化物的阳离子须具备$(n-1)d^{10}ns^0 (n = 4, 5)$的电子构型，如 Zn^{2+}、Ga^{3+}、Sn^{4+}和 In^{3+}等，如图 3-43 所示。

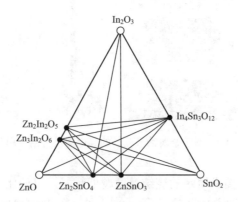

图 3-43　常用的作为透明薄膜电极的半导体材料[110]

在可印刷氧化物电极材料中，ITO 是研究较多的一类。溶液法制备 ITO 薄膜也包括溶胶-凝胶法、纳米粒子分散法等。Das 等[117]先用硝酸与铟反应得到硝酸铟溶液，然后将一定量的水合四氯化锡加入前面的溶液中，得到 In：Sn=90：10 的 ITO 水溶性前驱体溶液；随后加入 PVA 作为有机黏合剂，并增加溶胶的稳定性。Hong 等[118]采用乙酸铟和乙酸锡代替氯化物和硝酸盐作为原料，先在含 0.1% 甲醇的溶剂中配成 ITO（10% SnO_2、90% In_2O_3）的前驱体，通过搅拌将溶剂挥发后在 80℃干燥得到 ITO 前驱体纳米粒子，随后在 300℃加热下使前驱体分解得到 ITO 纳米粒子。得到的粒子具有 100 m^2/g 的比表面积，尽管合成温度低至 300℃，但还是在（222）方向上出现了结晶峰。

ITO 导电氧化物中由于含有价格昂贵且日益稀缺的 In 元素，其应用成本不断升高，因此，需要研发其他的透明导电氧化物来代其地位，现已开展了广泛的研究，包括 AZO、GZO 及 F 掺杂 SbO_2 等。

3.4.3　其他可印刷电极材料

除了金属及其氧化物外，目前还有多种材料可用溶液法制备成电极，包括碳纳米管、石墨烯等，这将在本书第 5 章进行详细介绍。

另外，还有一部分具有优异电学性能的有机物也可用印刷方法进行制备，其中最常用到的是 PEDOT：PSS（图 3-44），因其在可见光区高的光透过率、良好的柔韧性及热稳定性而受到广泛关注。使用 PEDOT：PSS 制备电极时，通常使用旋涂的方式，通过旋涂制备的 PEDOT：PSS 薄膜电导率通常较低，一般低于 0.8 S/cm[119]；

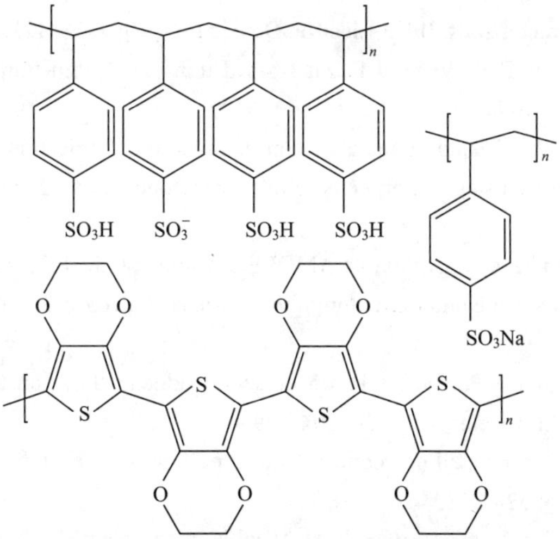

图 3-44　PEDOT：PSS 的结构式

同时，PSS 的存在使 PEDOT：PSS 溶液有一定酸性，对器件相关性能会产生一定的负面影响[120]。因此，对 PEDOT：PSS 薄膜的优化成为研究工作中的焦点。Xue 等[121]研究了掺杂有机溶剂二甲亚砜对 PEDOT：PSS 薄膜的影响，结果导电性从 0.07 S/cm 提高到 30 S/cm，且能在室温下长时间维持。此外，其他具有类似特征的有机物对 PEDOT：PSS 的掺杂改性也起到一定的作用，如环丁砜、甲酸胺、偕二醇。有机材料的易加工及易大量制备的特性，使其具有替代传统电极的潜力，掺杂改性的方法为提高其导电性提供了一种有效手段。

参 考 文 献

[1] Lilienfield J E. Method and apparatus for controlling electric currents: US 1745175. 1930-01-28.

[2] Weimer P K. The TFT—A new thin-film transistor. Proc IRE, 1962, 50(6): 1462-1469.

[3] LeComber P G, Spear W E, Ghaith A. Amorphous-silicon field-effect device and possible application. Electron Lett, 1979, 15(6): 179-181.

[4] Depp S W, Juliana A, Huth B G. Polysilicon FET devices for large area input/output applications. Int Electron Devices Meet, 1980, 26: 703-706.

[5] Tsumura A. Field-effect transistor with a polythiophene thin film . Appl Phys Lett, 1986, 49(18): 1210-1212.

[6] Garnier F, Hajlaoui R, Yassar A, et al. All-polymer field-effect transistor realized by printing techniques . Science, 1994, 265(5179): 1684-1686.

[7] Haddon R C, Perel A S, Morris R C, et al. C_{60} thin film transistors. Appl Phys Lett, 1995, 67(1): 121-123.

[8] Lin Y, Gundlach D J, Nelson S F, et al. Stacked pentacene layer organic thin-film transistors with improved characteristics. IEEE Electron Device Lett, 1997, 18(12): 606-608.

[9] Hoffman R L, Norris B J, Wager J F. ZnO-based transparent thin-film transistors. Appl Phys Lett, 2003, 82(5): 733-735.

[10] Nomura K, Ohta H, Takagi A, et al. Room-temperature fabrication of transparent flexible thin-film transistors using amorphous oxide semiconductors. Nature, 2004, 432(7016): 488-492.

[11] Xu H, Luo D X, Li M, et al. A flexible AMOLED display on the PEN substrate driven by oxide thin-film transistors using anodized aluminium oxide as dielectric. J Mater Chem C, 2014, (7): 1255-1259.

[12] Fortunato E, Barquinha P, Martins R. Oxide semiconductor thin-film transistors: A review of recent advances. Adv Mater, 2012, 24, 2945-2986.

[13] McCulloch I. Liquid-crystalline semiconducting polymers with high charge-carrier mobility. Nat Mater, 2006, 5: 328-333.

[14] Chen H. Highly π-extended copolymers with diketopyrrolopyrrole moieties for high-performance field-effect transistors. Adv Mater, 2012, 24: 4618-4622.

[15] Chen X. Ion-modulated ambipolar electrical conduction in thin-film transistors based on

amorphous conjugated polymers. Appl Phys Lett, 2001, 78: 228-230.

[16] Chen Z. Naphthalenedicarboximide-*vs* perylenedicarboximide-based copolymers: Synthesis and semiconducting properties in bottom-gate n-channel organic transistors. J Am Chem Soc, 2009, 131: 8-9.

[17] Brown A R, Pomp A, de Leeuw D M, et al. Precursor route pentacene metal-insulator-semiconductor field-effect transistors. J Appl Phys, 1996, 79: 2136-2138.

[18] Herwig P T, Mullen K. A soluble pentacene precursor: Synthesis, solid-state conversion into pentacene and application in a field-effect transistor. Adv Mater, 1999, 11: 480-483.

[19] Anthony J E, Eaton D L, Parkin S R. A road map to stable, soluble, easily crystallized pentacene derivatives. Org Lett, 2002, 4: 15-18.

[20] Yang H, Shin T, Bao Z, et al. Conducting AFM and 2D GIXD studies on pentacene thin films. J Am Chem Soc, 2005, 127(33): 11542-11543.

[21] Umeda T, Kumaki D, Tokito S. Surface-energy-dependent field-effect mobilities up to 1 cm^2/(V · s) for polymer thin-film transistor . J Appl Phys, 2009, 105: 024516.

[22] Kobayashi S, Nishikawa T, Takenobu T, et al. Control of carrier density by self-assembled monolayers in organic field-effect transistors. Nat Mater, 2004, 3: 317-322.

[23] Hwang D, Kim C, Choi J, et al. Polymer/YO$_x$ Hybrid-sandwich gate dielectrics for semitransparent pentacene thin-film transistors operating under 5 V. Adv Mater, 2006, 18: 2299-2303.

[24] Lan L, Peng J, Cao Y, et al. Low-voltage, high-performance n-channel organic thin-film transistors based on tantalum pentoxide insulator modified by polar polymers. Org Electron, 2009, 10: 346-351.

[25] Chu C, Li S, Chen C, et al. High-performance organic thin-film transistors with metal oxide/metal bilayer electrode. Appl Phys Lett, 2005, 87: 193508.

[26] Di C, Yu G, Liu Y, et al. High-performance low-cost organic field-effect transistors with chemically modified bottom electrodes. J Am Chem Soc, 2006, 128: 16418-16419.

[27] Di C, Yu G, Liu Y, et al. Efficient modification of Cu electrode with nanometer-sized copper tetracyanoquinodimenthane for high performance organic filed-effect transistors. Chem Phys, 2008, 10: 2302-2307.

[28] Pierre A, Sadeghi M, Payne M, et al. All-printed flexible organic transistors enabled by surface tension-guided blade coating. Adv Mater, 2014, 26(32): 5722-5727.

[29] Giri G, Verploegen E, Mannsfeld S, et al. Tuning charge transport in solution-sheared organic semiconductors using lattice strain. Nature, 2011, 480(7378): 504-508.

[30] Diao Y, Tee B, Giri G, et al. Solution coating of large-area organic semiconductor thin films with aligned single-crystalline domains. Nat Mater, 2013, 12(7): 665-671.

[31] Tseng H, Ying L, Hsu B B, et al. High mobility field effect transistors based on macroscopically oriented regioregular copolymers. Nano Lett, 2012, 12(12): 6353-6357.

[32] Luo C, Kyaw A, Perez L, et al. General strategy for self-assembly of highly oriented nanocrystalline semiconducting polymers with high mobility. Nano Lett, 2014, 14(5): 2764-2771.

[33] Banger K K, Yamashita Y, Mori K, et al. Low-temperature, high-performance solution-processed metal oxide thin-film transistors formed by a 'sol-gel on chip' process. Nat Mater, 2011, 10(1): 45-50.

[34] Li Y Z, Lan L F, Xiao P, et al. Facile patterning of amorphous indium oxide thin films based on a gel-like aqueous precursor for low-temperature, high performance thin-film transistors. J Mater Chem C, 2016, 4: 2072.

[35] Meyers S T, Anderson J T, Hung C M, et al. Aqueous inorganic inks for low-temperature fabrication of ZnO TFTs. J Am Chem Soc, 2008, 130(51): 17603-17609.

[36] Hwang Y H, Seo J, Yun J M, et al. An 'aqueous route' for the fabrication of low-temperature-processable oxide flexible transparent thin-film transistors on plastic substrates. Npg Asia Materials, 2013, 5: e45.

[37] Gao P, Lan L, Lin Z, et al. Low-temperature, high-mobility, solution-processed metal oxide semiconductors fabricated with oxygen radical assisted perchlorate aqueous precursors. Chem Commun, 2017, 53: 6436.

[38] Kim S J, Yoon S, Kim H J. Review of solution-processed oxide thin-film transistors. Jap J Appl Phys, 2014, 53(2): 02BA02.

[39] Chen H, Rim Y S, Jiang C, et al. Low-impurity high-performance solution-processed metal oxide semiconductors via a facile redox reaction. Chem Mater, 2015, 27: 4713-4718.

[40] Kang Y H, Jeong S, Lee C, et al. Two-component solution processing of oxide semiconductors for thin-film transistors via self-combustion reaction. J Mater Chem C, 2014, 2: 4247-4256.

[41] Cui T, Liu Y, Zhu M. Field-effect transistors with layer-by-layer self-assembled nanoparticle thin films as channel and gate dielectric. Appl Phys Lett, 2005, 87: 183105.

[42] Liu C T, Lee W H, Shih T L. Synthesis of ZnO nanoparticles to fabricate a mask-free thin-film transistor by inkjet printing. J Nanotechnol, 2012, 2012: 710908.

[43] Noh Y Y, Cheng X, Sirringhaus H, et al. Ink-jet printed ZnO nanowire field effect transistors. Appl Phys Lett, 2007, 91: 043109.

[44] Dasgupta S, Kruk R, Mechau N, et al. Inkjet printed, high mobility inorganic-oxide field effect transistors processed at room temperature. ACS Nano, 2011, 5: 9628-9638.

[45] Swisher S L, Volkman S K, Subramanian V. Tailoring indium oxide nanocrystal synthesis conditions for air-stable high-performance solution-processed thin-film transistors. ACS Appl Mater Interfaces, 2015, 7: 10069-10075.

[46] Baby T T, Garlapati S K, Dehm S, et al. General route toward complete room temperature processing of printed and high performance oxide electronics. ACS Nano, 2015, 9: 3075-3083.

[47] Christophe A, Jin J. High-performance solution processed oxide TFT with aluminum oxide gate dielectric fabricated by a sol-gel method. J Mater Chem, 2011, 21: 10649-10652.

[48] Xu W Y, Wang H, Xie F Y, et al. Facile and environmentally friendly solution-processed aluminum oxide dielectric for low-temperature, high-performance oxide thin-film transistors. ACS Appl Mater Interfaces, 2015, 7(10): 5803-5810.

[49] Peng J, Sun Q J, Wang S D, et al. Low-temperature solution-processed alumina as gate dielectric for reducing the operating-voltage of organic field-effect transistors. Appl Phys Lett,

2013, 103: 061603.

[50] Yoo Y B, Park J H, Lee K H, et al. Solution-processed high-k HfO$_2$ gate dielectric processed under softening temperature of polymer substrates. J Mater Chem C, 2013, 1(8): 1651-1658.

[51] Mazran E, George V, Christopher S, et al. High-mobility ZnO thin film transistors based on solution-processed hafnium oxide gate dielectrics. Adv Funct Mater, 2015, 25(1): 134-141.

[52] Li X F, Xin E L, Zhang J H. Low-temperature solution-processed zirconium oxide gate insulators for thin-film transistors. IEEE Trans Electron Devices, 2013, 60(10): 3413-3416.

[53] Wei C, Zhu Z N, Wei J L, et al. A simple method for high-performance, solution-processed, amorphous ZrO$_2$ gate insulator TFT with a high concentration precursor. Materials, 2017, 10(8): 972.

[54] Li Y Z, Lan L F, Sheng S, et al. All inkjet-printed metal-oxide thin-film transistor array with good stability and uniformity using surface-energy patterns. ACS Appl Mater Interfaces, 2017, 9(9): 8194-8200.

[55] George A, Stuart T, Donal D, et al. Low-voltage ZnO thin-film transistors based on Y$_2$O$_3$ and Al$_2$O$_3$ high-k dielectrics deposited by spray pyrolysis in air. Appl Phys Lett, 2011, 98: 123503.

[56] Wooseok Y, Keunkyu S, Yangho J, et al. Solution-deposited Zr-doped AlO$_x$ gate dielectrics enabling high-performance flexible transparent thin film transistors. J Mater Chem C, 2013, 1: 4275-4278.

[57] Zhang L S, Zhang Q, Xia G D, et al. Low-temperature solution-processed alumina dielectric films for low-voltage organic thin film transistors. J Mater Sci Mater Electron, 2015, 26(9): 6639-6646.

[58] 梁丽萍, 徐耀, 张磊, 等. 溶胶-凝胶方法制备 ZrO$_2$ 及聚合物掺杂 ZrO$_2$ 单层光学增反射膜. 物理学报, 2006, 55(8): 4372-4382.

[59] 汪永清, 常启兵, 周健儿, 等. 可控溶胶-凝胶法制备纳米 ZrO$_2$. 人工晶体学报, 2009, 38(4): 1012-1017.

[60] 徐培飒, 王新福, 傅顺德. 可纺性锆溶胶的制备. 耐火材料, 2011, 45(4): 282-284.

[61] 朱乐永. 铪铝氧化物复合绝缘介质薄膜及高迁移率锌铟锡氧化物薄膜晶体管的研究. 上海: 上海大学, 2015.

[62] Park J H, Lee S J, Lee T, et al. All-solution-processed, transparent thin-film transistors based on metal oxides and single-walled carbon nanotubes. J Mater Chem C, 2013, 1: 1840-1845.

[63] Peng J B, Wei J L, Zhu Z N, et al. Properties-adjustable alumina-zirconia nanolaminate dielectric fabricated by spin-coating. Nanomaterials, 2017, 7(12): 419.

[64] Mejia I, Estrada M. Characterization of polymethyl methacrylate (PMMA) layers for OTFTs gate dielectric. IEEE Xplore, 2006, 42(8): 375-377.

[65] Yun Y J, Pearson C, Cadd D H, et al. A cross-linked poly(methyl methacrylate) gate dielectric by ion-beam irradiation for organic thin-film transistors. Org Electron, 2009, 10: 1596-1600.

[66] Klauk H, Halik M, Zschieschang U, et al. High-mobility polymer gate dielectric pentacene thin film transistors. J Appl Phys, 2002, 92(9): 5259-5263.

[67] Kawaguchi H, Aniguchi M, Kawai T. Control of threshold voltage and hysteresis in organic field-effect transistors. Appl Phys Lett, 2009, 94(9): 093305-093308.

[68] 王乐. 有机薄膜晶体管的研制. 无锡: 江南大学, 2012.

[69] Kafadaryan E A, Cho K, Wu N J. Far-infrared study of high-dielectric constant $CaCu_3Ti_4O_{12}$ films. J Appl Phys, 2004, 96: 6591.

[70] 周小莉, 杜丕一, 韩高荣, 等. 不同A位元素(La, Y, Ca)的$ACu_3Ti_4O_{12}$陶瓷介电性能研究. 浙江大学学报(工学版), 2006, 40(8): 1446.

[71] 崔铮. 印刷电子学: 材料、技术及其应用. 北京: 高等教育出版社, 2012.

[72] Chen F C, Chu C W, He J, et al. Organic thin-film transistors with nanocomposite dielectric gate insulator. Appl Phys Lett, 2011, 98: 123503.

[73] Maliakal A, Katz H, Cotts P M, et al. Inorganic oxide core, polymer shell nanocomposite as a high K gate dielectric for flexible electronics applications. J Am Chem Soc, 2005, 12(42): 14655-14662.

[74] Schroeder R, Majewski L A, Grell M. High performance organic transistors using solution-processed nanoparticle-filled high-kappa polymer gate insulators. Adv Mater, 2005, 17(12): 1535-1539.

[75] Kim P, Zhang X H, Domercq B, et al. Solution-processible high-permittivity nanocomposite gate insulators for organic field-effect transistors. Appl Phys Lett, 2008, 93: 013302.

[76] Bai Y, Cheng Z Y, Bharti V, et al. High-dielectric-constant ceramic-powder polymer composites. Appl Phys Lett, 2000, 76(25): 3804-3806.

[77] Neng G, Sara A, Do-kyun K, et al. Supported metallocene catalysis for *in situ* synthesis of high energy density metal oxide nanocomposites. J Am Chem Soc, 2007, 129 (4): 766-767.

[78] Kim H, Pramanik N C, Ahn B Y, et al. Preparation of inorganic-organic hybrid Titania sol-gel nanocomposite films and their dielectric properties. Phys Status Solidi A, 2006, 203(8): 1962-1970.

[79] Kim J, Lim S H, Kim Y S. Solution-based TiO_2-polymer composite dielectric for low operating voltage OTFTs. J Am Chem Soc, 2010, 132(42): 14721-14723.

[80] Ha Y G, Jeong S, Wu J, et al. Flexible low-voltage organic thin-film transistors enabled by low-temperature, ambient solution-processable inorganic/organic hybrid gate dielectrics. J Am Chem Soc, 2010, 132(49): 17426-17434.

[81] Dimitrakopoulos C D. Low-voltage organic transistors on plastic comprising high-dielectric constant gate insulators. Science, 1999, 283(5403): 822-824.

[82] Kim C H, Bae J H, Les S D, et al. Fabrication of organic thin-film transistors based on high dielectric nanocomposite insulators. Mol Cryst Liq Cryst, 2007, 471: 147-154.

[83] Fortunato E, Barquinha P, Martins R. Oxide semiconductor thin film transistors: A review of recent advances . Adv Mater, 2012, 24(22): 2945-2986.

[84] 钟云肖, 谢宇, 周尚雄, 等. 溶液法氧化物薄膜晶体管的印刷制备. 液晶与显示, 2017, 32(6): 443-454.

[85] Yang C G, Fang Z Q, Ning H L, et al. Amorphous InGaZnO thin film transistor fabricated with printed silver salt ink source/drain electrodes. Appl Sci, 2017, 7(8): 844.

[86] Wu J T, Hsu S L C, Tsai M H, et al. Direct inkjet printing of silver nitrate/poly (*N*-vinyl-2-pyrrolidone) inks to fabricate silver conductive lines. J Phys Chem C, 2010, 114(10):

4659-4662.

[87] Huang Q, Shen W, Song W. Synthesis of colourless silver precursor ink for printing conductive patterns on silicon nitride substrates. Appl Surf Sci, 2012, 258(19): 7384-7388.

[88] Chou K S, Ren C Y. Synthesis of nanosized silver particles by chemical reduction method. Mater Chem Phys, 2000, 64(3): 241-246.

[89] Magdassi S, Bassa A, Vinetsky Y, et al. Silver nanoparticles as pigments for water-based ink-jet inks. Chem Mater, 2003, 15(11): 2208-2217.

[90] Li Y, Wu Y, Ong B S. Facile synthesis of silver nanoparticles useful for fabrication of high-conductivity elements for printed electronics. J Am Chem Soc, 2005, 127(10): 3266-3267.

[91] Lee K J, Jun B H, Choi J, et al. Environmentally friendly synthesis of organic-soluble silver nanoparticles for printed electronics. Nanotechnol, 2007, 18(33): 335601-335605.

[92] 辛智青, 王思, 李风煜, 等. 纳米粒子的制备及其在打印印刷领域的应用. 中国科学: 化学, 2013, 4306: 677-686.

[93] Rebelo L P, Netto C G C M, Toma H E, et al. Enzymatic kinetic resolution of -1-(phenyl) ethanols by lipase immobilized on magnetic nanoparticles . J Braz Chem Soc, 2010, 21(8): 1537-1542.

[94] Semaltianos N G, Hendry E, Chang H, et al. Electrophoretic deposition on graphene of Au nanoparticles generated by laser ablation of a bulk Au target in water. Laser Phys Lett, 2015, 12(4): 046201(1-7).

[95] 张志良, 张兴业, 辛智青, 等. 银纳米粒子的合成及其在喷墨打印电路中的应用. 化学通报, 2011, 7410: 874-880.

[96] Lee Y, Choi J R, Lee K J, et al. Large-scale synthesis of copper nanoparticles by chemically controlled reduction for applications of inkjet-printed electronics. Nanotechnol, 2008, 19(41): 4235-4237.

[97] Huang Q, Shen W, Xu Q, et al. Properties of polyacrylic acid-coated silver nanoparticle ink for inkjet printing conductive tracks on paper with high conductivity. Mater Chem Phys, 2014, 147(3): 550-556.

[98] Mandal S, Gole A, Lala N, et al. Studies on the reversible aggregation of cysteine-capped colloidal silver particles interconnected via hydrogen bonds. Langmuir, 2001, 17(20): 6262-6268.

[99] Tolaymat T M, Badawy A M E, Genaidy A, et al. An evidence-based environmental perspective of manufactured silver nanoparticle in syntheses and applications: A systematic review and critical appraisal of peer-reviewed scientific papers. Sci Total Environ, 2010, 408(5): 999-1006.

[100] Cui W J, Lu W S, Zhang Y K, et al. Gold nanoparticle ink suitable for electric-conductive pattern fabrication using in ink-jet printing technology. Colloids Surf A, 2010, 358(1-3): 35-41.

[101] 李威, 周尉, 印仁和, 等. 印制电子技术中纳米铜导电墨水的研制. 复旦学报(自然科学版), 2014, 5302: 187-191.

[102] Cioffi N, Ditaranto N, Torsi L, et al. Synthesis, analytical characterization and bioactivity of Ag and Cu nanoparticles embedded in poly-vinyl-methyl-ketone films. Anal Bioanal Chem, 2005, 382(8): 1912-1918.

[103] Huang H H, Ni X P, Loy G L, et al. Photochemical formation of silver nanoparticles in poly (*N*-vinylpyrrolidone). Langmuir, 1996, 12(4): 909-912.

[104] Sharma V K, Yngard R A, Lin Y. Silver nanoparticles: Green synthesis and their antimicrobial activities. Adv Colloid Interface Sci, 2009, 145(1/2): 83-96.

[105] Evanoff D D, Chumanov G. Size-controlled synthesis of nanoparticles. 1. "Silver-only" aqueous suspensions via hydrogen reduction. J Phys Chem B, 2004, 108(37): 13948-13956.

[106] Woo Y J, Park K H, Park O O, et al. Dispersion control of Ag nanoparticles in bulk-heterojunction for efficient organic photovoltaic devices. Org Electron, 2015, 16: 118-125.

[107] Kamyshny A, Steinke J, Magdassi S. Metal-based inkjet inks for printed electronics. Open Appl Phys J, 2011, 4(19): 19-36.

[108] Tang X F, Yang Z G, Wang W J. A simple way of preparing high-concentration and high-purity nano copper colloid for conductiver ink in inkjet printing technology. Colloids Surf A, 2010, 360(1-3), 99-104.

[109] Perelaer J, Klokkenburg M, Hendriks C E, et al. Microwave flash sintering of inkjet-printed silver tracks on polymer substrates. Adv Mater, 2009, 21: 4830-4834.

[110] 崔淑媛, 刘军, 吴伟. 金属纳米颗粒导电墨水的制备及其在印刷电子方面的应用. 化学进展, 2015, 27(10): 1509-1522.

[111] Lee B, Kim Y, Yang S, et al. A low-cure-temperature copper nano ink for highly conductive printed electrodes. Curr Appl Phys, 2009, 9(2): e157-e160.

[112] Layani M, Grouchko M, Shemesh S, et al. Conductive patterns on plastic substrates by sequential inkjet printing of silver nanoparticles and electrolyte sintering solutions. J Mater Chem, 2012, 22(29): 14349-14352.

[113] Ning H L, Zhou Y C, Fang Z Q, et al. UV-cured inkjet-printed silver gate electrode with low electrical resistivity. Nanoscale Res Lett, 2017, 12: 546(1-7).

[114] Ning H, Chen J, Fang Z, et al. Direct inkjet printing of silver source/drain electrodes on an amorphous InGaZnO layer for thin-film transistors. Materials, 2017, 10(1): 51(1-7).

[115] Minami T. Transparent conducting oxide semiconductors for transparent electrodes. Semicond Sci Technol, 2005, 20(4): S35-S44.

[116] 刘宏燕, 颜悦, 望咏林, 等. 透明导电氧化物薄膜材料研究进展. 航空材料学报, 2015, 3504: 63-82.

[117] Das N, Biswas P K. Synthesis and characterization of smoke-like porous sol-gel indium tin oxide coatings on glass. J Mater Sci, 2012, 47(1): 289-298.

[118] Hong S J, Kim Y H, Han J I. Development of ultrafine indium tin oxide (ITO) nanoparticle for ink-jet printing by low-temperature synthetic method. IEEE Trans Nanotechnol, 2008, 7(2): 172-176.

[119] Kim J Y, Jung J H, Lee D E, et al. Enhancement of electrical conductivity of poly (3,

4-ethylenedioxythiophene)/poly（4-styrenesulfonate）by a change of solvents. Synth Met, 2002, 126(2): 311-316.

[120] Kim H, Nam S, Lee H, et al. Influence of controlled acidity of hole-collecting buffer layers on the performance and lifetime of polymer: Fullerene solar cells. J Phys Chem C, 2011, 115(27): 13502-13510.

[121] Xue F, Su Y, Varahramyan K. Modified PEDOT-PSS conducting polymer as S/D electrodes for device performance enhancement of P3HT TFTs. IEEE Trans Electron Devices, 2005, 52(9): 1982-1987.

第4章

印刷显示阵列制备、封装及驱动技术

前面第 2、3 章分别介绍了可印刷 OLED 和 TFT 的材料及其印刷成膜方法。若要制备整个显示屏，需要将印刷 TFT 阵列技术和印刷 OLED 技术整合起来；此外，还需要集成彩色化技术、封装技术和驱动技术。从工艺角度上说，要集成这些技术是非常困难的，因为各个部分之间会相互影响，需要优化调整以实现相互匹配。本章将介绍适合印刷显示的阵列制备技术、彩色化技术、封装技术和驱动技术。

4.1 OLED 显示像素阵列的印刷制备技术

作为一种非接触、点阵式打印技术，喷墨打印技术使墨水按照设定的程序通过微米级喷嘴，直接喷射到衬底表面的特定位置实现图案化。喷墨打印制备 OLED 显示屏的发光层时，是将发光材料分别喷射到对应的子像素内，形成 RGB 三基色子像素发光，如图 4-1 所示。这种非接触、无掩模的彩色化方案避免了发光材料间的互相污染，同时由于材料是按需直接喷射到对应的子像素位置，材料的利用率高达 95%，大大降低了生产成本。

4.1.1 印刷 OLED 显示屏的制备步骤

制备显示屏对环境的洁净度要求较高(空穴注入层 PEDOT：PSS 和发光层的制备要求在百级洁净度以上)，所以每次制备显示屏之前要做系统清洁，把灰尘颗粒量降到最低。常用制备显示屏的基本步骤如下：

(1)衬底的清洗与处理。将衬底放在洗片架里固定在卡槽上，用清洗机清洗并吹干。由于等离子体处理会对衬底上的有机膜层造成破坏，所以一般采用紫外光照射来处理衬底，提高 ITO 阳极的表面能，ITO 表面能的增大便于后续 PEDOT：PSS 溶液更好地铺展，获得平整的薄膜[1]。

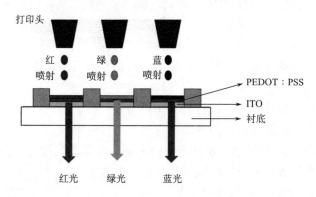

图 4-1　喷墨打印 OLED 全彩色显示屏示意图（见文后彩图）

（2）旋涂空穴注入层 PEDOT：PSS。将处理好的衬底固定在匀胶机的卡槽内，保证衬底完全水平。用 0.45 μm 水系滤头过滤后，PEDOT：PSS 均匀快速地涂覆满衬底，迅速启动旋转按钮。在涂覆 PEDOT：PSS 时注意不要有气泡产生，同时要保证液滴铺满衬底。由于衬底具有微结构，在旋涂过程中容易造成溶液在像素内堆积。为了提高像素内溶液铺展的均匀性，可采取高低转速、正转反转相结合的方式旋涂 PEDOT：PSS。衬底先以 1000 r/min 的低转速旋转 3 s，然后以高转速 2500 r/min 转动 10 s，使得 PEDOT 溶液在整个发光区基本分布均匀，但还没有完全干燥成膜，溶液还具有一定的流动性，接着以反方向 2500 r/min 高转速旋转 50 s，这样可以有效地减少原有堆积处的 PEDOT 溶液。在旋涂过程中，尽量避免空气流动等因素带动灰尘等对薄膜造成污染。旋涂完毕后，将衬底传入手套箱进行 180℃热处理 10 min。从旋涂结束到进行加热的时间尽量要短，因为酸性 PEDOT：PSS 在溶液状态下容易腐蚀 ITO，影响器件性能。

（3）打印发光层。首先，将配制好的发光材料墨水用油性过滤头过滤到喷墨打印机的墨盒内。然后，调节打印参数直至调出稳定喷射的液滴，取出衬底放置在打印平台上按照设置的程序启动打印。打印过程中应特别注意屏蔽外界干扰，一方面避免空气流动带来杂质污染，另一方面避免外界震动等对液滴稳定性的影响。打印完毕后将衬底传入真空腔中抽真空 20 min，确保薄膜完全干燥。

（4）蒸镀金属阴极。将制备的发光层衬底放入蒸镀阴极的掩模架内，发光层面朝下，等真空度达到 3×10^{-4} Pa 以上开始蒸镀电极。在蒸镀过程中可以通过电流大小来调控蒸镀的速率。电极与有机层的接触对器件性能影响较大，必须保证前几十纳米厚度沉积薄膜的均匀性和致密度。通常以 0.01～0.03 nm/s 的速率蒸镀 Ba。

在蒸镀 Al 前 10 nm 厚度时，蒸镀速率控制在 0.1 nm/s 以内，在蒸镀 10～30 nm 厚度时，蒸镀速率控制在 0.3 nm/s 以内，其后可以逐渐增大蒸镀速率，但不要超过 1 nm/s。蒸镀时衬底的温度过高不易得到连续的金属膜，所以整个蒸镀过程温度控制在 35℃以下。当然，电极也可以通过旋涂或打印的方法制备，见图 3.4 节。

(5)封装和性能测试。如无特殊要求，一般采用玻璃封装。在氮气手套箱内，将玻璃封装片的凹槽内贴上干燥片，然后将封装片四沿均匀涂布封装胶，对准衬底上的包封线贴稳，使凹槽完整地罩住衬底的发光区域。然后用不透光的盖板挡住发光区域，对封装片的周边进行紫外光预固化，接着再进行热固化。包封完毕的衬底就可拿出手套箱进行驱动线路压焊和光电性能测试。

(6)激光修复。部分显示屏在点亮时会出现一些亮度异常点，这些过暗点或者过亮点通常来源于该处发光层的成膜缺陷造成的漏电流。这些成膜缺陷可能来自衬底本身缺陷(如 ITO 表面针尖凸起等)，或者操作过程中引入的灰尘颗粒，又或者溶液中未过滤掉的杂质等，可在后期利用激光修复机的光束能量烧掉缺陷处的阴极，使得缺陷点不再通电，从而恢复整块屏的正常发光。

4.1.2 喷墨打印 OLED 发光层的工艺流程

在印刷 OLED 显示屏的制备过程中，喷墨打印 OLED 发光层(也称为 OLED 发光材料的阵列化)是最重要、最复杂的环节，其中涉及到墨水、衬底、打印结构体系等多方面的问题。图 4-2 为喷墨打印 OLED 显示屏的工艺流程图。

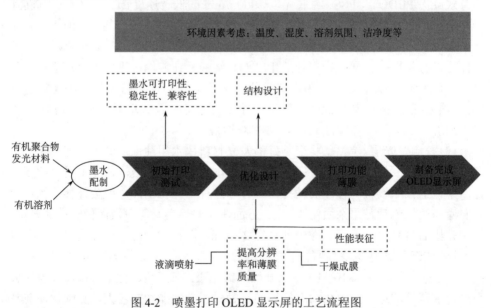

图 4-2　喷墨打印 OLED 显示屏的工艺流程图

首先需要确定合适的打印墨水(考虑墨水的发光性质和可打印性)，衬底及匹配的打印头。在确定了材料体系后，通过筛选实验测试出墨水的打印性质及墨水和衬底的相互作用。接着是进行最重要的优化步骤，包括设计优化适合打印的脉冲波形，提高薄膜厚度的均匀性，调整打印线宽和厚度，优化打印结构体系等。打印完成后须对薄膜进行后期处理，除去溶剂，完全固化薄膜等，通过测试薄膜形貌和电学性能反馈优化的结果，最后得到 OLED 显示屏。

1. 发光材料体系选择

如同无机发光二极管一样，效率高、光谱稳定、寿命长的饱和蓝光材料和器件是 OLED 实现彩色显示的最关键的因素。而在过去几年里，聚芴由于具有较高的荧光量子效率、相对较好的热稳定性和电化学稳定性，并且芴的碳-9 易于功能化等诸多优点，而被认为是最具潜力的蓝光材料之一[2]。通过把 DBT 引入到 PPF 主链结构中，合成了新的聚芴蓝光材料(PFSO)，制备的蓝光 OLED 外量子效率达 5.5%，电流效率可达 6.0 cd/A，色坐标为(0.16, 0.19)[3]。器件效率和光谱在高电流密度下也能保持较好的稳定性。在喷墨打印全彩色显示屏时，不同的 RGB 材料在衬底结构和体系上能互相兼容是关键。以 PFSO 为主体分别共混一定比例的聚芴红光材料 PFO-DHTBT5、聚芴绿光材料 PFO-BT8[4](结构式如图 4-3 所示)来实现红光、绿光的发射。这样不仅使 RGB 三种发光材料在器件结构上可以通用，

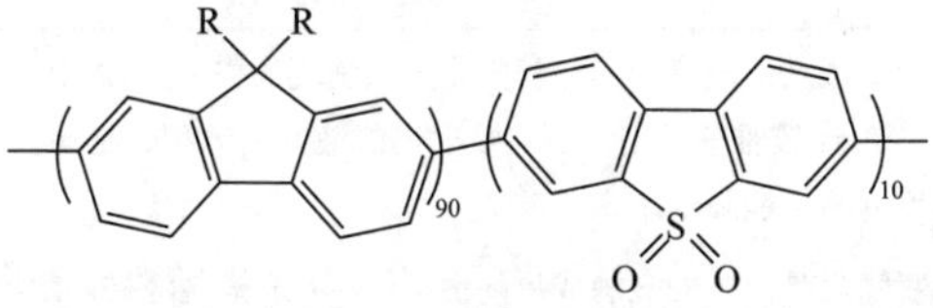
PFSO

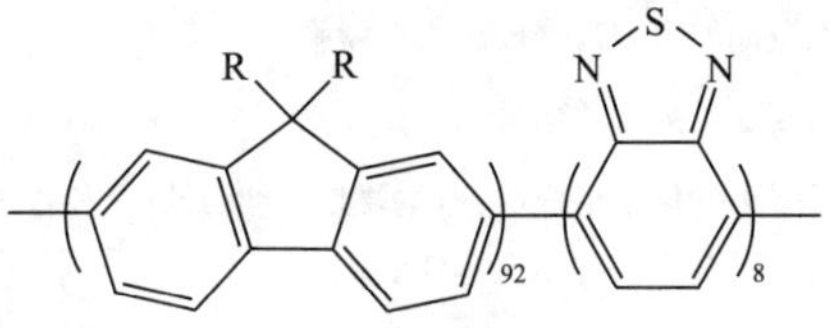
PFO-BT8

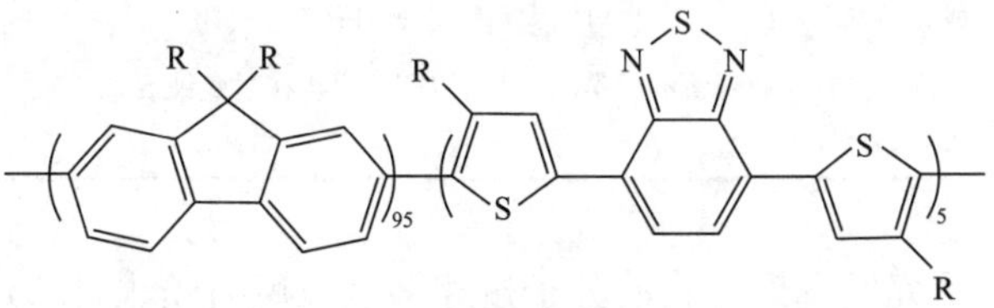
PFO-DHTBT5

图 4-3　聚芴类的蓝、绿、红光材料的结构式

而且在墨水配制优化方面的工作量也减少了大半。由于红光、绿光材料的主体都是蓝光材料 PFSO,共混的客体结构与主体结构相似,所以墨水的共性大,可以在摸索优化好蓝光材料 PFSO 的基础上来微调红光和绿光墨水。

由于发光材料种类越来越多,在实际选择时当然优先考虑发光性能、寿命等指标,在此基础上再考虑可印刷指标。

2. 可打印墨水的配制

墨水的物理特性,特别是黏度和表面张力,影响着喷墨打印过程,如表 4-1所示。通常,可打印墨水的物理特性应该在以下范围内:黏度在 $1\sim20$ cP,表面张力在 $35\sim60$ mN/m,在此范围外的墨水通常不容易形成独立稳定的液滴而不适合于打印[5]。聚合物溶液是典型的非牛顿流体,其特有的剪切变稀特性和连滴效应在一定程度上增加了稳定喷墨的难度,使其在喷墨打印过程中表现出不同于传统牛顿流体的打印特性,如图 4-4 所示[6]。喷墨打印过程中液滴的拉伸、液柱断裂形成主液滴和卫星点行为都与聚合物溶液的性质紧密相关。一般从聚合物溶液的三个主要方面来研究其对喷墨打印的影响:聚合物的分子量、溶液浓度及溶质的分子构型[7]。

表 4-1 墨水性质对打印过程的影响

墨水性质	对打印过程的影响
黏度	决定了液滴能否形成及形成液滴的体积大小。低黏度的墨水(<2 cP)容易有卫星点形成;高黏度的墨水(>30 cP)比较难喷射出,而能喷射出的液滴的体积、拖尾长度、形状等都比较难控制;太高的黏度容易造成喷嘴堵塞
表面张力	决定了墨水从喷嘴里喷出时的液滴成形的情况,如形成拖尾液柱的速度、液柱的断裂和卫星点的形成。表面张力越小,形成的液柱越长,断裂时间越长,形成的卫星点越多。表面张力较大的液滴在衬底上浸润能力差,难以形成连续膜
密度	高密度的墨水需要更长的脉冲信号
挥发速率	挥发速率取决于墨水的化学组成成分(主要是溶剂的性质)和墨水的温度。高挥发容易造成喷嘴堵塞,墨水液滴间融合难且打印重复性低
溶质粒子尺寸	会增大墨水凝聚的风险及堵塞喷嘴的可能。一般粒子直径控制在 $100\sim400$ nm 范围内适合打印
墨水浓度	影响成膜性和薄膜的厚度,也可增大喷嘴堵塞的概率
溶剂	溶剂将固态的打印材料溶解成墨水,使得打印的墨水在衬底铺展。溶剂的选择很大程度上影响了墨水的物理性质

Wakler 等[8]研究发现聚合物的分子量和溶液浓度对喷墨打印过程呈现出相同的影响效果。逐渐增大分子量或溶液浓度均能增大墨水的黏度,可以有效抑制卫星点的产生,但同时也会拉长拖尾长度,增加了液柱断裂弛豫。继续增大分子量或者墨水浓度到一定程度,可以发现卫星点减少而液滴的断裂长度却不再继续

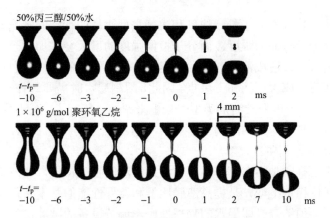

图 4-4　典型的牛顿流体和高分子溶液的液滴形成过程[6]

增大。分子量和浓度对打印过程的调控主要是溶液黏度对打印过程的影响。White
等[6]对比研究牛顿流体和高黏度的非牛顿流体的打印特性，进一步说明了黏度对
打印过程的影响。研究发现，在液柱发生收缩之前，两种流体表现出相近似的打
印特性，形成带细颈的液柱；而在收缩区形成之后，牛顿流体的液柱细颈立即断
裂，形成液滴，而高黏度的聚合物溶液的细颈需要较长的时间才能断裂成液滴。
同时，随着松弛时间的增大，断裂前的液柱长度加长。Mun 等[9]的研究也表明，
低黏度流体与牛顿流体相比具有类似或者更短的断裂长度，而高黏度流体具有更
长的断裂长度，更少的卫星点。但高黏度下的溶液具有的长断裂长度和长松弛时
间，会增加动能的黏滞性消散，液滴就无法从喷嘴喷出。综合相关研究分析可知，
分子量和浓度的调控，实际是聚合物溶液的黏度对液柱自由断裂过程的影响，最
主要包含三个方面：喷射初期形成的未松弛应力阻止扰动增长、扰动的更快增长
及断裂延迟。其中，扰动不利于液滴的稳定喷射，而对扰动增长的阻止及断裂的
延迟可以提高液柱的稳定性，减少卫星点的产生[10]。

　　Schubert 等[11]通过对比线型和六臂星型的 PMMA 分子研究分子构型对聚合
物溶液喷墨打印过程的影响。实验发现，在墨水浓度和分子量保持一致的情况下，
线型结构的 PMMA 墨水的打印拖尾现象更明显。通过对液柱拉伸过程的观测，
可以估算出液柱的拉伸速率。由于六臂星型的 PMMA 分子在墨水中团聚成一团，
其被拉伸的难度更大，拉伸速率慢，分子松弛时间较短，断裂长度也相对较小。

　　在不同溶剂中，聚合物分子间的作用力不同，溶质分子在溶液中发生不同
程度聚集而以不同的分子构型存在[12]。Schubert 等[13]进一步研究了不同溶剂下
MEH-PPV 的打印特性和成膜形貌。研究表明，MEH-PPV 在 CB 溶剂中呈刚性
棒状的墨水，在打印过程中的分子松弛时间长于在四氢噻吩（THT）溶剂中呈现
的紧绕线圈的墨水。

综上所述，聚合物分子量、浓度和溶剂类型对打印行为的影响本质上是这些因素改变了高分子拉伸的强度，而分子拉伸强度的增大会增加分子松弛时间、增长液柱的断裂长度，造成液柱断裂的延迟。其中，较长的液柱断裂长度形成的液柱细颈容易断裂形成次液滴和卫星点。因此，配制墨水时需要选择合适的分子量、溶液浓度[14,15]、分子构型及溶剂类型[15,16]等来调控打印行为，减小分子松弛时间，得到无卫星点、打印稳定的液滴。

3. 液滴的稳定打印

液滴的稳定打印是指在打印过程中涉及液滴的物理特性，如液滴尺寸、飞行速度都必须保持稳定不变，是提高薄膜质量和器件性能的基本条件。因此，在配制好墨水后，必须结合打印墨水的物理性质，调节设备的脉冲信号使液滴从喷嘴稳定喷出。脉冲信号对液滴打印过程的调节在第 2 章有描述。在打印过程中既要保证脉冲信号的稳定不变，同时要保证控制液体流动速度的氮气压力的稳定性和打印喷嘴的畅通与洁净状态，使溶液在打印过程中一直保持打印状态如初。

判断液滴的稳定性一般查看两个指标：一是液滴飞行的稳定性，即暂停不同时间后恢复喷墨的液滴飞行位置不发生偏移；二是反复打印稳定性，即在同一位置反复打印 5 次，液滴落在衬底上的位置重合，打印为一个同心圆。图 4-5 为打印蓝光 PFSO 的飞行稳定性结果，表明 PFSO 墨水的打印稳定性较好。

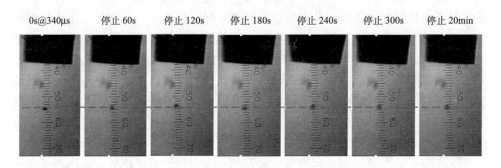

| 0s@340μs | 停止 60s | 停止 120s | 停止 180s | 停止 240s | 停止 300s | 停止 20min |

图 4-5　液滴飞行稳定性表征

4. 精确定位与均匀成膜

稳定喷射的液滴飞行到衬底表面发生碰撞、铺展后干燥成膜。喷墨打印 OLED 显示屏时，如何使喷射的液滴能精确地落入对应的像素是前提，如何调节液滴在衬底上的铺展和溶质的均匀沉积是关键。

在喷墨打印制备 OLED 显示屏的过程中，液滴定位即使产生微小偏差，也会引起液滴错位，造成像素短路及显示颜色混乱等问题。因此，打印过程中，喷射出的液滴经过飞行后如何精确地落入对应的 RGB 子像素中，对于制备高性能

OLED 显示屏十分关键。决定液滴定位偏差的因素主要有两点[17]：一是液滴稳定性和喷嘴垂直偏差造成的飞行轨迹偏差；二是由打印平台移动误差引起的着陆位置偏差。如前一小节在获得稳定的液滴后，第一点所引起的偏差可以通过减小喷嘴与衬底的距离来抑制，这是因为减小液滴垂直方向的高度就缩短了液滴的飞行时间，那么也就减小了运动轨迹的偏移量，从而可提高液滴的精度。第二点所引起的偏差依赖于打印系统自身的打印精确性。随着技术的发展，打印机精度也是越来越高，相关内容详见 4.3.2 节。

随着 OLED 显示屏分辨率的提高，对液滴定位的精确度要求也越来越高。用 30 μm 直径的喷嘴打出体积约为 10 pL、直径大概在 30 μm 的液滴所能允许的定位误差仅为±10 μm，而 Jetlab II 喷墨打印机的衬底水平定位误差为±30 μm，远大于打印误差范围。虽然减小喷嘴的孔径至 5 pL 的溶液量可以将这一定位偏差放宽[18]，但是减小喷嘴孔径会造成液滴难以喷出、喷嘴容易堵塞等问题。这可以通过亲疏水定义像素坑和像素边缘，实现液滴的自我校准来解决[19-21]。例如，可以采用 CF_4 处理衬底表面，或者在制备像素薄膜时在 PI 内掺杂疏水物质，像素边缘的 PI 具有疏水性，而像素坑内的 ITO 则保持亲水性，这样在边缘疏水 PI 的排斥作用下，原本偏离像素坑的液滴将自动回到亲水的像素坑中，在不减小喷嘴直径和改变像素亲疏水性质的情况下消除了打印误差。

此外，可以通过校准打印位置误差，减小实际打印误差，从而实现液滴能完全落入像素而不溢出或者错位。即设定程序将液滴打印在衬底的 (x_0, y_0) 处，但实际是液滴打印的位置为 (x_1, y_1)，因此可以计算出液滴的定位偏差为 (x_1-x_0, y_1-y_0)。经反复验证计算，得出较为接近的定位偏差 $(\Delta x, \Delta y)$。那么后面的打印中要打在某一位置 (x, y) 时，设置程序时打印点的位置为 $(x+\Delta x, y+\Delta y)$，这样就在一定程度上弥补了平台移动的误差，使得液滴精确落入像素内。图 4-6 为校准误差后打印

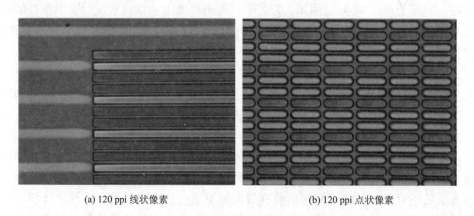

(a) 120 ppi 线状像素　　　　　　　　　　(b) 120 ppi 点状像素

图 4-6　液滴在像素内打印定位精确性

液滴在像素内的形貌，可以看到液滴落入对应的像素内而没有溢出或者是错位。对于线状像素，一般初步校准后只需要在 y 方向进行微调，得到较为接近的误差校准值；但对于点状像素，需要同时校准 x、y 两个方向上的位置偏差，校准难度大，过程更复杂，精准性相比于线状像素低。

5. 提高器件的分辨率

在用喷墨打印技术制备平板显示屏时，除了成膜质量，另外一个重要的指标就是分辨率，只有减小打印图形的尺寸才能提高显示屏的分辨率。喷墨打印技术可实现的分辨率具体数值取决于两个因素：一是打印时所喷射液滴的体积大小及液滴在整个打印过程中的运动行为；另一个是液滴喷射过程中的卫星点，其干燥后在主体图案周围形成独立小点图案而影响显示屏的分辨率。

影响喷射液滴大小的因素包括喷嘴直径、生成液滴所用的电脉冲波形及墨水本身的物理性质。减小墨水直径最直接的方法就是缩减喷嘴直径[18]，但小喷嘴即使没造成喷嘴堵塞，也会因为墨水的黏度和表面张力而产生极大的喷射阻力，很难通过压电方式喷出墨滴。优化驱动电压脉冲的波形和电压能有效地调节喷射液滴的体积，同时能稳定液滴，减小卫星点的产生，提高显示屏的分辨率。在改变驱动电压过程中，设置的驱动电压越大，压电器件形变越大，产生的液滴体积就越大，同时液滴喷射的速率就越高；此外，增大弛豫时间也会增大喷射液滴的体积[14,15]。

如前面所述，墨水的物理性质决定了液滴喷射时拖尾的断裂和拖尾的性质。驱动脉冲波形并不影响拖尾的形状和速率，但是驱动电压大小影响了液滴的飞行速率。当液滴的速率大于拖尾的速率时，拖尾就会变长，从与表面张力相关的瑞利不稳定 (Rayleigh instability) 现象可知，长的拖尾将断裂成卫星点(因为液滴的速率越大，墨水聚集的速率越快，当达到一定阈值时表面张力不再能将这些墨水维持在一起而形成卫星点)。图 4-7 为在不同液滴速率下的拖尾状况[22]。卫星点的形成对薄膜质量和显示屏分辨率是不利的，所以需要调节脉冲信号，减小液滴速率，抑制卫星点的形成。

随着喷墨技术的发展，驱动脉冲的波形从最简单的单极波形发展到双极波形，典型的波形如图 4-8 所示。简单来说，就是从只单纯向外"推"墨水发展到既"推"又"拉"墨水，使液滴能有效地从腔体内的墨水中分离出来，从而实现减小液滴体积、避免卫星点的产生[23-26]。

单极和双极波形通常适用于牛顿流体或者近牛顿流体。二者相比，单极波形最为简单，波形参数对液滴大小和速率影响明确，但容易导致卫星点的产生和液滴形状的不对称性；而双极波形能有效抑制卫星点的产生和减小液滴的体积，调节过程相对简单且打印质量好，是牛顿流体或者近牛顿流体最佳的打印波形。

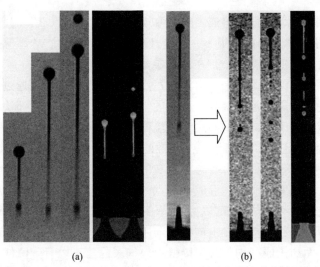

图 4-7　(a)不同液滴速率下的拖尾速率；(b)瑞利不稳定性产生的长拖尾断裂[22]

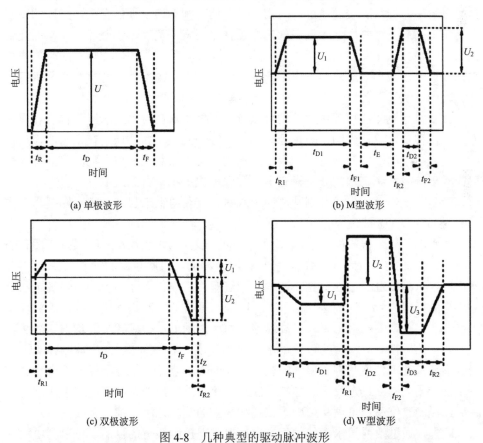

(a) 单极波形　　　　　　　　　　(b) M型波形

(c) 双极波形　　　　　　　　　　(d) W型波形

图 4-8　几种典型的驱动脉冲波形

t_R 为电压上升时间；t_D 为电压保持时间；t_F 为电压下降时间；t_E 为电压中断时间；t_Z 为负电压保持时间

对于非牛顿流体，如聚合物溶液，M 型和 W 型可以使墨水获得最佳的喷射效果，其中，W 型获得的液滴尺寸更小、稳定性更好，但墨水对 W 型脉冲的参数改变更为敏感，可操作的范围更窄，在调节参数时更为复杂敏感[27]。

由第 2 章的浸润理论可知，溶液在衬底上的浸润程度可以通过接触角进行表征。衬底的浸润性影响了液滴在衬底上的铺展及回缩行为，从而决定了液滴的沉积尺寸和形状。对于可浸润的衬底，液滴碰撞衬底后容易铺展，形成点的直径通常大于初始液滴的直径。而对于非浸润性的衬底（$\theta>90°$），液滴的三相接触线会部分回缩甚至完全回弹。如果衬底存在一定的粗糙度，高速飞行的液滴在碰撞过程中会发生较大的形变而飞溅，形成卫星点[28]。因此，降低衬底表面能或者调控衬底的化学组成或者物理结构，可以减小液滴的浸润程度或者调控液滴的浸润方向，减小沉积的薄膜尺寸，提高显示屏的分辨率。

当衬底表面结构成分均匀时，降低衬底的表面能可以有效降低液滴在其表面上的浸润能力，形成的液滴尺寸就减小了。虽然衬底的疏水处理可以提高打印图案的分辨率，但衬底表面能过低时由于液体的瑞利不稳定性的存在，打印的图案容易出现凸起，这些凸起不仅局部拓宽了打印图案的宽度，也破坏了图案的连续性，在喷墨打印图案中是不希望出现的。Schubert 等[29,30]通过加热衬底来加快溶剂挥发速率，减小了液滴在衬底上的铺展程度，在对疏水性聚合物衬底不进行其他处理的情况下得到线宽为 40μm 的连续规整导电银线。

改变衬底表面的物理化学结构可以有效调控墨水在衬底上的浸润程度和浸润方向，这种技术也称为图像的预处理[31-33]。Sirringhaus 等[34]通过在亲水的玻璃衬底上构建疏水的聚酰亚胺图案，利用疏水的图案表面对水基聚合物墨滴的排斥作用而将墨滴引导在亲水的玻璃衬底上，实现可控沉积，得到线宽仅为 5 μm 的通道。随后，他们进一步通过刻蚀法在亲水衬底上获得纳米尺寸的疏水图案，得到 500 nm 的 PEDOT 线宽[21]。

墨水的性质直接影响了液滴在衬底上的铺展行为，从而影响喷墨打印图案的分辨率。前面提到，增大墨水的黏度可以减小墨滴在衬底表面的铺展直径[13,35-37]。然而，墨水黏度过大会导致打印过程中液滴难以形成甚至液滴无法从喷嘴顺利喷射出来的问题。为了解决这一问题，Schubert 等[38]通过对墨水进行修饰，实现墨水以低黏度从喷嘴喷射出来，以高黏度在衬底上铺展，得到较窄的均匀连续线。他们利用热敏性凝胶聚合物包覆墨水中的 TiO_2 粒子，这样墨水在临界温度以下，聚合物链是处于伸展状态，墨水的黏度低；而当温度超过临界温度，聚合物链发生聚集，墨水黏度迅速增大。控制衬底温度使得喷射出的低黏度的墨水在到达衬底后，墨滴黏度迅速增大从而减小其在衬底上的铺展范围，抑制了线宽。

此外，通过改变墨水载体的相态也可以实现控制线宽的目的。可以利用氧化铝填充蜡悬浮液作为相变墨水打印出具有较高空间分辨率的陶瓷体[39]。墨水在

100℃加热条件下保持其流动性而顺利从喷嘴喷射出来，接触到较低温度的衬底时，液滴迅速凝固，这就限制了液滴的铺展。

6. 喷墨打印 OLED 显示屏实例

采用旋涂和喷墨打印工艺相结合制备 120 ppi 的无源 OLED 显示屏。OLED 器件结构如图 4-9 所示。ITO 为透明阳极，先采用旋涂法制备空穴注入层 PEDOT：PSS 和空穴传输层 PVK，接着在 PVK 上面喷墨打印发光层，最后真空热蒸镀金属阴极 Ba/Al。其中旋涂的 PVK 既作为空穴传输层，又可以作为缓冲(buffer)层。

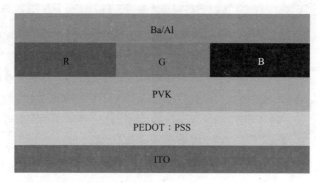

图 4-9　全彩色无源 OLED 显示屏结构示意图

1) 蓝光 PFSO 墨水配制和打印

基于前面的研究和优化结果，以 ODCB 为溶剂，选用分子量约为 25 000 的 PFSO 为溶质，配制浓度为 1.5% 的 PFSO 为打印墨水。墨水黏度为 4.79 cP，表面张力为 36.4 mN/m，在打印机的可打印范围内。选用喷嘴直径为 30 μm 的打印头，首先在衬底上旋涂 PEDOT/PVK。为了稳定喷射出体积较小的液滴，优化打印的脉冲电压波形如图 4-10(a) 所示。在此条件下液滴喷射情况如图 4-10(b) 所示。由于相对较小的分子量，PFSO 喷射出液滴几乎无拖尾，所以喷射出的液体直径能接近于喷嘴的直径，约为 30 μm。在打印方式上，分 RGB 三次打印全彩屏。

2) 像素内打印形貌和膜厚优化

实验发现，液滴间距在 30~70 μm 范围内液滴能完全铺满像素而无溢出。这是由于像素井对液滴的铺展有限制作用，在无微结构的衬底上铺展较宽(>50.5 μm)的液滴能在较窄像素井内铺展无溢出。此时像素内液滴厚度 H 由打印液滴的体积 V_{tol} 决定，即

$$H = \frac{V_{tol}}{W} = \frac{N \times V_{drop}}{W} \tag{4-1}$$

式中，V_{tol} 为单个像素内液体的总体积；N 为液滴的滴数；V_{drop} 为液滴的体积；W 为线型像素的宽度。而像素内液滴数目由液滴间距 d_s 和线宽 L 决定，即

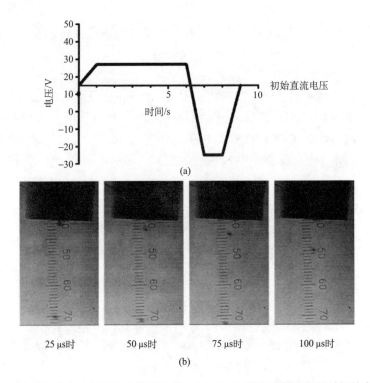

图 4-10 (a)液滴稳定喷射的驱动脉冲波形；(b) PFSO 液滴喷射情况随时间的变化过程

$$N = \frac{L}{d_s} \tag{4-2}$$

将式(4-2)代入式(4-1)，则有

$$H = \frac{L \times V_{drop}}{W} \times \frac{1}{d_s} \tag{4-3}$$

由于 L、W、V_{drop} 都是固定数值，则像素内膜厚与液滴间距成反比。

因此，在保证液体不溢出的前提下，可以通过调控打印点间距来调节薄膜厚度。图 4-11 为在线型像素内打印 PFSO 的偏光(PL)照片和在不同电压下点亮的电致发光(EL)照片。优化后打印的 PFSO 照片均匀性较好，在 4 V/6 V/8 V 下发光线宽分别为 35.5 μm/38.9 μm/38.8 μm，差别不大，说明像素井内薄膜的均匀性比较好。这里有效发光线宽小于 50.5 μm，主要是在衬底上旋涂 PEDOT/PVK 时在像素边缘堆积造成的。

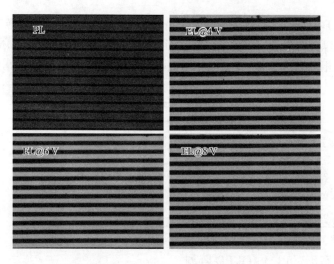

图 4-11　120 ppi 线型像素器件上打印 PFSO 的 PL 照片和不同电压下的 EL 照片

3）缓冲层厚度优化

在单个器件中，PVK 作为空穴传输层平衡载流子的复合；但在显示屏制备时 PVK 还充当缓冲层，一方面可减小因薄膜不致密造成的漏电流增大现象，另一方面可阻挡 PEDOT：PSS 在像素边缘旋涂堆积。

由于显示屏像素边缘有 1 μm 高度的 PI 隔离柱，而空穴传输层 PEDOT：PSS 是通过旋涂法制备的，所以 PEDOT：PSS 会在 PI 边缘堆积，如图 4-12 所示。这样如果没有绝缘的 PVK 作为阻挡层，就会造成蒸镀完的金属阴极在 PI 处与 PEDOT：PSS 直接相连而使器件几乎"短路"。所以，插入的 PVK 层可以作为缓冲层阻挡电极相连，有效抑制器件的漏电流。

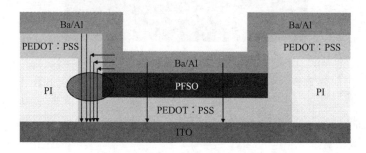

图 4-12　像素内无 PVK 层的器件截面图

在制备显示屏时，缓冲层 PVK 的厚度尤为关键。如果 PVK 厚度太大，会造成器件启亮电压增大，降低器件性能；但是如果 PVK 厚度太小，由于打印 PFSO

的溶剂 ODCB 会对 PVK 有部分溶解，薄膜不致密时可能会增大器件的漏电流。由表 4-2 可以得知，当 PVK 浓度增大到 0.8%时，器件的启亮电压稍微增大了 0.4 V，但是相同亮度下器件的电流密度降低，器件亮度和效率提高了大约 30%。

表 4-2 不同 PVK 浓度下打印的 PFSO 器件性能

PVK 浓度(转速: 3000 r/min)	V_{on}/V	L_{max} / (cd/m²)	LE_{max} / (cd/A)	亮度为 1000 cd 时的性能		
				V/V	J/(mA/cm²)	LE/(cd/A)
0.4% PVK	3.0	14 419	2.3	4.6	62.7	2.3
0.6% PVK	3.2	17 355	2.9	5.2	42.9	2.8
0.8% PVK	3.4	18 265	2.9	5.8	37.9	2.9

4) 喷墨打印 3 in 单色 OLED 阵列

在小片上优化好墨水打印参数、缓冲层和发光层的厚度后，打印制备了较少缺陷的蓝光单色屏，如图 4-13 所示，最大亮度和最大效率分别为 1068 cd/m² 和 2.1 cd/A，色坐标为 (0.16, 0.17)，在不同电流下光谱保持不变，光谱稳定性较好。

图 4-13 3 in 的 120 ppi 蓝光显示屏点亮照片

4.2 印刷显示屏的彩色化方案

印刷 OLED 显示的彩色化方案和传统蒸镀工艺 OLED 的彩色化方案相似，较常见的有红绿蓝三基色独立发光方案(RGB 方案)、白光(W)加彩色滤光片(CF)方案(W+CF 方案)、蓝光(B)加色转换层(CCM)方案(B+CCM 方案)等，而其中又以前两者最为主流。

4.2.1　红绿蓝三基色独立发光方案

红绿蓝三基色独立发光方案是将红(R)、绿(G)、蓝(B)三个 OLED 并置于衬底上成为三原色子像素，由此形成 RGB 三色独立发光。打印时需要分三次分别打印红、绿、蓝发光层。这种方案开发的历史最久，最能体现出 OLED 高色域、高效率的器件优势，但缺点也十分明显：①发光层须经多次打印或蒸镀完成，工序复杂；②随着分辨率的提高，对打印或蒸镀对位系统的精准度、掩模开口尺寸的误差要求就会非常高；③对于大尺寸画面，金属掩模板容易出现下垂变形，制作难度极大；④真空蒸镀时需要加热，这样由于掩模整体的热膨胀，精细定位越来越难；⑤使用一段时间后掩模板会污染和阻塞，须拆卸清洗。这些都可能导致利用此方法实现彩色图案化时造成低产能和高成本。此外，采用此方案所制备的面板由于红绿蓝材料的老化速率不一致(通常蓝光材料老化最快)，使用一段时间后容易出现色偏(通常表现为偏黄)。目前主要是韩国三星(Samsung)公司在中小尺寸面板(如 Galaxy 系列手机)上实现了量产出货。

4.2.2　白光加彩色滤光片方案

白光加彩色滤光片方案沿用了液晶显示器的彩色化原理，相当于用白光 OLED 面板取代了液晶显示器的背光源加液晶层的组合。首先制备出白光 OLED 面板(所有的子像素都只能发出不同灰阶的白光，相当于"黑白显示器")；然后外贴彩色滤光片(color filter)，使不同的子像素滤出红绿蓝(RGB)三色或红绿蓝白(RGBW)四色。其中，RGBW 四色方案由于可以提高显示器的能效，广受厂商推崇，但其缺点是会使画面在视觉上整体泛白，降低观感，因此也有厂商改为红绿蓝黄(RGBY)四色方案。采用白光加彩色滤光片方案，使整个彩色化过程免受掩模板的制约，使得工艺难度降低、产品良率提升，且便于生产大尺寸高分辨率的 OLED 面板。此外，由于发光元件为单一白色光源，因此不需要对发光材料的发光效率和寿命进行平衡。但这种方案也有自身的缺点：①面板的色域将受限于滤光片，从而失去了 OLED 广色域这一重要优势，在面对量子点背光等新型液晶显示技术竞争时不具有优势；②由于滤光片吸收了大部分光能，只有约30%的光能透过滤光片，因此低的发光利用率影响了显示器的整体能效；③对白光 OLED 的效率和光谱有较高的要求。目前主要是韩国乐金(LG)公司在大尺寸电视面板(如 65 in 的 EC9700 曲面电视)实现了量产出货。

4.2.3　蓝光加色转换层方案

蓝光加色转换层方案与上述白光加彩色滤光片方案在器件结构上有相似之处，相当于用蓝光 OLED 面板取代了白光 OLED 面板，颜色转换材料(color conversion material)取代了彩色滤光片。首先制备出蓝光 OLED 面板(所有的子像素都只能发出不同灰阶的蓝光,相当于"黑蓝显示器");然后制备分散有荧光染料的色转换层,使不同的子像素转换成红绿蓝(RGB)三色或红绿蓝黄(RGBY)四色。其物理过程为蓝光发光层发出蓝光,由色转换层吸收该短波长蓝光,并将其转换为波长较长的光(红、黄、绿),这是一个电致发光与光致发光相结合的过程。其中对于蓝(B)子像素来说蓝光可直接取出,而对于红(R)、黄(Y)、绿(G)子像素来说是分别通过红、黄、绿色荧光染料,利用能量的向下转换得到红、黄和绿光,即利用高能量的蓝光分别激发相应染料的荧光体,并使其发出对应的低能量光。采用蓝光加色转换层方案,其优点也类似于白光加彩色滤光片方案:能免受掩模板的制约,可生产大尺寸高分辨的 OLED 面板;单一发光元件(蓝光),不需要对发光材料的发光效率和寿命进行平衡。但由于目前 OLED 蓝光材料的效率和寿命相对而言还不够理想,因此蓝光材料是这种方案的瓶颈。此外色转换层的转换效率和稳定性也须继续提升,且由于不像彩色滤光片那样已实现大规模工业生产,色转换层的产业链也尚待成熟。因此对于实用来说,此方案需要解决的问题还比较多。2008 年在美国洛杉矶的 SID 年会上,日本富士电子公司曾展示了采用这种方案制备的 2.8 in OLED 显示屏。

OLED 显示的彩色化方案对比如图 4-14 所示。

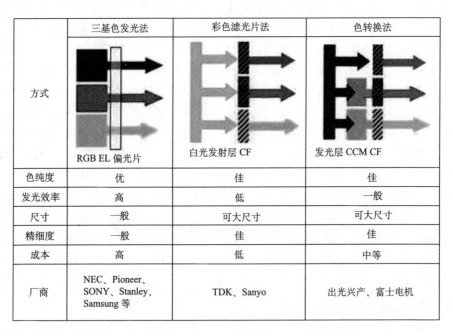

	三基色发光法	彩色滤光片法	色转换法
方式	RGB EL 偏光片	白光发射层 CF	发光层 CCM CF
色纯度	优	佳	佳
发光效率	高	低	一般
尺寸	一般	可大尺寸	可大尺寸
精细度	一般	佳	佳
成本	高	低	中等
厂商	NEC、Pioneer、SONY、Stanley、Samsung 等	TDK、Sanyo	出光兴产、富士电机

图 4-14　OLED 显示的彩色化方案对比(见文后彩图)

4.3　印刷 TFT 阵列技术

4.3.1　TFT 驱动 OLED 原理

OLED 依驱动方式可分为被动式(无源矩阵，PMOLED)和主动式(有源矩阵，AMOLED)两种。PMOLED 面板电路结构示意图如图 4-15 所示，其中行信号为选址信号，列信号为图像(数据)信号，选址信号线与图像信号线上下交错，每个交点以一个 OLED 相连。由于 OLED 是一个二极管，只有正向电流流过时才能使其发光，所以当选址信号为低电平时，所在的行被选通，图像信号读入此行，此行上的 OLED 根据图像信号(电压的大小)来决定发光的亮度。当该行的选址信号撤除后，该行上的所有 OLED 立即停止发光，因此每个 OLED 在一个刷新周期内(所有的行都扫一遍所需的时间，T)的发光时间只有：T/n(n 为总行数)。如果单个 OLED 的最大亮度为 L，那么整个显示屏的最大平均亮度只有：$(L/n) \times$开口率。这样，显示屏越大，它的行数就越多，整个显示屏的亮度就越暗。设想如果显示屏有 17 in，含有 768 行，单个像素的 OLED 的最大亮度是 1000 cd/m²，每个像素的开口率为 80%，那么整个显示屏的最大平均亮度只有 1000÷768×0.8=1.04 cd/m²。因此，无源矩阵驱动的方式只能用在小尺寸的 OLED 显示屏上。大尺寸的 OLED 显示屏必须使用有源矩阵驱动的方式。

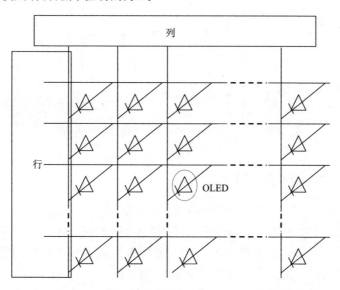

图 4-15　PMOLED 面板电路结构示意图

AMOLED 就是利用 TFT，搭配储存电容，来控制 OLED 的亮度灰阶的显示。为了达到电流驱动的目的，每个像素至少需要两个 TFT 和一个存储电容(2T1C)，如图 4-16 所示。为了解决 TFT 性能的均匀性不足的问题，通常采取增加 TFT 和电容数量的办法（见 4.4 节），但是这样会造成开口率的下降。下面就以图 4-16 的 2T1C 结构为例来说明 AMOLED 的工作原理。每个像素包括：选址管（switching TFT）、驱动管（driving TFT）、存储电容（C_{st}）、发光区域（OLED）、选址线（scanning line）、数据线（data line）、电源电压线（V_{DD}）这几个部分。当选址信号到达这个像素所在的行时，选址管被打开（选址管的栅极处于一个高电平），来自数据线的图像信号就通过选址管的源/漏电极读入到驱动管的栅极上，从而实现对驱动管输出电流（流经 OLED 的电流）的控制；当选址信号撤除后，选址管被关住（选址管的栅极处于一个低电平），这时由于存储电容的存在，驱动管的栅极上的电压（图像信号）将维持不变，直至下一个选址信号的到来。这样，OLED 就可以在整个刷新周期内都维持发光，整个显示屏的亮度只与开口率有关，而与显示屏的大小（行列的多少）无关，这就解决了 PMOLED 随着显示屏尺寸增大亮度急剧下降的问题。

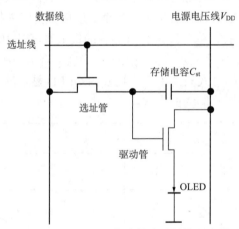

图 4-16　AMOLED 像素的电路结构示意图

4.3.2　TFT 阵列的印刷制备技术

与印刷 OLED 相比，印刷制备 TFT 具有更高的难度，因为 TFT 的沟道尺寸是整个像素里面最小的，通常只有数微米，这对设备、材料和工艺控制都是很大的挑战。正因为如此，目前印刷 TFT 要比印刷 OLED 更不成熟。目前对印刷 TFT 工艺的研究还处于比较初级的阶段，主要集中在简单器件的印刷，以探索墨水的可印刷性、膜层的兼容性及印刷器件的性能，而对应用级别的 TFT 阵列印刷研究不多。

早期的 TFT 印刷工艺的研究主要借鉴 OLED 的印刷工艺，也采用喷墨打印、旋涂、丝网印刷等。后来，为了提高分辨率，一些新的印刷技术陆续被开发出来，如电流体动力学喷印技术、纳米压印技术等。本节将介绍各种印刷技术的原理及特点，这些印刷技术大多与 OLED 的印刷技术是通用的，但由于印刷 TFT 对印刷设备和印刷工艺的要求更高，所以放在本节介绍。

1. 喷墨式打印工艺及其在印刷 TFT 中的应用

作为最常见的印刷技术，喷墨打印(inkjet printing)技术可以轻易制备均匀大面积薄膜，有利于实现 TFT 的大规模生产，近些年受到广泛关注。喷墨打印技术对多种衬底具有广泛的适用性，并有极高的时间和成本效率。喷墨打印技术能够在短时间内制造大量的 TFT 器件，同时对于器件衬底(承印物)的要求不高，是真正符合工业化生产要求的技术。

喷墨打印技术的基本原理是将墨水通过细微喷头喷射成细微的墨滴，然后利用偏转电场或者移动喷墨头使得小墨滴准确滴在承印物的设定位置上，再通过一系列后续处理得到所需要的印刷物。按照油墨喷射方式的不同，喷墨打印可分为连续喷墨印刷系统和按需喷墨印刷系统两大类[40](图 4-17)。连续喷墨印刷技术以

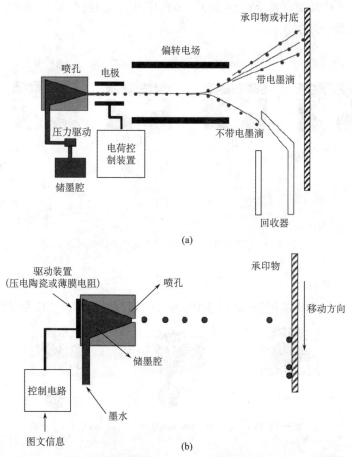

图 4-17　连续喷墨印刷系统(a)及按需喷墨印刷系统(b)示意图[40]

电荷调制型为代表，在通过压力将墨滴连续喷射后，使墨滴在一定电场中偏转，从而能打印在承印物的相应位置。与连续喷墨印刷技术不同，按需喷墨印刷技术可在需要打印的特定位置产生墨滴。

由于连续喷墨系统的墨水是不间断产生的，因此若工作时喷出的墨滴无法回流到储墨腔中重新利用，将会极大地提高这项工艺的成本。但是，由于 TFT 的制作对于原材料的纯度有较高的要求，而回收的墨水早已受到了污染，所以连续喷墨打印系统不太适用于 TFT 的制作。与之相比，按需打印系统会有较大的优势。常见的按需喷墨打印系统有热喷墨、压电喷墨、声波喷墨、静电喷墨等，其中以热喷墨、压电喷墨最具有代表性。

1) 热喷墨打印

热喷墨系统[40] (图 4-18) 通过加热电阻将其周围的墨水气化，等到气泡充满储墨腔后，利用气压将储墨腔中的墨水压出。由于热喷墨技术在使用过程中需要对墨水加热，工作温度通常会达到 300~400℃，可能会对打印墨水的化学成分造成影响，降低器件性能。

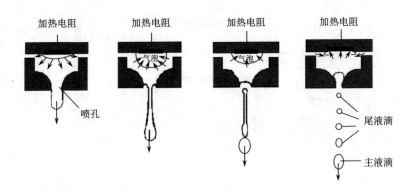

图 4-18　热喷墨过程示意图

2) 压电喷墨打印

相比之下，压电喷墨技术 (图 4-19) 通过控制压电元件产生喷射墨滴的压力，

(a) 压电元件收缩　　(b) 压电元件延伸　　(c) 压电元件收缩
　　稳定状态　　　　　　精确喷射　　　　　　停止振动

图 4-19　压电喷墨过程示意图

可以有效防止墨滴的飞溅，使得生成的墨滴更小，定位更加精确。压电喷墨系统的压电喷墨头由压电元件、振动金属板、储墨腔、喷嘴、充电电极等构成。其工作的基本原理是通过对压电波形的控制改变压电陶瓷的体积变形，从而吸入并挤出喷墨墨滴。

对于喷墨式印刷技术而言，墨水的配制、打印电压的控制等因素会影响器件的性能。Liu 等[41]配制了黏度为 4.5 mPa·s 的银墨水作为喷墨打印的材料，符合商业用喷墨打印系统 1～30 mPa·s 的黏度范围。墨水在衬底温度为 120℃条件下干燥。干燥后的银膜在空气氛围、300℃下处理 20 min，具有良好的电学性能。虽然其延展率从 55%下降至 41%，但仍然可以在 1000 次 360°弯曲测试后保持良好的形状。Noguchi 等[42]通过控制作用在喷墨打印系统的喷嘴压电马达上的电压波形，使其在 12～25 V 间作系统性的变化，成功地将墨滴的大小从 17 pL 减小至 1.4 pL，此时制造出来的 TFT 性能有了很大的改善。图 4-20 为 1.4 pL 与 17 pL 墨滴打印的 TFT 器件所展现出来的性能差异，墨滴尺寸变大后，打印得到的器件输出电流变小，不能很好关断，且开关比变小，迁移率下降。

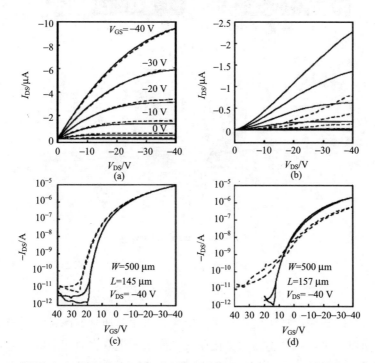

图 4-20　不同墨滴大小所制备的 TFT 器件的输出特性曲线(a)、(b)和转移特性曲线(c)、(d)

其中(a)和(c)为 1.4 pL 的墨滴，(b)和(d)为 17 pL 的墨滴；图中实线为器件的转移特性曲线，虚线为器件放置 3 周后的转移特性曲线

3) 气溶胶喷印技术

相对于传统的喷墨打印技术，气溶胶喷印 (aerosol jet printing) 技术[43] (图 4-21) 是一项新兴的印刷技术，它具有传统喷墨打印技术所不能比拟的优点，如印刷物分辨率高、适用范围广、工艺环保、成本低廉等。这项技术的基本原理是通过气动或超声雾化将墨水转变为气溶胶，在惰性气体氛围下将气溶胶运输至喷印头，并使用计算机精确控制打印位点，将气溶胶准确沉积在承印物的对应位置上。

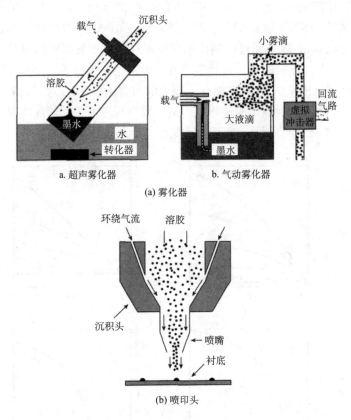

图 4-21　气溶胶喷印系统

气溶胶喷印系统由雾化器和喷印头组成。雾化器通常有两种雾化模式，分别是气动和超声雾化，对于不同的雾化模式，墨水的选取也有相应的要求。对于气动雾化模式，墨水的黏度应为 $1\sim1000$ mPa·s，粒子直径 <0.5 μm；对于超声雾化模式，墨水的黏度要求为 $0.7\sim30$ mPa·s，粒子直径 <50 nm。喷印头是气流喷印系统中至关重要的组成部分。图 4-21(b) 中的喷印头内部靠近内壁的地方设置有环绕气流的进气口，通过不断输入环绕气流，可以有效地防止气溶胶与逐渐缩窄

的喷嘴内壁接触并沉积形成堵塞，可以喷印溶液，也可以喷印固体颗粒的悬浮液（颗粒大小可达 500 nm）；同时环绕气流还可以聚集气溶胶使得气溶胶的喷射流直径减小（气溶胶喷射流的直径可以小至喷嘴直径的 1/10），以达到高分辨率的喷印效果（可以打印线宽在 10 μm 以下的图案）。由于载气和环绕气流对墨滴的干燥作用，通常会有很大比例的溶剂在接触衬底前蒸发掉，因此气溶胶喷印的"咖啡环"效应不明显。

气溶胶喷印技术仍然存在一些缺陷。首先气溶胶喷印的印刷速率慢；其次长时间打印会导致气溶胶中墨水的浓度发生改变，使得图案的沉积不均匀；最后喷印过程中会产生卫星液滴，影响打印精确度。要改善上述缺陷，必须改善墨水的性质。杨丽媛等[44]尝试使用常见的 P3HT 作为打印墨水，利用气溶胶喷印技术打印薄膜。在通过表征后发现，利用氯仿作为溶剂时得到的薄膜会比氯苯或甲苯作为溶剂时更平整，卫星液滴也相对较少。当三种墨水都加入松油醇后，薄膜表面形貌都得到了改善，粗糙程度都变会小。

4）电流体动力学喷印技术

电流体动力学（electrohydro dynamics, EHD）喷印[45]与气溶胶喷印技术一样是一项较为前沿的技术，相比之下，它具有适用材料广、分辨率高、易于控制、打印产品厚度大、稳定性良好的特点。

电流体动力学打印的基本原理是利用泰勒效应使墨水形成稳定的锥射流，然后将墨滴喷印在对应位置上［图 4-22(a)］。Taylor[46]指出电场中的射流前端会形成稳定的圆锥形，当带电液体低速流至喷头处时，在喷嘴前端会形成一个悬滴。由于泰勒效应，悬滴中的电荷重新排列使悬滴变为锥形弯液面，随着电压逐渐增大至超过某个临界值后，锥形弯液面会被拉成一个稳定的泰勒锥，如图 4-22(b) 所示。此时如果电压继续增大，在泰勒锥的顶点后出现直径极小的锥射流。加之射流本身的不稳定性，在将要落到承印物前会破裂为小墨滴，这时候易挥发的溶剂被充分挥发，墨滴将准确落在预计位置上。电流体动力学喷印形成的墨滴直径可以小于喷头直径的 1/5，因此可以打印精细的图案，能实现小于 15 μm 的线宽。

Lee 等[47]曾利用电流体动力学喷印的方法制备纳米银粒子微型线状导体。其使用由墨水补充系统、供电系统及移动平台组成的喷印系统。移动平台包括一个 x 轴移动平台、一个 y 轴移动平台和数字控制系统，保证移动喷嘴将墨滴喷射在承印物的相应位置上。最终得到宽为 32~165 μm，厚为 0.3~5 μm 的纳米银粒子导体层，电阻率约为 13 μΩ·cm。

电流体动力学喷印的缺点是对所成薄膜的导电性要求较高，对于喷印一些低电导材料，如 TFT 的绝缘层等有时会产生放电现象而造成缺陷。

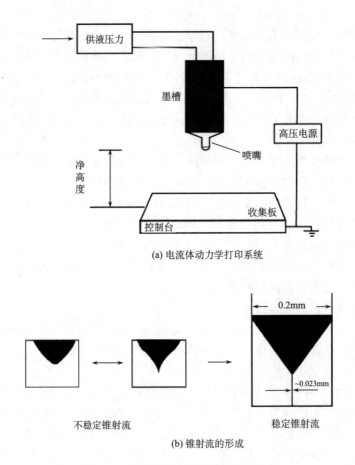

(a) 电流体动力学打印系统

不稳定锥射流　　　　稳定锥射流

(b) 锥射流的形成

图 4-22　电流体动力学打印原理示意图

2. 旋涂法及其在印刷 TFT 中的应用

旋涂(spin coating)法作为溶液法的一种，因其工艺设备简单，可以在大气环境下进行，不需要昂贵的设备，故成本较为低廉，也便于大规模使用。通过对旋涂溶液的调配，可以比较简单地实现定量掺杂，从而有效地控制薄膜的成分与结构，且旋涂法在合适的衬底上所成薄膜的黏附性较好。由于其制备所需温度较低，因此适用于各种形状的衬底，受到广泛研究[48]。

由于使用的流体黏度较大，呈胶体状，所以旋涂法又称为匀胶法。旋涂的过程大致上分为三个步骤，分别为滴胶、旋转和干燥(烧结)[49]。滴胶即将事先配制处理好的胶体滴在要旋涂的衬底表面，一般使用的有静态滴胶和动态滴胶两种方法，分别用于处理不同黏度和不同润湿度的旋涂液；旋转即通过旋转使之在衬底上形成均匀的薄膜；干燥的目的则是去除多余的溶剂，形成性能稳定的薄膜(金属墨水则需要烧结)。

1985 年，Emslie 等[50]建立了理想化的力学模型，直接模拟出旋涂过程中薄膜铺展的力学作用机理。将其当作一个圆盘旋转系统(图 4-23)，假定旋涂液为牛顿型流体，模型中旋转的衬底面积无限大，衬底上的流体流动轴向对称，那么流体所受重力的影响就可以被忽略，流体小微团受到剪切力与离心力相平衡。由于流体径向速率很小，所以科里奥利力可以被忽略，同时忽略溶剂挥发表面空气流动等影响。通过该模型经理论推导证实了旋涂法制备均匀薄膜的可行性，见第 2 章 2.4.1 节。

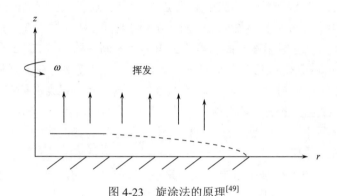

图 4-23　旋涂法的原理[49]

1977 年，Washo[51]根据 N-S 流动方程及相应条件建立了相应的模型公式。1978 年，Meyehofer[52]提出了溶液挥发模型，论证了溶液挥发这一因素对薄膜厚度的重要影响。由于挥发速率只在干燥时才产生比较大的影响，所以仍存在比较大的误差。1983 年，Chen[53]在溶液挥发模型的基础上提出了温度梯度模型：将溶液环境的内能变化与液膜厚度联系起来，给出极性、非极性不同溶液体系下的液膜厚度估算方法。在这之后又有其他几种模型来解决薄膜边界及其他的因素对膜厚的影响问题。综合各项模型，提出一个旋涂法中各参数的估算公式[49]。其通用指数形式如下：

$$h = k\eta^{\beta}/\omega^{p} \tag{4-4}$$

式中，h 为估算的薄膜厚度；ω 为角速度；η 为溶液的动力黏度；参数 k 及指数 p、β 为拟合系数，它们与旋涂液的物理性质、环境的温度、湿度及溶液与衬底的作用等有关。

Gao 等[54]报道了全溶液法制作的 IGZO TFT 器件，其中使用旋涂的方法制备 ITO 薄膜作为源/漏电极。将预先准备好的 0.3 mol/L 的 ITO 溶液以 2000 r/min 的转速旋涂在玻璃衬底上，时间约为 40 s，然后在 300℃下退火 1 h。器件的饱和迁移率为 0.2 cm²/(V·s)，开关电流比为 10³，阈值电压为 0.3 V，亚阈陡度为 0.34 V/dec。

从输出特性曲线可以看出界面接触为欧姆接触，然而其转移特性曲线和输出特性曲线并不是很一致，原因推测为该 TFT 的性能不够稳定。

在旋涂制备薄膜的过程中，高速旋转和干燥是控制薄膜的厚度和结构的关键，比较重要的影响参数一般为转速、挥发速率、黏度、退火温度和时间，其中退火温度和时间对薄膜的致密度和表面光滑度影响比较大，而转速、挥发速率和黏度则对薄膜厚度的影响较大。

Sekine 等[55]报道了使用旋涂法的纳米银墨水烧结纳米银作为电极的 TFT 器件。55 wt%的纳米银颗粒分散在正十四烷中，使用点胶机旋涂后在 150℃下烧结1 h，得到宽度和厚度分别为 200 μm 和 1 μm 的电极。实验发现在 100~180℃的烧结温度范围内，随着温度升高，电极的电阻率不断下降，并在 180℃时取得了低于 4 μΩ·cm 的数值；相对于聚四氟乙烯衬底，一种疏水材料全氟(1-丁烯基乙烯基醚)(PBVE)作为衬底时，几乎不受温度的影响，附着强度保持在 1 N/mm^2 以上。附着强度的主要影响因素为材料的选择和烧结温度，且前者影响更大。此外，随着烧结温度上升，旋涂得到的银电极与绝缘层之间的界面接触性质逐步改善，附着强度也随之升高。

就旋涂法在 TFT 电极制备中的应用来说，目前最大的问题是器件的性能不够稳定[55]，受环境因素(湿度、气温等)影响比较大。生成的薄膜往往存在孔洞，性能较其他传统制备方式要差一些[48]。此外，旋涂法无法实现图形化。

3. 丝网印刷及其在印刷 TFT 中的应用

丝网印刷是利用刮板的挤压，使特定的油墨通过一个用丝绸或其他织物组成的细筛网，依靠带有图案凹槽的丝网来阻止印刷油墨的流动，从而将油墨印刷到物体表面的印刷方法。通过网孔图案部分的油墨会转移到承印物上，而在细筛网的其他部位会发生堵塞。现在一般用光化学制版法制作筛网，具体做法为将丝网绷紧在网框上，然后在网上涂布感光胶，形成感光版膜，再将阳图衬底密合在版膜上晒版，经曝光、显影，印版上不需过墨的部分受光形成固化版膜，将网孔封住，印刷时不透墨，印版上需要过墨的部分的网孔不封闭，印刷时油墨透过，在承印物上形成墨迹[56]。常用的丝网印刷按设备的结构可分为两大类：平型网版印刷机和圆型网版印刷机。

图 4-24 为一种片对片原理的凹版胶印系统。首先，将墨水填充满凹版印刷板中通过丝网形成的细槽。其次用一种聚二甲基硅氧烷(PDMS)的毯状物体包裹住橡皮滚筒，当滚筒经过凹槽时可将其中的墨水吸附至滚筒上，这就是所谓的转移过程。最后，再将附着的墨水转印到所要印刷的衬底上就能得到需要的成品[57]。

在丝网印刷工艺中，丝网的几何特性及网距都会影响印刷的精度。丝网参数主要包括丝网目数 M_c 和丝网的丝径 d。丝网印刷所能复制的最小网点的大小主要

由 M_c 和 d 决定。M_c 的大小反映了单位长度内能印刷复制的网点个数，M_c 越大，则印刷得到的网点越小。根据丝径 d 与孔径 ω 的大小关系，可把丝网分为三类，计算其网孔面积率并得到表 4-3。

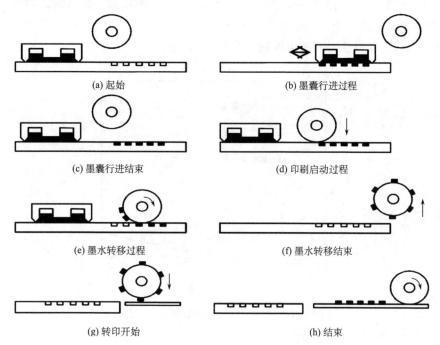

图 4-24　S2S 凹印补偿打印系统工作原理[57]

表 4-3　三类不同丝网技术的参数

目数/(目/cm)	孔径 ω/μm	丝径 d/μm	网厚/μm	网孔面积率 A/%	ω 与 d 的关系
140	38	32	50	29.5	$\omega>d$
140	37	37	63	22.2	$\omega=d$
140	31	40	73	19.1	$\omega<d$

　　由网孔面积率的大小可知，孔径远大于丝径的丝网，在印刷过程中，网点更容易透过网孔形成完整的墨点，即具有的印刷分辨力要比丝径大于孔径的丝网高，也更适合在丝网印刷中复制细小的网点。在丝网印刷中，印版的厚度分为两个部分，一是网眼上的感光膜厚(EOM)，二是丝网厚度(F_t)。其中 EOM=H_s(总厚度)－F_t，d 越大，丝网越厚。计算表明，在常规的 T(丝网张力)及 P(刮板压力)情况下，W(线粗)=0.127 cm，即当线粗 $W>0.127$ cm 时，膜厚随 EOM 的变化而异。这在精细印刷，尤其在线路印刷中非常重要，EOM 的误差应控制在±2 μm 内。使用

自动涂布设备涂布的网版，胶膜厚度相对均匀，质量较好。

在图案尺寸一定的情况下，选择相对较大的网版所印刷的图案变形量较小，即图案与网框的边距越大，图案变形量越小。图案居于网版中央，可以减小因刮板而引起的变形。 网距越小，变形量越小，如图 4-25 所示。在精细印刷中，常选择 2~6 mm 的网距，一般印刷中网距可选 5~8 mm。在线路板印刷中，由于不锈钢丝网的高弹性，网距可以减小到 0.1~0.2 mm[58]。

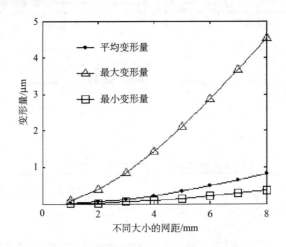

图 4-25　不同大小的网距与网版变形的相对关系

丝网印刷的设备成本低且工艺简单，适合大面积生产，因而在实际制备 TFT 方面得到了广泛关注。Galagan 等[59]则用丝网印刷的方法在 PEN 基材上制作了线宽为 160 μm、线间距为 5 mm 的蜂窝状电极，在此基础上再旋涂一层 100 nm 厚的 PEDOT：PSS 薄膜，这种混合结构的透明电极的方块电阻为 1 Ω/□。

对于实际应用而言，最理想情况是 TFT 上所有部件都能通过一个连续的过程被印刷出来。Garnier 等[60]在导电高分子高分辨图案化的基础上，用丝网印刷技术实现了全高分子 TFT 的制造（图 4-26）。该结构在绝缘层的下表面用丝网印刷的方法制备了 10 μm 厚的导电石墨栅电极，并将沉积后的绝缘层用导电胶（导电石墨）铺展在衬底上，为整个装置提供柔性支撑。之后利用丝网印刷的方法在绝缘层的上表面制备高分子-石墨混合油墨源/漏电极。α,ω-十二烷基六噻吩（DH-α-6T）半导体层利用真空沉积法制备。

然而 Garnier 等制备的全高分子 TFT 的性能较差。为改善其性能，鲍哲南等[61]提出在利用丝网印刷的基础上，先用水溶性有机前驱体沉积，再将其转换为活性涂层，这样可以得到高的电子迁移率。

Jabbour 等[62]对丝网印刷在 OTFT 制造上的应用做了更进一步研究，得到了样品黏度、丝网网眼率、丝网与衬底距离、印刷速率等参数对最终涂层厚度、分辨率和制品性能的影响规律(图 4-27)。

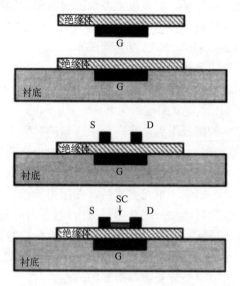

图 4-26　全高分子 TFT 及电极的制造步骤

SC：semiconductor，半导体

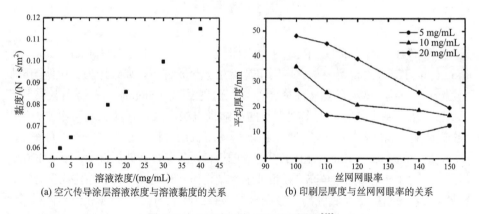

(a) 空穴传导涂层溶液浓度与溶液黏度的关系　　(b) 印刷层厚度与丝网网眼率的关系

图 4-27　丝网印刷各项参数关系图[63]

丝网印刷技术经过了长时间的发展，不断开发出更加适应现代工业的加工方式。例如，相对于传统的丝网印刷来说，圆网印刷吞吐率更加温和。但是，丝网印刷仍然面临一些缺陷和不足，阻碍着该技术在更多领域中的推广和使用，如精细度较低、材料利用率低、不能印制薄膜等。

4. 纳米压印技术及其在印制 TFT 中的应用

自 1947 年世界上第一只晶体管问世以来,作为晶体管微加工关键技术的光刻技术,遵循摩尔定律迅猛发展。但在曝光波长衍射极限的限制下,光学光刻的技术已难以满足纳米半导体制造技术对高分辨率的要求。在这个背景下,纳米压印技术(nano imprint lithography,NIL)以其低成本、高产出的优势脱颖而出,成为业界普遍看好的新兴的图形转移技术。

纳米压印技术的研究始于华裔科学家、普林斯顿大学纳米结构实验室的 Chou 教授。作为一种等比例压印复制图案的工艺,纳米压印的工作原理是使用机械力,将刻有纳米级尺寸图案的模板压到涂有高分子材料的衬底上。利用不同材料(即模具材料和预加工材料)之间的杨氏模量差,可以使图形在这两种材料之间实现复制转移。具体来说,这种转移过程是利用模具的下压,促使抗蚀剂流动并填充到模具表面特征图形的腔体结构中。填充完成后,在压力的作用下,抗蚀剂将继续减薄。当抗蚀剂的厚度达到后续加工工艺要求范围内(设定的留膜厚度)时,停止下压并固化抗蚀剂。其实质就是一个液态聚合物对模板结构腔体的填充及聚合物固化后的脱模过程[64]。因为这种工艺的加工分辨率只与模板图案的特征尺寸有关,所以没有光学光刻受最短曝光波长物理限制的问题。

纳米压印技术自提出以来,融合三种典型的传统技术(热压印技术、紫外固化纳米压印技术、微接触压印技术),不断创新发展,并在压印电极方面取得了巨大的成功。

1)热压印技术

在融合了传统压印技术的纳米压印技术中,热压印技术(hot embossing lithograph,HEL)出现得最早。热压印是指在加热条件下,通过压力作用使图形从硬模板上转移到玻璃态的热塑性聚合物中的压印技术。Schumm 等[65]就利用热压印技术,成功制备了具有一定图案形状的银纳米电极。其在衬底上均匀涂覆一层聚合物银前驱体材料,预加热到 80℃;然后使用机械力将已经经过电子束直写技术(electron beam direct writing,EBDW)处理的模板压入其内。此后继续升温至 120℃,使银前驱体材料能够充分填充到模板的纳米结构内。等前驱体材料固化成型之后,释放压力,使模板与衬底脱离。最后再加热到 200~250℃,实现银前驱体材料到银材料的转变,从而成功制备银纳米电极(图 4-28)。这种通过热压印技术打印出来的银电极的导电性能很好,其电阻率非常低,只有 $2.2 \times 10^{-7} \Omega \cdot m$,仅仅比块状银的电阻率略高一点($1.6 \times 10^{-8} \Omega \cdot m$),具有非常大的发展潜力,有望在今后的发展中获得广泛应用。

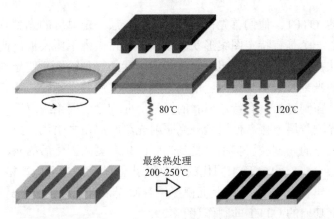

80℃   120℃

最终热处理
200~250℃

图 4-28 热压印技术制备银纳米电极[66]

热压印技术最大的优势就是使用了与现行电子行业相同的抗蚀剂 PMMA，使用这种材料使其免去了在后续光刻工艺中重新调配工艺参数的烦琐，并能够与现有的微电子工业生产线良好吻合。但是，热压印技术需要将前驱体等材料加热到玻璃化转变温度之上，而且常采用加热板加热。使用此方法会导致在加热过程中的热量大量散失；并且加热和降温的过程需要耗费大量的时间，满足不了工业化批量生产的需求。此外，由于热压印工艺采用的是硬质模具，不可避免地会在模具与衬底之间的平行度及两平面之间的平面度上产生过大的误差。这些都是当前热压印技术面临的技术劣势[67]。

2) 紫外固化纳米压印技术

为了解决热压印工艺技术受热、受应力影响的问题，美国得克萨斯大学的研究小组在 1990 年提出了一种新的透明曝光技术。这种在常温下就可以进行的工艺技术也被称为常温纳米压印技术或紫外压印技术。紫外固化纳米压印技术使用的压印模具是由透明的石英板材料制造的；而且在模具图形的压印成型过程中，它不是利用聚合物材料的热固成型或冷却固化成型，而是通过紫外光辐射来完成压印成型的。这种做法不仅大大降低了衬底的变形概率，也减小了衬底的变形程度。

紫外固化纳米压印技术主要包含以下几个步骤：首先采用石英作为掩模板材料来制备高精度的透明掩模板；其后再在硅等衬底材料上涂覆一层厚度为 400～500 nm 的黏度低、流动性高、对紫外光敏感的光刻胶；然后通过低压，将模板压在光刻胶上直至光刻胶填充模板空隙；等到光刻胶充分填充后，再使用紫外光照射模板背面以达到光刻胶固化的效果；最后脱模后，再利用等离子体刻蚀技术将残留胶去除。

Palfinger 等[68]就利用紫外固化纳米压印技术成功制备了具有栅极和源/漏极

自校准功能的 OTFT。他们首先在衬底上旋涂一层一定厚度的光刻胶，然后在光刻胶层上覆盖一个具有特定图案形状的模板，在机械力下压模板，使光刻胶层获得特定的形状；接着用紫外光照射具有一定形状的光刻胶层，使光刻胶固化；此后在固化后的光刻胶层上制备一层铝层，剥离固化后的光刻胶，就获得了特定形状的铝栅极。在制好的具有特定形状的栅极上面旋涂一层绝缘层后，再在绝缘层上旋涂一层光刻胶层；接着使用紫外光照射光刻胶层使之固化；由于铝栅极的阻挡，铝栅极上方的光刻胶层将不会受到光照固化；剥离固化后的光刻胶层，再在上面沉积一层金层；再剥离未固化的光刻胶就可以获得与栅极严格校准的金源/漏电极；最后再在金源/漏电极上沉积一层有源层，就完成了整个具有栅极和源/漏电极自校准功能的 OTFT 的制作（图 4-29）。

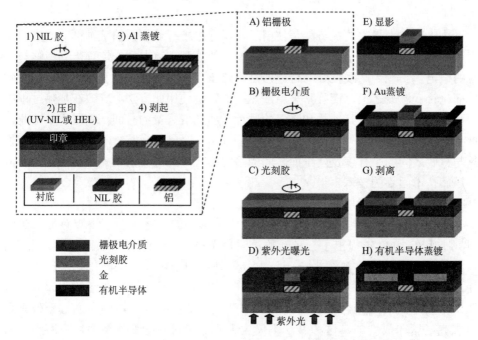

图 4-29　紫外固化纳米压印 OTFT

　　紫外固化纳米压印技术的优点在于，这种技术配备了透明的掩模板，使层与层之间的对准更容易实现，现有的工艺已经可以使层与层之间的对准精度达到 50 nm。而且紫外固化纳米压印技术可在常温下进行，既避免了热膨胀因素，也缩短了压印的时间。然而紫外固化纳米压印技术所使用的设备相对昂贵，对工艺、环境等也有较高的要求；而且在没有加热的情况下，压印过程中产生的气泡会在光刻胶中堆积，难以排出，不可避免地会在一些细微结构上造成缺陷。所以在实际生产中，常将紫外固化纳米压印技术和步进技术相结合，形成步进闪烁纳米压印技术。

　　3) 微接触压印技术

　　除了以上两种纳米压印技术，微接触压印(micro contact printing，μCP)技术作为一种从纳米压印技术派生出来的压印技术，是一种在功能材料表面进行大面积压印成型的技术。这种技术使用的模具与热压印技术和紫外固化纳米压印技术所使用的模具不同，它用的是软模，故微接触压印技术也被称为软印模技术。

　　微接触压印技术通常使用光学或电子束光刻技术来处理以 PDMS 等高分子聚合物作为材料的掩模板，再通过浇注工艺得到所需要的弹性印章。然后以浸泡或者滴涂的方式在弹性印章表面制备一层富含活性有机分子的稀溶液。等到溶剂挥发后，弹性印章表面就会自动组装上一层高分子活性有机分子。此后再将弹性印章与衬底表面紧密贴合在一起，以便高活性的有机分子在目标衬底的表面上形成 SAM 单分子膜。最后剥离弹性印章，目标衬底表面就形成了由自组装分子形成的图案，从而实现图案从印章到衬底的转移[69-72]。其流程图如图 4-30 所示。

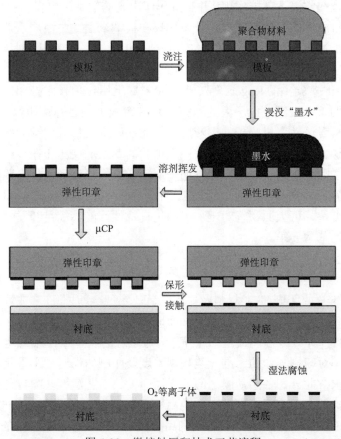

图 4-30　微接触压印技术工艺流程

与传统制作微电路的方法相比，微接触压印方式具有以下优势：工艺简单，相比光刻制作防蚀刻层的繁多工艺，微接触压印防蚀刻层的制作只需要印刷就可以获得；与光刻技术相比，微接触压印制作方法简单，且每个模板可以用于多次制作，每个印章可重复使用，大大降低了成本；技术条件易于达到，弹性印章制作完成之后只需要简单的印刷与蚀刻，在常规条件下就能完成；应用范围更广，微接触压印可以印刷多种形状表面，且高分子弹性印章有优良的弹性，在一些曲面和粗糙表面也能完成图案的制作。

Kim 等[73]利用微接触压印的方式在简单的外界条件下成功制备了银纳米电极。他们首先在衬底上旋涂一层银纳米油墨；接着将经过电子束处理的带有一定图案形状的模板浸泡在富含活性有机分子的溶液中，从而在模板上形成 SAM 层；此后将表面覆盖有 SAM 层的模板在室温和微压条件下压印在银纳米墨水层上，完成图案从模板到油墨层的转移；最后去除模板并加热就可以除去压印在银纳米墨水层上的 SAM 层，获得具有一定图案形状的银纳米电极。

压印过程在常温下就能实现，并且其压印出来的银纳米电极可以达到 300 nm 的宽度和 100 nm 的厚度。除此之外，如果在银纳米油墨中添加适量的二甲苯，可以降低纳米油墨的黏性和厚度，这有利于压印完成后，模板顺利从油墨层上撤除而不影响压印出来的图案形状。

贝尔(Bell)实验室的 Rogers 等[74]也在金衬底上用 μCP 技术打印出晶体管的源/漏电极。他们首先在经过电子束处理的 PDMS 模板上制备弹性印章，然后在印章上旋涂一层富含活性有机分子的溶液层，从而在印章上形成 SAM 层；接着使用滚筒式微接触压印的方法将具有一定图案形状的 SAM 层压印在金衬底上；再利用刻蚀技术去除未受到 SAM 层保护的金层，通过加热或者紫外光照的方式去除 SAM 层，获得原先在 SAM 层上的图案。通过这种滚筒式微接触压印制备的 TFT，具有成型速度快、可大面积辊对辊加工的优良特性，能够满足开发微电子中的有机电子加工的基本要求。

4.3.3 全印刷 TFT 制备技术

基于第 3 章的印刷 TFT 材料及薄膜工艺，实现全印刷 TFT 在理论上是可行的。然而，TFT 器件是由多层薄膜叠加而成的，上层薄膜的印刷可能会破坏下层薄膜，造成器件失效或性能衰退；此外，沟道边缘的规整度、源/漏电极与栅极的交叠面积大小对印刷工作的对准、线条规整度及印刷的稳定性和重复性都提出了非常高的要求；此外，各层薄膜之间的界面匹配、工艺温度匹配也是构造全印刷 TFT 需要考虑的关键问题。因此，实现高性能全印刷 TFT 具有很大的挑战性。

早在 1994 年，Garnier 等[60]首次利用全印刷法制备了全聚合物的 OTFT，得到的空穴迁移率为 0.06 cm²/(V·s)。2000 年，剑桥大学的 Sirringhaus 等[34]采用疏水隔离柱的方法制备出高分辨率全印刷（溶液加工）的 OTFT 器件阵列（图 4-31），沟道长度仅为 5 μm，迁移率约为 0.02 cm^2/(V·s)。此外，在此篇报道中，他们还打印了栅绝缘层过孔，实现了栅极和源极的电学接触，并制备了反相器。虽然近几年 OTFT 在材料和器件工艺上取得了很大的突破（第 3 章 3.2.5 节），但是高迁移率的 OTFT 器件都是在非常严苛的条件下制备的，其工艺可重复性、器件的均一性和稳定性都有待验证。

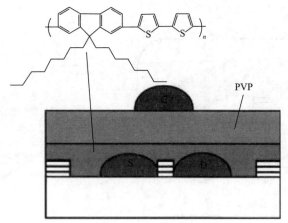

图 4-31　疏水隔离柱法制备短沟道 OTFT

　　与印刷 OTFT 相比，印刷氧化物 TFT 虽然起步较晚，但由于氧化物半导体对工艺条件、薄膜结构相较而言不甚敏感，所以印刷氧化物 TFT 进展较快且性能较好。虽然首个采用印刷法的氧化物 TFT 在 2007 年得到报道，但是首个全印刷氧化物 TFT 直到 2015 年才被 Subramanian 等[75]报道。他们采用印刷氧化砷锡作为栅极及源/漏电极、印刷 ZrO$_2$ 作为栅绝缘层、印刷 SnO$_2$ 作为半导体层制备了全印刷、全氧化物的 TFT 器件（图 4-32），迁移率可达 11 cm^2/(V·s)。然而，这种印刷 TFT 依然是原始的单个器件的印刷，器件尺寸较大，无法验证均一性及可重复性。

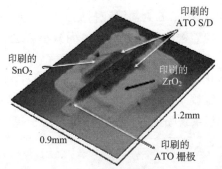

图 4-32　全印刷、全氧化物的单个 TFT 器件

  兰林锋等[76]利用溶剂打印的方法制备了稳定、可重复的氧化物 TFT 阵列。图 4-33 绘出了喷墨印刷氧化物薄膜的基本流程。首先，在玻璃衬底上旋涂一层极薄的 PBVE 疏水层；然后，通过喷墨打印 PBVE 纯溶剂选择性蚀刻 PBVE 疏水层制备疏水图案；接着，采用氧等离子体处理衬底，以去除不能蚀刻干净的 PBVE 残留薄层；疏水图案经退火后，便接着往疏水图案内部喷墨打印氧化物前驱体墨水，墨水经干燥、退火后得到氧化物薄膜。全印刷氧化物 TFT 每层氧化物薄膜的制备均遵从以上基本流程。

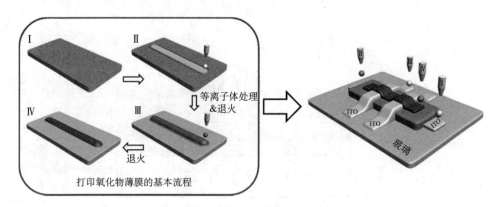

图 4-33 喷墨印刷氧化物薄膜的基本流程及多膜层集成制备 TFT

  当纯溶剂落至 PBVE 薄层时，与之接触的 PBVE 被溶解，由于液滴边缘的蒸发通量大于液滴中间的蒸发通量，溶解的溶质被外向的毛细流带至液滴边缘沉积下来，形成"咖啡环"。相邻"咖啡环"间的间距可以用式(4-5)估算：

$$w = \sqrt{\dfrac{2\pi d^2}{3p\left(\dfrac{\theta}{\sin^2\theta} - \dfrac{\cos\theta}{\sin\theta}\right)}} \tag{4-5}$$

式中，d 为空气中墨滴的半径；θ 为墨滴在衬底上的接触角；p 为墨滴间距。在 d 和 θ 不变的条件下，w 随着墨滴间距 d 的增大而减小。这一现象为印刷不同宽度的氧化物薄膜线条提供了理论基础。

  为了制备可印刷氧化物前驱体墨水，乙二醇单甲醚作为主体溶剂溶解金属盐，乙二醇作为辅助溶剂增加墨水的黏度，以形成稳定的喷墨墨滴。在先前的报道中，Z 值常用来评估压电喷墨系统喷出墨滴的稳定性，对于稳定的墨滴，其 Z 值范围为 1~14。Z 值的计算公式如下：

$$Z = \frac{\sqrt{a\rho\gamma}}{\eta} \tag{4-6}$$

式中，a 为喷口的内径（实验所使用的喷口直径为 21 μm）；ρ、γ、η 分别为墨水的密度、表面张力和黏度。所计算的 ITO、ZrO_x、InGaO 前驱体墨水的 Z 值分别为 3.6、4.7 和 4.0，均在可稳定打印的范围内。

所使用的乙二醇单甲醚和乙二醇的沸点分别为 119℃ 和 197℃，表面张力分别为 29.7 mN/m 和 46.5 mN/m。由于乙二醇单甲醚的挥发性大于乙二醇的挥发性，随着蒸发的进行，液滴边缘乙二醇单甲醚的比例会比液滴中间乙二醇单甲醚的比例下降得更快，结果是，液滴边缘部分的液体表面张力大于液滴中间部分液体的表面张力，从而引起外向的马兰戈尼流。这意味着，造成氧化物表面形貌演变的原因可以归结为液体流动速率的改变，而蒸发强度的改变或者液体黏度的改变都会造成液体流动速率的改变。

所制备的全印刷氧化物 TFT 阵列如图 4-34 所示，从图中可以看出所有可视的膜层均没有"咖啡环"现象。其中，InGaO 膜层出现的凸形貌主要归结为其沉积在凸形貌的 ZrO_x 介质层上。

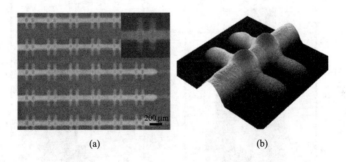

(a)　　　　　　　　　　(b)

图 4-34　(a)全印刷氧化物 TFT 阵列；(b)全印刷氧化物 TFT 3D 形貌图

图 4-35(a)和(b)分别是全印刷 TFT 的输出和转移特性曲线，该 TFT 的饱和迁移率为 7.5 cm²/(V·s)，阈值电压为 0.04 V，亚阈陡度为 0.14 V/dec，开关比为 10^7，其迟滞几乎可以忽略，这意味着靠近沟道的介质层中可移动离子的浓度及沟道/介质层界面的缺陷密度都比较低。为了研究所制备的全印刷氧化物 TFT 的偏压稳定性，对器件进行了栅极电压为 3 V、偏置时间为 1000 s 的偏压稳定性测试，阈值电压的漂移很小，如图 4-35(c)所示。该器件所呈现的良好偏压稳定性主要归结为半导体层中较低的缺陷密度及介质层与沟道层间良好的界面耦合。

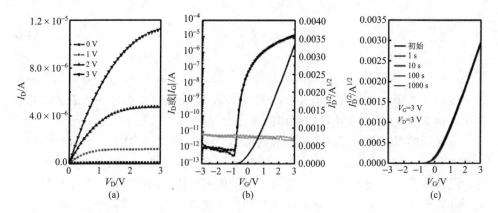

图 4-35 TFT 的输出特性曲线(a)及转移特性曲线(b);(c)正偏压条件下转移特性曲线随时间的变化

为了评估 TFT 器件的电学均一性,统计了 50 个器件的迁移率和阈值电压,如图 4-36 所示。器件的平均迁移率为 7.4 cm²/(V·s),最高迁移率为 11.7 cm²/(V·s)。

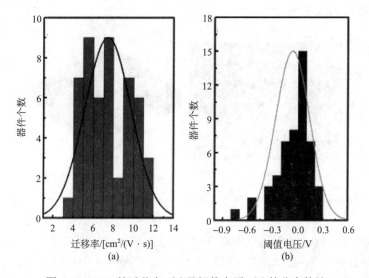

图 4-36 TFT 的迁移率 (a)及阈值电压 (b)的分布统计

4.4 显示像素电路

前面 4.3 节介绍,根据驱动方法的不同,OLED 显示技术像素驱动分为 PMOLED 和 AMOLED 两大类。PMOLED 结构较为简单,本节主要介绍 AMOLED

的像素电路。

4.4.1　2T1C 像素电路

对于 AMOLED，其单个像素使用多个 TFT 和存储电容来驱动 OLED，可以实现 OLED 在整帧周期(T)保持发光。因此，相对 PMOLED 而言，单个像素的发光亮度降低了，流过 OLED 的电流密度也就降低了，相应的 OLED 的寿命也就提高了。AMOLED 虽然制备较复杂、成本较高，但是更加有利于实现大面积、高分辨率、高亮度和低功耗的显示，符合显示的发展趋势。

如 4.3 节所述，2T1C 是最简单的 AMOLED 像素电路，其包括一个选址管 T1、一个驱动管 T2、一个存储电容 C_{st} 及一个有机发光器件 OLED，如图 4-37 所示。该电路的编程方式分成数据电压加载和发光两个阶段，在数据电压加载阶段，晶体管 T1 被选通，数据信号线上的数据电压 V_{data} 通过 T1 加载到 T2 的栅极上；随后 T1 被关闭，进入了发光阶段，此时 T2 工作在饱和区，流过 OLED 的电流为

$$I_{OLED} = I_{DS2} = \frac{1}{2} \mu_n C_{OX} \left(\frac{W}{L} \right)_2 \left(V_{GS2} - V_{th2} \right)^2$$

$$= \frac{1}{2} \mu_n C_{OX} \left(\frac{W}{L} \right)_2 \left(V_{data} - V_{OLED} - V_{th2} \right)^2 \tag{4-7}$$

式中，μ_n 为电子迁移率(T2 的沟道)；C_{OX} 为 T2 栅绝缘层单位面积的电容；$(W/L)_2$ 为 T2 的沟道宽长比；V_{GS2} 为 T2 的栅-源极之间的电压；V_{th2} 为 T2 的阈值电压；V_{OLED} 为 OLED 的阳极电压。而且在整个发光阶段，数据信号被保持在 C_{st} 的两端，从而维持 T2 的栅极电压，保证 OLED 在整帧周期内都保持恒定的电流。

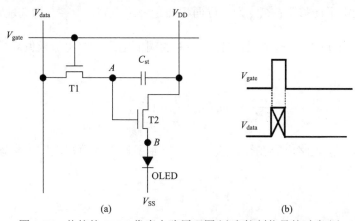

图 4-37　传统的 2T1C 像素电路原理图(a)和控制信号的时序(b)

现以 2T1C 像素电路为例，分析像素电路中选址管、驱动管及存储电容的参数如何确定。

对于驱动 TFT 宽长比的选取，由式(4-8)可以计算出驱动 OLED 子像素所需的电流大小：

$$I_{\text{OLED}} = \frac{L_{\text{subpixel}} A_{\text{subpixel}}}{\eta_{\text{LE}}} \tag{4-8}$$

式中，L_{subpixel} 为子像素的发光亮度；A_{subpixel} 为子像素的面积；η_{LE} 为 OLED 的发光效率。如果是彩色显示屏则需要分别计算出 RGB 子像素的驱动电流。2T1C 像素电路正常工作时，T2 工作在饱和区，则应满足：

$$V_{\text{DD}} \geqslant V_{\text{G2}} - V_{\text{th2}} \tag{4-9}$$

式中，V_{G2} 为 T2 栅极电压。T2 的栅极最大电压与芯片的数据电压有关。

由式(4-7)、式(4-8)得知，子像素的驱动管 TFT 的宽长比：

$$\left(\frac{W}{L}\right)_2 = \frac{2I_{\text{DS2}}}{\mu_{\text{n}} C_{\text{OX}} \left(V_{\text{GS2}} - V_{\text{th2}}\right)^2} \tag{4-10}$$

对于开关 TFT 宽长比的选取，考虑数据信号的写入过程中，T1 工作在线性区，数据信号通过 T1 给存储电容充电，流过 T1 的电流为

$$I_{\text{DS1}} = \mu_{\text{n}} C_{\text{OX}} \left(\frac{W}{L}\right)_1 \left(V_{\text{GS1}} - V_{\text{th1}}\right) V_{\text{DS1}} \tag{4-11}$$

式中，μ_{n} 为电子迁移率；C_{OX} 为单位面积的绝缘层电容；$\left(\dfrac{W}{L}\right)_1$ 为选址管 T1 的宽长比；V_{GS1} 为 T1 的栅极电压；V_{th1} 为 T1 的阈值电压。对电流求偏导数，于是可得

$$\frac{\partial I_{\text{DS1}}}{\partial V_{\text{DS1}}} = \mu_{\text{n}} C_{\text{OX}} \left(\frac{W}{L}\right)_1 \left(V_{\text{GS1}} - V_{\text{th1}}\right) \tag{4-12}$$

欲使显示器像素电路电容在行选通时间内充到所设定的数据电压，应该满足[77]：

$$5\tau \leqslant \frac{1}{M} \times \frac{1}{f} \tag{4-13}$$

式中，M 为行个数；f 为帧频；τ 为充电时间常数：

$$\tau = \left(\frac{\partial I_{DS1}}{\partial V_{DS1}} \right)^{-1} C_{st} \tag{4-14}$$

由式(4-11)～式(4-14)可以得到 T1 的宽长比须满足式(4-15)：

$$\left(\frac{W}{L} \right)_1 \geqslant \frac{5MfC_{st}}{\mu_n C_{OX}(V_{GS1} - V_{th1})} \tag{4-15}$$

对于存储电容，T2 的栅极电压变化范围(即 V_{data} 范围)为 ΔV_g，灰度级为 N_g，考虑在一帧时间内 T2 的栅极电压变化必须满足[78]：

$$I_{off} \frac{1}{f} \leqslant C_{st} \frac{\Delta V_g}{N_g} \tag{4-16}$$

得到存储电容的范围：

$$C_{st} \geqslant I_{off} \frac{1}{f} \frac{N_g}{\Delta V_g} \tag{4-17}$$

式中，I_{off} 为 T1 的漏电流；f 为刷新频率。如果电容选择太小，则考虑到电容耦合效应的影响，会对数据电压信号产生严重干扰；如果电容选择太大，会影响充电速率且降低像素的开口率。设计中存储电容的选取须兼顾二者平衡。

显然，AMOLED 的 2T1C 像素电路具有结构简单、编程速度快、像素开口率高，以及驱动方式与 TFT LCD 兼容等优点。不过，与 LCD 不同的是，OLED 是电流驱动器件，从式(4-7)可知，流过 OLED 的电流不仅与所加载的数据电压 V_{data} 有关，还与驱动管 T2 的阈值电压和 OLED 的阳极电压有关。在加载同样的数据电压下，如果驱动 TFT 的阈值电压随时间或空间漂移，那样流过 OLED 的电流也会不同，将会产生显示亮度非均匀性的问题。类似地，OLED 的退化也会导致显示非均匀性的问题，如图 4-38 所示。图 4-38(a)指出，当给定一样的数据电压，随着 OLED 退化，OLED 的电流会下降。图 4-38(b)指出，即使流过 OLED 电流恒定，随着 OLED 退化，OLED 的发光亮度也会下降。总之，2T1C 像素电路不适用于高质量的 AMOLED 显示，需要发展补偿型像素电路。

4.4.2 补偿型像素电路

为了解决传统 2T1C 像素电路由于驱动管的阈值电压漂移及 OLED 退化所引起的显示屏亮度不均匀性问题，需要研究设计具有补偿功能的 AMOLED 像素电路。目前，补偿型像素电路主要分为两种编程方式：电流编程型和电压编程型。

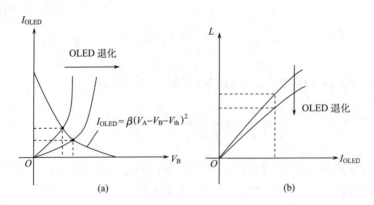

图 4-38 OLED 退化对发光电流(a)和发光亮度(b)的影响

1. 电流编程型像素补偿电路

电流编程型像素补偿电路，其驱动的方法一般是通过编程电流流过二极管形式的 TFT，形成相应的栅极电压，从而保存在存储电容中，这样就可以使 OLED 在一帧时间内流过的电流等于编程电流，从而发出相应的亮度。由于电流编程型像素补偿电路是基于电流单元或者电流镜模型的拓扑结构，所以电流编程中驱动管的栅极电压会随着所加的编程电流的大小而自动调节，其流过 OLED 的电流会独立于驱动 TFT 的阈值电压，从而克服了驱动管阈值电压迁移而造成显示屏的亮度不均匀性问题。

具体地说，电流编程一般可分为非镜像型和镜像型。典型的电流编程型像素补偿电路如图 4-39 所示[图 4-39(a)为非镜像电路，图 4-39(b)为镜像电路][79]。

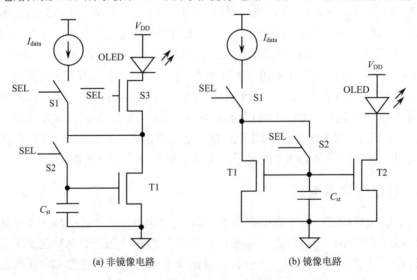

图 4-39 电流编程型像素补偿电路的原理图

　　非镜像电路,是使用相同的 TFT 来对编程电路进行采样和 OLED 像素的驱动,其工作原理大致为:①编程阶段,打开 S1、S2,关闭 S3,编程电流从 S1、S2 和 T1 流过,这样 T1 的栅极电压被存在 C_{st} 上;②发光阶段,关闭 S1、S2,打开 S3,这样流过 OLED 的电流就由 T1 的栅极电压来确定,即编程电流,与 T1 的阈值电压没有关系,所以该像素补偿电路能够补偿驱动管的阈值电压漂移。

　　而镜像电路,顾名思义就是使用电流镜电路完成编程电流采样和 OLED 像素驱动,其工作原理如下:①编程阶段,打开 S1 和 S2,使得编程电路流过 S1 和 T1,由于 T1 和 T2 是电流镜 TFT,这样当 T1 和 T2 都工作在饱和区时,流过 T1 的电流和流过 T2 的电流(即流过 OLED 的电流)就取决于 T1 和 T2 的尺寸,而且 C_{st} 也保存了 T1 和 T2 公共的栅极电压;②发光阶段,关闭 S1 和 S2,保存在 C_{st} 上的电压使得流过 OLED 的电流在一帧内保持不变。由于流过 OLED 的电流只与 T1、T2 的尺寸及编程电流相关,所以这种电流编程型像素也能很好地补偿 TFT 的阈值电压漂移及不均匀性。

　　从上面可以看出,这两种电流都可以补偿 TFT 的阈值电压不均匀性,然而对于非镜像电流编程型像素补偿电路而言,流过 OLED 的电流必须是跟编程电流一样,而镜像电流编程型像素电路中,流过 OLED 的电流与编程电流可以呈比例关系,该比例关系与 T1 和 T2 的尺寸及相关特性有关。此外,对于非镜像电流编程型像素补偿电路,V_{DD} 流出的电流要经过 OLED、S3 和 T1,所以需要比较高的电压,才能保证 T1 工作在饱和区,该现象会因 TFT 的低迁移率及高的接触电阻而变得更为明显。而对于镜像电流编程型像素补偿电路而言,V_{DD} 只流过 OLED 和 T2,所以不必像非镜像电流编程那样具有很高的电压,但是它需要 T1 和 T2 具有非常高的对称性,这对于很多 TFT 工艺特别是多晶硅 TFT 工艺是比较难实现的。

　　电流编程型像素补偿电路是以电流的方式来加载所需要的数据信号,通过电流镜像或者分压式电流来控制流过 OLED 的电流,从而控制 OLED 的显示灰阶。采用电流编程的 AMOLED 像素电路具有自补偿作用,能够很容易地实现亮度均匀性和显示灰阶的准确控制。但是电流编程型的像素补偿电路在低亮度时,所加载的数据电流 I_{data} 较小,对存储电容充电时间会很长,甚至会造成低灰阶时的数据写入不足。而且在以电流镜为基础的电流编程型驱动电路中,一般会要求两个镜像 TFT 的物理特性一致,对于目前的各种 TFT 工艺而言,是比较难实现的。

　　2. 电压编程型像素补偿电路

　　电压编程型像素补偿电路是通过获取驱动管的阈值电压 V_{th},然后将该阈值电压加入到编程电压 V_P 中,使得最后在驱动管栅极的电压为 V_P+V_{th},从而补偿驱动管的阈值电压,提高显示屏的亮度均匀性。由于电压编程型像素补偿电路是将数据以电压的方式加载到存储电容 C_{st} 上,可以极大地降低电容的充电时间,提高其响应速度。而且电压编程型像素补偿电路的外围驱动芯片都为电压芯片,设计较容易、成本低。一般而言，电压编程型像素补偿电路的驱动时序可大体分为四个阶段：初始化、阈值电压锁存、数据加载和 OLED 发光。

1998 年，Dawson 等[80]提出了一个 4T2C 的像素电路，这是最早文献报道的补偿型像素电路。该像素电路是基于一个 p 型 LTPS TFT 的像素电路，它能够补偿驱动管 TFT 的阈值电压不均匀性。该像素电路的原理图及时序图如图 4-40 所示。

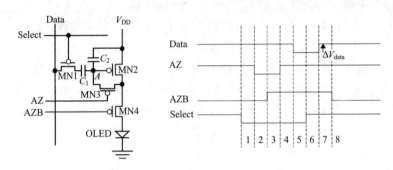

图 4-40　4T2C 像素电路及驱动时序

Data 代表数据信号；Select 代表选址信号

该像素电路的基本工作过程如下：

(1)过渡阶段：MN1 和 MN4 导通，C_1 的左边将接到 V_{data}，此时的 V_{data} 是一个高电平，这样 C_1 左端的电平跳高，从而使得 MN2 的栅极电压变高，MN2 截止，OLED 停止发光。

(2)复位阶段：MN1、MN4 和 MN3 都导通，C_1 右边与 MN2 的源极连在一起，从而将 MN2 变成了一个二极管接法的 TFT。

(3)获取阈值电压阶段：MN1 和 MN3 导通、MN4 关闭，这样 V_{DD} 电压将对 C_1、C_2 进行充电，使得 MN2 的栅极电压升高，当 MN2 的栅-源极之间的电压达到 V_{th} 时(此时 MN2 将截止)，该充电过程完成，此时 MN2 的栅极电压(即 A 点电压)为 $V_{DD}+V_{th}$。

(4)存储阈值电压阶段：MN1 导通、MN3 截止，此时 MN2 的栅极电压将被存储在 C_2 管的下端，即 MN2 管的阈值电压被存储在 C_2 电容的两端。

(5)加载数据电压阶段：MN1 仍然导通，Data 线跳变，变化量为 ΔV_{data}，由于 C_1 和 C_2 的电容耦合效应，A 点电压变为 $V_{DD}+V_{th}+C_1\Delta V_{data}/(C_1+C_2)$。此时 MN4 仍然截止，所以 OLED 并没有发光。

(6)存储数据电压阶段：MN1、MN3 和 MN4 都处于关闭状态，此时的数据被 C_2 存储起来，以便让 OLED 在这一帧接下来中保持发光状态。

(7)恢复数据线阶段：该阶段恢复数据电压到统一的高电平，以便控制下一行的使用，而且此时的 MN1 是关闭状态，所以对 MN2 的栅极电压没有影响。

（8）OLED 发光阶段：MN4 导通，电流流过 OLED，OLED 发光。此时流过 OLED 的电流可以用式（4-18）表示，从该式也可以看出，OLED 的发光电流与驱动管 MN2 的阈值电压 V_{th} 无关。

$$I_{OLED} = \frac{1}{2}\mu C_{OX}\left(\frac{W}{L}\right)\left(\frac{C_1}{C_1 + C_2}\Delta V_{data}\right)^2 \tag{4-18}$$

该像素电路锁存阈值电压的原理：首先将驱动管 TFT 接成二极管形式，然后对其进行充放电，直至该驱动管截止，此时栅极就能获取该驱动管的阈值电压了。需要注意的一点是，该驱动时序划分为 8 个阶段，在每个阶段只有一个信号发生跳变，这样的时序设计是为了避免信号之间竞争冒险。

图 4-41 给出另外一个 p 型 TFT 构建补偿像素电路的例子[81]。该电路的驱动时序可分为三个阶段：①初始化阶段，A 点的电压（V_A）初始化为 V_{int}；②阈值电压锁存和数据加载阶段，V_A 通过 T2、T1 和 T3 从 V_{int} 充电至 $V_{data}+V_{th}$；③发光阶段，ELVDD 通过 T5、T1 与 T6 驱动 OLED 发光，OLED 电流可表示为

$$I_{OLED} = \frac{1}{2}\mu C_{OX}\left(\frac{W}{L}\right)\left(V_{data} - ELVDD\right)^2 \tag{4-19}$$

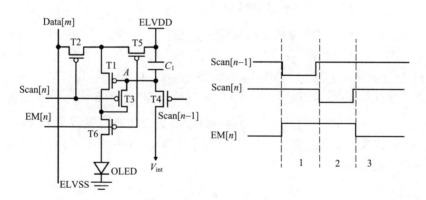

图 4-41　6T1C 像素电路及其驱动时序

Data 代表数据信号；Scan 代表扫描信号；ELVDD 代表电源端；ELVSS 代表负电源端；EM 代表发光控制线

图 4-41 电路的一个特点是实现扫描控制线 Scan 的复用，时序控制相对简单。

由于 AMOLED 显示趋向于大尺寸、高分辨率及 3D 显示，上述补偿型像素电路很难满足这些需求。究其原因，是由于补偿型像素电路中阈值电压的锁存时间都比较长，所以每一行所需要的扫描时间也比较长。对于大尺寸、高分辨率显示，

增加扫描行数，减少扫描时间，使得其阈值电压锁存的时间减少，造成阈值电压锁存不充分，从而造成了显示屏的不均匀性。而 3D 显示需要较高的频率，一般至少要 120Hz，也使得每行的扫描时间减少，这些对于前面所提出的像素电路而言都是非常严重的问题。Park 等[81]提出了一种高速的电压编程型像素电路，原理图及驱动时序如图 4-42 所示。

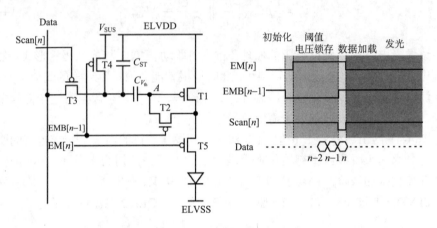

图 4-42　5T2C 像素电路及其驱动时序

该电路分成了四个阶段：①初始化，T4 导通，电容 $C_{V_{th}}$ 的左端变成了 V_{SUS}，而 T2 也是导通的，将 T1 变成了二极管接法的 TFT，此时 T1 的栅极也被拉到一个高电平；②阈值电压锁存：T2 和 T4 仍然保持导通状态，T5 截止，通过 T1 和 T2，T1 的栅极被充电到 $ELVDD+V_{th}$；③数据加载：T3 导通，其余 TFT 都保持关闭状态，这样数据电压就被写入到了 $C_{V_{th}}$ 的左端，即 $C_{V_{th}}$ 的左端电压由 V_{SUS} 变成了 V_{data}，从而 T1 的栅极电压(即 A 点电压)就由 $ELVDD+V_{th}$ 变成了 $ELVDD+V_{th}+V_{data}-V_{SUS}$；④发光阶段：T3 关闭，T5 开，这样 OLED 中就流过了相应的发光电流，该电流表示为

$$I_{OLED} = \frac{1}{2}\mu C_{OX}\left(\frac{W}{L}\right)(V_{data} - V_{SUS})^2 \tag{4-20}$$

该电路之所以能够应用于大尺寸、高分辨率及 3D 显示，主要是在其阈值电压的锁存阶段中，阈值电压的锁存从扫描时间中分离了出来，阈值电压的锁存时间将不受帧频所影响，可以相应地延长其阈值电压锁存阶段，让阈值电压得到充分的锁存。

吴为敬等[82]设计了 5T2C 像素电路，如图 4-43 所示，工作原理如下：①在 A 点电压将通过 T4 和 T3 充到一个特定值；②V_A 将通过 T3、T2、T5 放电直至 T2

关断，因此，T2 的阈值电压储存在 C_2，即 $V_A=V_{th}$；③数据通过 C_1 和 C_2 的电容耦合效应加载到 A 点，$V_A=V_{th}+C_1V_{data}/(C_1+C_2)$。在发光阶段，OLED 发光，其电流为

$$I_{OLED} = \frac{1}{2}\mu C_{OX}\left(\frac{W}{L}\right)\left(\frac{C_1}{C_1+C_2}V_{data}\right)^2 \tag{4-21}$$

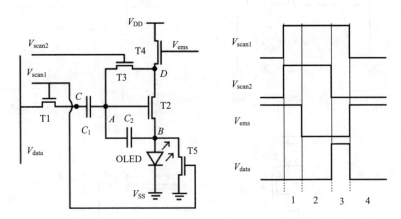

图 4-43   5T2C 电路及其驱动时序

V_{ems} 为发光控制信号

需要注意的是，像氧化物 TFT 的阈值电压可能在零附近，可正可负。对于具有负阈值电压特性的 n 型 TFT 构建的像素电路，像图 4-43 那样通过电容放电锁存驱动 TFT 阈值电压的方式就不可行了。图 4-44 给出一个可以补偿正阈值电压或负阈值电压的像素电路例子[83]，原理如下：①信号复位，驱动管（DrTr）的漏源电压大于阈值电压；②阈值电压锁存和数据加载同步进行，这样，B 点的电压为 V_0-V_{th}，存储电容 C_{st} 存储的电压为 $V_{data}-(V_0-V_{th})$；③存储电容 C_{st} 连至驱动 TFT（DrTr）的栅极和源极，因此 DrTr 的栅源电压为 $V_{data}-(V_0-V_{th})$，此阶段 OLED 发光，OLED 电流表示为

$$I_{OLED} = \frac{1}{2}\mu C_{OX}\left(\frac{W}{L}\right)(V_{data}-V_0)^2 \tag{4-22}$$

最近吴为敬等[84]也提出了一个 5T2C 像素电路，如图 4-45 所示。该像素电路不仅能够补偿驱动管的正的阈值电压，还能补偿驱动管的负的阈值电压，非常适合金属氧化物 TFT 的 0 V 左右阈值电压的特性。

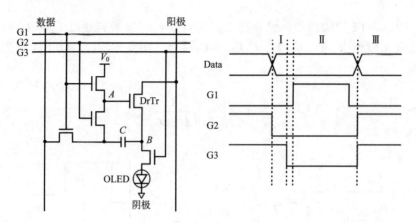

图 4-44 5T1C 像素电路及其驱动时序

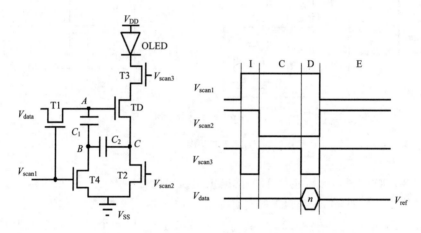

图 4-45 5T2C 像素电路及其驱动时序

该像素电路的工作原理也是分为四个阶段：初始化(I)、阈值电压锁存(C)、数据加载(D)和发光(E)，具体的工作过程如下所示：

(1)初始化阶段：扫描控制信号线 V_{scan1} 和 V_{scan2} 被设置成高电平，打开 T1、T2 和 T4。而扫描控制信号线 V_{scan3} 被设置成低电平以关闭 T3，防止 OLED 在初始化阶段发光，从而提高显示屏的对比度。于此同时，数据信号线 V_{data} 上载入一个参考电平 V_{ref}，并且通过 T1 写入到 A 点，所以 A 点的电压 V_A 变为 V_{ref}，即 $V_A = V_{ref}$。而 B 点和 C 点分别通过晶体管 T2 和晶体管 T4 连接到地，所以 B 点和 C 点的电压都变成 0 V，即 $V_B = 0$ V，$V_C = 0$ V。

(2)阈值电压锁存阶段：扫描控制信号线 V_{scan1} 仍然保持高电平以打开晶体管 T1 和 T4，数据信号线上的电压依然维持 V_{ref}，因此 A 点和 B 点的电压依然保持不变，分别为 $V_A = V_{ref}$，$V_B = 0$ V。而 V_{scan2} 由高电平变到一个低电平以关闭晶体管 T2，V_{scan3} 由低电平变到一个高电平以打开晶体管 T3。因此，V_{DD} 通过 OLED 和晶体管 T3 对 C 点充电，一直充电到驱动管 TD 关闭，此时 C 点的电压变成 $V_{ref}-V_{th}$，驱动管 TD 的阈值电压被获取。此处可以看出，不管驱动管 TD 的阈值电压是正极性还是负极性，只要数据信号线所加载的初始化电压 V_{ref} 比驱动管 TD 的阈值电压 V_{th} 大（即 $V_{ref} > V_{th}$），驱动管 TD 的阈值电压都可以获取。

（3）数据加载阶段：扫描控制信号线 V_{scan1} 仍然保持高电平，V_{scan2} 仍然保持低电平，所以 T1 和 T4 依然保持导通的状态，T2 依然保持关闭的状态。而扫描控制信号线 V_{scan3} 由高电平变化到低电平，从而关闭 T3。与此同时，数据信号线上加载数据电压 V_{data}，通过晶体管 T1 加载到 A 点。由于 T4 是导通状态，所以 B 点依然维持在 0 V，从而阻止了 C_1 和 C_2 的耦合效应，C 点电压也依然维持固定的电压，即 $V_C = V_{ref}-V_{th}$。

（4）发光阶段：扫描控制信号 V_{scan1} 由高电平变化到低电平关闭晶体管 T1 和 T4，A 点和 B 点都处于悬浮的状态。因此，C 点的电压若发生变化，A、B 两个点的电压也会由于电容 C_1 和 C_2 的耦合效应而发生相应的变化，即 A 点和 C 点之间的电压差会维持固定，为 $V_{AC} = V_{data} - (V_{ref} - V_{th})$。此时，扫描控制信号线 V_{scan2} 和 V_{scan3} 都由低电平变化到高电平，分别打开晶体管 T2 和 T3，OLED 发光，并且流过 OLED 的电流等于工作在饱和区的驱动管 TD 的漏极电流，如式(4-23)所示：

$$I_{OLED} = \beta\left[\left(V_{data} + V_{th} - V_{ref}\right) - V_{th}\right]^2 = \beta\left(V_{data} - V_{ref}\right)^2 \qquad (4\text{-}23)$$

从式(4-23)可以看出，流过 OLED 的电流只与所加的数据电压 V_{data} 及参考电平 V_{ref} 有关，与驱动管 TD 的阈值电压无关。因此，该像素电路可以很好地补偿驱动管的阈值电压。

4.4.3 阵列编程方法

当像素组成像素阵列后，就要考虑像素阵列的编程方法。图 4-46 给出传统补偿型像素电路的编程方法，其中 I 代表初始化，C 代表阈值电压锁存，D 代表数据加载，E 代表发光。这种编程方法的特点是，第 i–1 行完成数据加载后，第 i 行才开始初始化。图 4-41 补偿型像素电路的阵列编程方法就可归于这种。显然，因为阈值电压补偿需要较多时间（一般要几十微秒），这种编程方案需要额外增加像素电路的编程时间，编程速度较慢。当这种编程方法应用于大尺寸、高分辨率或者 3D 显示时，其编程的时间往往是不够的，从而又造成了对 TFT 和 OLED 的阈值电压锁存不充分，造成屏的显示不均匀。

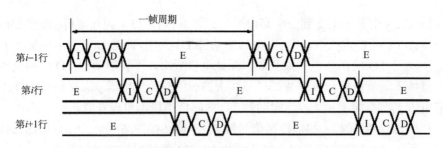

图 4-46 传统编程方法

图 4-47 为流水线的编程方法[85]。这种编程方法的特点是，第 i−1 行完成初始化开始阈值电压补偿时，第 i 行就可以开始初始化，行与行之间是并行处理的，因此互不影响。图 4-42 所示的像素电路就属于这种编程方法。这种编程方法使得像素电路在编程时将阈值电压锁存阶段从扫描时间中分离出来，从而可以延长其阈值电压的锁存时间，使之对驱动管 TFT 和 OLED 的阈值电压进行充分锁存。这种方案使得像素电路能够具有接近传统 2T1C 像素电路的编程速率。

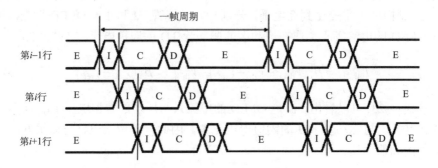

图 4-47 流水线编程方法

图 4-46 和图 4-47 所示的编程方法中，每一帧中都必须对驱动 TFT 的阈值电压进行锁存，相对于 2T1C 像素电路而言，增加了相应的功耗。图 4-48 为采用交叉寻址编程方案[86]。该方案是同时锁存一些行的阈值电压，利用电容将这些行的阈值电压存储起来，以使得接下来的一些帧不再需要锁存阈值电压，可以直接加载数据，然后发光，从而节省编程功耗。但是，这种方法由于是使某一些行的阈值电压同时锁存，所以在一个大周期中，这些行的最后一帧的发光时间是不相同的，且同一个像素最后一帧周期的发光时间与前面的帧周期也不一样，这样使得显示效果变差。另外，该驱动方案的时序较为复杂。

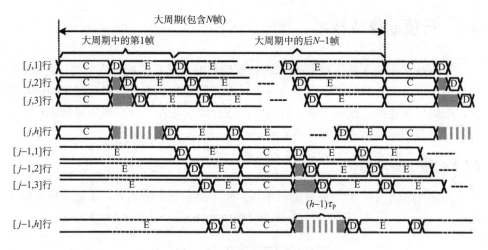

图 4-48　交叉寻址编程方法

在一次锁存驱动方法基础上，吴为敬等[87]提出了一种使用流水线与一次锁存混合的高速低功耗阵列编程方法(图 4-49)，并提出了相应的像素电路。该驱动方法具体描述如下：每个大周期包括 N 帧，第 1 帧中，编程经过初始化、阈值电压锁存、数据加载和 OLED 发光阶段，且阈值电压锁存是从扫描信号中分离出来的；第 2~N 帧，编程只经过数据加载和 OLED 发光阶段。对整个像素阵列而言，在第 i 行的像素完成初始化步骤时，第 i+1 行的像素开始进行初始化步骤。这样，不仅可以补偿驱动管的阈值电压漂移和 OLED 退化而保证显示质量，还可以降低功耗并有效提高编程速率，使之适用于大尺寸、高分辨率的显示。该方法集成一次锁存和流水线编程的优点，并且可以做到每个像素每一帧的发光时间保持一致，其编程速率可接近传统的 2T1C 电路，编程功耗比传统的流水线编程方式低许多，尤其在高分辨率显示上更有优势。

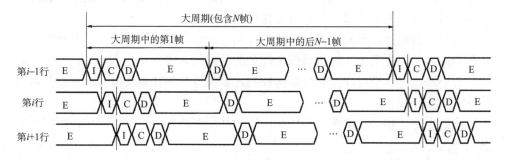

图 4-49　混合编程方法

4.5　行驱动集成技术

行驱动集成技术是指利用 TFT 将行驱动电路与显示阵列集成至同一衬底，替代外接行驱动芯片的技术。行驱动集成技术能降低制造成本、提升显示屏的可靠性、缩短屏幕边框。此外，由于替代了刚性行驱动芯片，行驱动集成技术也成为柔性显示与印刷显示的关键技术之一。

4.5.1　显示驱动架构

如图 4-50 所示，一个完整的显示屏，除了显示像素阵列外，还必须包含以下电路。

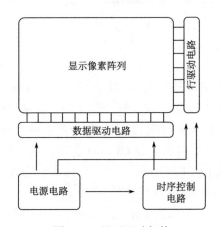

图 4-50　显示驱动架构

时序控制电路：显示屏的时序控制中心，配合每一帧图像，产生对应的行同步信号（HSYNC）、场同步信号（VSYNC）、像素时钟（PCLK）、使能信号（DE）等控制信号，控制其他模块协同完成图像的显示。

数据驱动电路：受时序控制电路的控制，对输入数据进行缓存，并将图像数据转换成对应的像素电压输出至像素阵列的数据线。

行驱动电路：受时序控制电路的控制，循环地产生行驱动信号，逐行开启像素阵列的扫描线。

电源电路：将系统电源转换成显示屏各功能电路所需的工作电压，同时产生各种参考电压。

随着芯片制造工艺的进步，主流的显示驱动芯片均包含了时序控制电路、数据驱动电路及电源电路的功能，甚至还有部分包含了行驱动功能全集成驱动芯片。但是随着显示屏分辨率的不断攀升，全集成驱动芯片的引脚随之增加，密集的引脚不仅会增加信号走线的困难，还容易造成信号线之间的干扰，降低显示屏的稳定性，因此通常需要使用额外的行驱动芯片。同时，随着显示屏的面板尺寸的增大，单一行驱动芯片已经不能够很好地满足性能需求，因此大尺寸显示屏要增加使用多颗行驱动芯片级联，增加的芯片不仅会提高制造成本，而且会降低产品的成品率。行驱动电路从电路功能上看，可以理解为移位寄存器，相对数据驱动电路简单得多，因此行驱动集成技术应运而生。行驱动集成技术是采用 TFT 技术把行驱动电路直接集成制备在显示面板上替代外接行驱动芯片的技术，如图 4-51 所示。行驱动集成技术能降低制造成本、提升显示屏可靠性、缩短屏幕边框。由于衬底耐温有限，柔性显示面板的集成电路绑定工艺更为困难，在柔性显示面板上直接集成行驱动电路，能够节省芯片成本并增强柔性显示的可靠性。

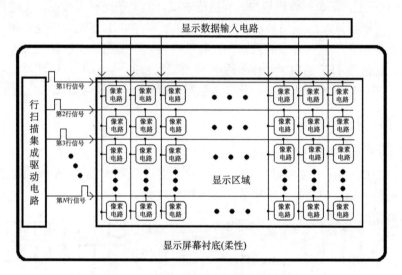

图 4-51　集成有行驱动电路的显示架构

4.5.2　行驱动电路的结构和时序

一个典型的行驱动电路可分为三个模块：输入模块、内部处理模块及输出模块。

输入模块：对上一级行驱动电路的输出信号进行采集存储，并传输至内部处理模块，同时还受到内部处理模块及外部时钟的控制。

内部处理模块：由信号处理单元、反相器单元、反馈单元等组成，负责接收输入模块传输的信号，处理后传输至输出模块并反馈至输入模块，还负责行驱动电路的初始化、复位等功能，是行驱动电路的核心部分。

输出模块：由内部处理模块与外部驱动时钟控制，输出驱动信号。为保证足

够的驱动能力，模块内晶体管尺寸远大于电路中其他晶体管，因此输出模块占据
电路的主要面积。

同样地，行驱动集成电路一次完整的工作时序也可分为三个阶段：输入阶段、
输出阶段及复位阶段。

输入阶段：完成输入信号的采样存储，输出模块初始化等工作。

输出阶段：输出驱动信号，并对电路做复位前准备。

复位阶段：复位电路，等待接收下一次输入信号。

4.5.3　用于行驱动电路的 TFT 器件

用于行驱动技术的 TFT 有非晶硅 TFT、多晶硅 TFT 及氧化物 TFT 三种。非
晶硅 TFT 的工艺简单、成膜均匀、制造成本低，但电子迁移率较低，不能满足高
分辨率、高刷新速率的新型显示器的性能需求。多晶硅 TFT 的电子迁移率高，但
制造工艺复杂、工艺温度较高且器件一致性较差，不适用于柔性显示或大尺寸显
示领域。氧化物 TFT 的电子迁移率适中、一致性良好、工艺温度低且能与 a-Si：H
TFT 工艺相兼容，因而成为下一代显示领域的研究热点。

4.5.4　典型行驱动电路

图 4-52 为一种基于 n 型器件的行驱动电路[88]，适用于非晶硅 TFT 或多晶硅
TFT，其中 T3～T6 构成 RS 锁存器单元。该电路结构简单，仅需 6 个 TFT 和 1 个
电容，电路占用面积小，易于集成。其工作原理如下：

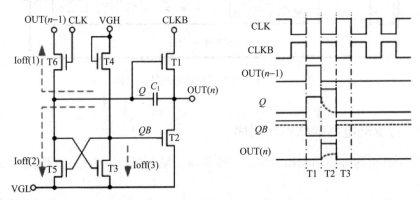

图 4-52　n 型 TFT 构建的行驱动电路及其驱动时序

CLK 代表时钟信号；VGH 代表栅压(高)；CLKB 代表时钟信号 B；Ioff(1)代表关态电流 1；OUT 代表输出信号；
VGL 代表栅压(低)

输入阶段：T6 被 CLK 打开，上一级行驱动电路输出的高电平信号通过 T6
存储至 C_1，Q 点电压升高并打开 T3，将 QB 点电压拉低至 VGL。

输出阶段：CLKB 升高时，由于电容耦合效应，Q 点的电压被耦合至更高，使 T1 彻底打开，CLKB 通过 T1 输出驱动信号。QB 点电压保持低电平状态不变。

复位阶段：T6 再次被打开并释放 C_1 中存储的电荷，Q 点电压随之降低，T3 被关闭。QB 点由 T4 被充电至高电平并打开 T5，加速 C_1 中电荷释放，同时 T2 也被打开，输出回到低电平状态。电路完成复位。

类似地，p 型 TFT 器件也能用于构建行驱动电路。p 型 TFT 器件主要指多晶硅器件，在多晶硅技术中，p 型 TFT 相对于 n 型 TFT 具有更好的稳定性。图 4-53 给出一个采用全 p 型 TFT 的行驱动电路及其驱动时序[89]。每极包含 8 个 p 型 TFT，其中，P7 和 P8 作为输出缓冲，P1、P3、P5 和 P6 构成一个反相器，P2 和 P4 作为复位使用。此外，该电路仅需一个控制时钟信号及两路电源 V_{DD} 与 V_{SS}。驱动时序也很简单，同图 4-52 的 n 型 TFT 行驱动电路相似。需要注意的是，该电路的复位由下一级电路控制。

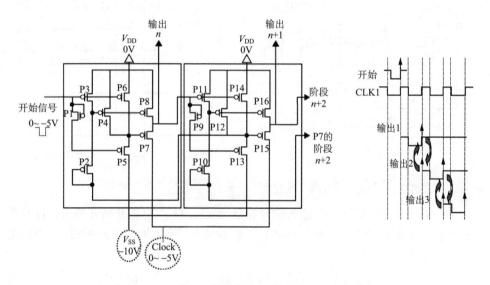

图 4-53　p 型 TFT 构建的行驱动电路及其驱动时序

Clock 代表时钟信号

不过，由于氧化物半导体通常是 n 型的，所以图 4-53 所示的 p 型 TFT 构建的行驱动电路不适用于氧化物 TFT；同时，因为一般氧化物 TFT 属于常开型器件，在栅源电压为 0 V 时，TFT 仍有一定电流流过，不能完全关断，所以图 4-52 所示的 n 型 TFT 构建的行驱动电路也不适用于氧化物 TFT。如图 4-52 所示，由于在电路工作过程中 T3、T5 及 T6 的栅-源极间电压为 0 V 时 TFT 仍具备电流流通能力，且正比于 TFT 器件尺寸，因而电路存在 3 条主要的电流泄漏途径。如虚线所示，当 Q 点为高电平时，T5 与 T6 泄漏的电流将拉低 Q 点电压，使 T1 不足以彻底开启而拉低输出摆幅，而 T2 泄漏的电流将进一步降低输出摆幅，弱化电路的驱动能力。此外，电流的泄漏还会增加功率消耗。因此，在设计基于氧化物 TFT 的行驱动电路时需要作一些专门的考虑。

图 4-54 为针对氧化物 TFT 的改进型行驱动电路。同图 4-52 比较，电路保留了 RS 锁存器单元，但输出结构拆分成独立的移位输出单元及驱动输出单元，并分别连接至两个不同的负电源 VGL1 与 VGL2，通过两个负电压之间的电压差彻底关闭驱动 TFT。此外，电路还使用了串联晶体管反馈单元(series connected two transistors，STT)以减少电路电流泄漏途径[90]，增大电路摆幅，提高工作效率。该电路工作原理如下。

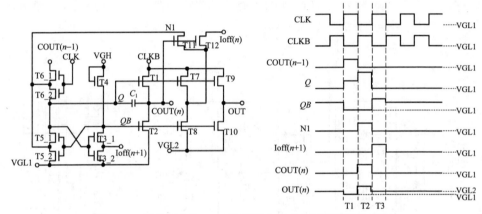

图 4-54　基于氧化物 TFT 的行驱动集成电路及其驱动时序

输入阶段：T6 被打开将输入信号存储至 C_1，Q 点电压升高并将 T3 打开将 QB 点电压拉低至 VGL1，由于 VGL1 负于 VGL2，因此 T8、T10 的栅-源极间电压为负，被彻底关闭。

输出阶段：由于 C_1 的电容耦合效应，Q 点电压在 CLKB 升高时被耦合至更高，CLKB 通过 T1 和 T9 分别产生移位信号和行驱动信号，CLKB 还通过 T7 和 T11 反馈至 STT 单元的 T5、T6，进一步减少电流泄漏。此外，CLKB 还由 T12 反馈至上一级行驱动电路的 T3 以稳定电路复位状态，避免干扰本级行驱动电路的输出信号。

复位阶段：C_1 中电荷被释放使 Q 点电压下降从而关闭 T1、T3、T7、T9，QB 点电压上升打开 T2、T8、T10，电路完成复位。T3 在此阶段因下一级行驱动电路的反馈而保持关闭，使 QB 点电压保持稳定。

图 4-55 为基于金属氧化物 TFT 的新型行驱动电路[91-93]。在内部模块中，T1 与 T2 串联构成一个 STT 结构，T7 作为反馈 TFT 连接到 STT 结构内部以切断内

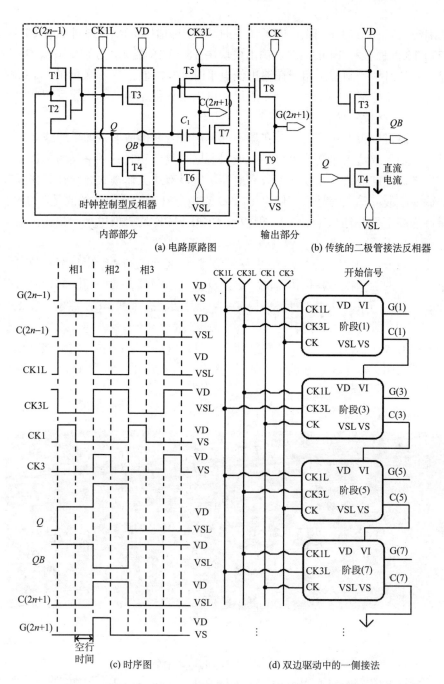

图 4-55　基于氧化物 TFT 的新型行驱动集成电路及其驱动时序

部泄漏电流路径。T3 和 T4 组成了新型的时钟控制型反相器，时钟信号 CK1L 同时控制 T3 的栅极和 T4 的源极。输出模块由 T8 和 T9 组成，分别受节点 Q 和 QB 的控制。该时钟控制型反相器在输出低电平时 T4 导通、T3 是关闭的，T3 和 T4 之间没有直流电流回路。因而，T4 的尺寸可以设计得比传统二极管反相器中小得多，从而节省电路面积。

该电路可以根据实际需求，在显示屏单侧或者两侧放置，即单边或者双边工作模式。由于双边工作模式更容易实现窄边框，且驱动时钟频率仅为单边工作模式的一半，因此双边工作模式的效率更高，现以双边工作模式介绍其工作原理。

输入阶段：输入信号被存储至 C_1，Q 点电压升高。需要注意的是，QB 点电压保持为高电平并打开 T6、T9，但由于 CK3L、CK 均为低电平，故输出信号均保持低电平不变。

输出阶段：CK3L 通过 T5 输出移位信号，CK 通过 T8 输出行驱动信号，但行驱动信号的脉宽仅为移位信号的一半。Q 点电压因耦合效应而随 $C(2n+1)$ 升高而升高，T3 由于 CK1L 变低而关闭，T4 保持开启状态不变，QB 点电压变低，关闭 T6 与 T9，维持输出稳定。

复位阶段：CK1L 重新变高并打开 T1、T2，Q 点电压因 C_1 电荷被释放而变低，从而关闭 T4。QB 点则被 VD 通过 T3 充电至高电平，打开 T6、T9，电路完成复位。

图 4-56 为该行驱动电路图片。图 4-57 是其实测的输出波形。

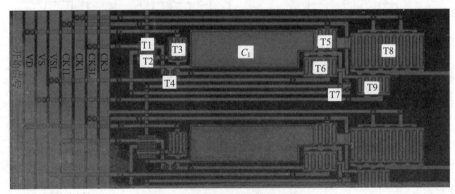

图 4-56　行驱动电路显微图

图 4-58 为集成在柔性 AMOLED 显示屏上的氧化物 TFT 行驱动电路的拓扑、时序及级联图[94]。该行驱动电路由 9 个 TFT 和 2 个电容组成，采用单边驱动方式。行驱动电路设计参数如表 4-4 所示。图 4-59 为集成有行驱动电路的柔性 AMOLED 显示屏。图 4-60 为行驱动电路第 1 级和第 600 级的输出波形。

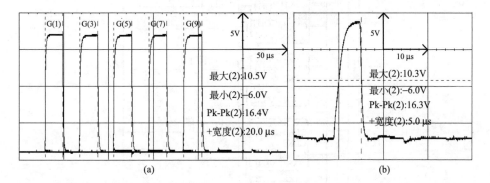

图 4-57　(a)前 5 级输出波形，时钟频率为 12.5 kHz；(b)时钟频率为 50 kHz 时的第 10 级输出
波形

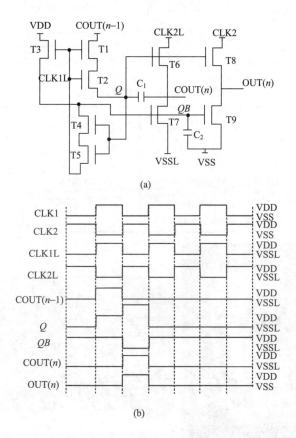

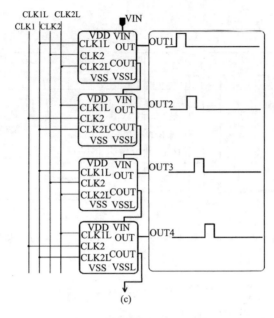

图 4-58　单级行驱动电路拓扑图(a)、时序图(b)和级联图(c)

表 4-4　行驱动电路设计参数

单元器件	参数	单元器件	参数
T1,T2,T3,T4,T5 (W/L)	50μm/10μm	C_1	6 pF
T7 (W/L)	80μm/10μm	C_2	3 pF
T6 (W/L)	160μm/10μm	CLK1L, CLK2L	10～–8V
T9 (W/L)	400μm/10μm	CLK1, CLK2	10～–6V
T8 (W/L)	800μm/10μm		

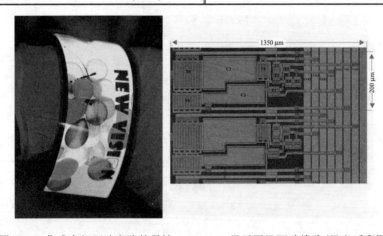

图 4-59　集成有行驱动电路的柔性 AMOLED 显示屏及驱动线路(见文后彩图)

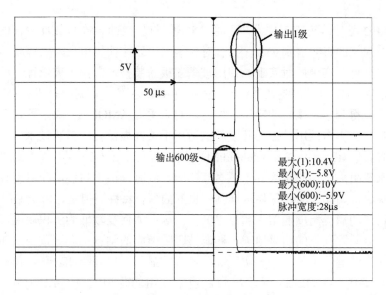

图 4-60　行驱动电路输出波形

总之，行驱动集成技术是平板显示及未来柔性显示的一项重要技术。TFT 行驱动电路也正朝着结构简单、高速、低功耗及高可靠性等方向不断发展。

4.6　印刷显示器件封装技术

4.6.1　印刷显示发展趋势及封装技术

从有机电子封装技术发展史及趋势来看，封装经历了传统盖板刚性封装、无机层薄膜刚性封装，到今天柔性薄膜封装；结构也由单层发展到现在多层复合薄膜结构；工艺方法上也经历了从简到繁，再到优势互补、工艺一体化集成的发展趋势。但是总地来看，有机电子产品的特征，如承受温度较低、柔性、轻、薄及成本低等，决定了柔性薄膜封装将是该产业技术的终极选择。

印刷显示技术具有低成本、易加工、易规模化生产的优势，但是如果需要进一步推进商品化，还需要解决其可靠性的问题。其中封装技术是保障印刷显示器件可靠性的关键环节。封装不仅可以对器件提供物理保护，还能防止外界环境中水氧气氛对器件造成的侵蚀。但是由于 OLED 器件中的有机发光材料和金属电极材料对环境中的水气及氧气极其敏感，因此为了保证 OLED 器件能够正常工作，人们需要对其进行封装处理。通常认为，封装工艺需要满足水蒸气渗透率（WVTR）小于 $1×10^{-6}$ g/(m²·d)，氧气渗透率（OTR）小于 10^{-3} mL/(m²·d)的封装要求，才能保证 OLED 器件的正常工作[95-97]。通常来说，氧气侵蚀导致 OLED 寿命的衰减约占 5%，而水气的影响占到 95%。因此，对封装的研究往往集中在阻隔薄膜的 WVTR 性能上。目前，在硬质衬底上，使用玻璃盖板封装技术，由于玻璃优异的水氧隔绝性能，WVTR 可以控制在 1×10^{-6} g/(m^2·d) 以内[98]。该封装技术在 AMOLED 产品中已经得到了大规模的应用。但是，对于柔性 AMOLED 显示器，现行的玻璃盖板封装已不再适用，需要开发新的适用于柔性显示屏的封装技术。

薄膜封装(thin-film encapsulation, TFE)技术，是指在 OLED 器件表面制备一层超薄的水氧阻隔层，防止外界水氧对其影响。同时，由于封装薄膜厚度较薄，仅为微米量级，因此还能确保显示屏具有良好的弯折特性。但是，由于 OLED 器件中有机材料的耐受温度通常不超过 100℃，因此如何在较低的沉积温度，获得具有较高水氧阻隔性能的阻隔薄膜，同时该阻隔薄膜的制备不会导致 AMOLED 性能劣化成为关键。另外，为了实现高分辨率的显示屏，并降低功耗，在针对小尺寸移动终端的 AMOLED 显示屏中，通常使用的是顶发射 OLED(top-emitting organic light-emitting diodes，TE-OLED)结构。在 TE-OLED 结构中，有机发光层所发出的光需要透过阻隔薄膜向外发射。这就意味着，薄膜封装的另一个挑战是需要制备透明的水氧阻隔膜。同时，相比于传统的以玻璃为衬底的 AMOLED 技术，薄膜封装技术中的封装薄膜与 OLED 器件的黏附性、封装薄膜内应力及缺陷控制等因素，都将会决定柔性显示器件的最终显示质量和显示寿命[99-101]。因此可以说，柔性显示器件的薄膜封装技术是决定器件寿命及器件可否达到应用性层面的决定性因素。

4.6.2 水氧渗透机制与检测方法

1. 水氧渗透模型

水氧渗透可以看作由水氧的压力差及浓度差所导致的分子扩散[102-104]。渗透过程可描述为两步过程，首先是膜层对水氧的吸附，然后是水氧分子向膜内部扩散。对于单层膜，渗透率 P 是溶解度系数 S 与扩散系数 D 的乘积：

$$P = S \times D \tag{4-24}$$

而扩散过程可以由 Fick 第一扩散定律和亨利定律所描述。渗透通量 J 与浓度 c 成正比：

$$J = -D \cdot \nabla c \tag{4-25}$$

根据亨利定律，假设 J 与 c 相关，c 与分压 P 存在线性关系，$c = S\Delta P$，则可推出静态下的方程：

$$J = DS(P_0 - P_1) / L \tag{4-26}$$

式中，L 为膜的厚度。该方程对时间求导即可推算出单膜的渗透延迟时间。

而在多层膜系统中，水氧渗透率 (permeation rate) P_{total} 可以写为

$$\frac{1}{P_{total}} = \frac{1}{P_{film1}} + \frac{1}{P_{film2}} + \cdots + \frac{1}{P_{filmN}} \tag{4-27}$$

式中，film1～film$N$ 为起到水氧隔绝作用的无机薄膜；因为去耦层通常由有机物组成，水氧阻隔性能很差，所以可以不计入水氧渗透率的计算[105]。

如图 4-61 所示，L_a 代表去耦层的厚度；L_h 代表无机层中水氧渗透通道的直径；L_d 代表水、氧分子在去耦层的扩散长度。通过数值计算可以看到，在 L_a 较大时，系统的 WVTR 与 L_a 的数值无关。此时，WVTR 数值主要为多层膜系统中水氧渗透率公式所决定；但是当 L_a 持续减小，可以看到系统的 WVTR 会迅速降低。这主要是由于扩散延迟通道 (tortuous path) 的形成。扩散延迟通道是指当 L_a 降低到一定程度后，水氧在无机膜层间的扩散会受到严重散射的情况。这使得水氧渗透率明显下降[106]。因此，在进行多层膜设计时，需要尽量形成扩散延迟通道，降低水氧渗透率。

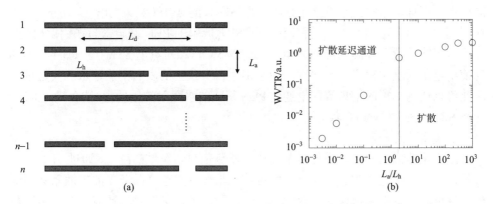

图 4-61　(a) 多层薄膜渗透示意图；(b) 阻隔薄膜层间厚度与渗透孔径比值和水蒸气渗透率关系示意图[106]

2. 封装膜水蒸气渗透率的表征方法

设计高质量的封装薄膜，并根据测试结果优化薄膜结构与制备工艺至关重要。而印刷显示器件要求封装薄膜水蒸气渗透率低于 10^{-6} g/(m²·d) 具有极高的挑战性。

目前商用水蒸气渗透率测试设备主要分为直接测试和间接测试两种方式。其中，直接测试的代表方法有库仑检测法 (Mocon 公司专利)、同位素质谱法；间接

测试法有 Ca 膜测试法。

1)ASTM E96 标准测试方法

依据美国材料与试验协会(ASTM)的 E96 测试标准,用于评估测试半透性或可透性薄膜的 WVTR 的标准方法,也被称为称重法[107]。其具体操作方法如下:①制备样品膜,直接使用薄膜样品,或以 PEN、PET 基膜作为衬底,进行薄膜沉积;②用样品薄膜封盖住盛有蒸馏水的测试杯口,并使样品与水面之间留有 0.25～0.75 in 高的空气空间,然后将样品与杯子接缝处密封,防止水蒸气从边缘损失;③水蒸气主要从样品膜中渗透出来,先称量装置的初始质量,然后间隔一定时间进行周期性称量,直到质量变化曲线变为线性,再根据式(4-28)即可得到水蒸气渗透率:

$$WVTR = \frac{\Delta m}{t \cdot S} \tag{4-28}$$

式中,Δm 是测试杯减少的质量,g;t 为测试时间,d;S 为测试杯的有效扩散面积,m^2;WVTR 的单位为 $g/(m^2 \cdot d)$。另一种方法则是用干燥剂来取代测试杯中的水,干燥剂会吸收通过样品膜渗透进测试杯中的水蒸气。因此称取装置初始质量,然后对其进行周期性称量,直到质量变化曲线变为线性,Δm 则对应测试杯的增重,同样可根据式(4-28)计算得到样品薄膜的 WVTR。例如,Tessier 等[108]在铝罐中装填干燥剂 $CaCl_2$,并将沉积了 SiN_x 薄膜的 PEN 基膜密封在铝罐口处,然后将铝罐放置在高温高湿的环境下(温度 85℃,相对湿度 85%),每间隔 24 h 便使用电子天平对铝罐称量一次。由于铝罐自身致密的表面不能让水蒸气通过,因此可以认为铝罐的增重等同于通过 PEN 基膜的水蒸气的质量,并结合式(4-28)计算 SiN_x 薄膜的 WVTR 值。

2)湿度传感器法

湿度传感器法的原理是使用湿度传感器测量封装区域的湿度,通过 Fick 扩散方程,对其一维近似解进行拟合,即可获取水蒸气对于样品薄膜的扩散系数。此外,也可利用有限元模拟求解得到水蒸气扩散系数,甚至可以计算出在封装区域内部任意位置任意时刻的水蒸气浓度的分布情况。黄卫东等[109]使用奥地利 E+E Elektronik 公司 HC1000 型号的湿度传感器产品,对芯片包封结构的防潮性进行测量。该湿度传感器为电容式的工作原理,即在特定温度下,湿度传感器的电容值与传感器表面的相对湿度呈线性关系,如式(4-29)所示:

$$C = A(t) + B(t) \cdot RH \tag{4-29}$$

式中,C 为电容值;RH 为传感器表面的相对湿度;A、B 则设定为与时间 t 相关的两个常数。基于以上测量原理,他们首先将传感器对湿度的响应情况做出曲线,

以求得该温度下的 A、B 值。其具体方法为将湿度传感器置于恒温恒湿箱中，保持温度恒定，并在 20%～85% 的相对湿度范围内，持续升高相对湿度（间隔升高 5%），并保持 20 min 以达到平衡，此时测量其电容值。当一系列"相对湿度-电容值"测量完毕后，以相对湿度 RH 为横坐标，电容 C 为纵坐标，画出所测的 (C, RH) 坐标点，并进行线性拟合，即可求出该温度下的 A、B 值。在实际测量时，将湿度传感器一同封装在芯片内，只需保持测试温度与之前一致，便可实时获取湿度传感器位置的相对湿度对时间的变化关系，再进一步根据扩散方程拟合求解。

3) 库仑检测法

库仑检测法是通过库仑传感器与水分子发生反应，计算透过测试薄膜的水分子的绝对数量。库仑检测法是一种成熟的水蒸气渗透率检测方法，已有许多公司生产库仑测试设备，比较著名的有美国膜康(Mocon)公司生产的系列产品[110]。设备原理如图 4-62 所示，测试过程中，将待测薄膜夹在测试腔中。首先利用干燥的载气把残留的水蒸气带走。干燥的载气被输送到传感器内，当库仑传感器数值稳定后，该 WVTR 作为测试基准值。然后向测试腔中通入高温高湿气体，通过库仑探测器统计穿透过薄膜的水分子数量，并统计出 WVTR。该设备的操作使用过程简单，测试数值精确，但是其 WVTR 检测极限仅为 5×10^{-5} g/(m² · d)，无法满足 OLED 器件对薄膜封装测试要求[$<10^{-6}$ g/(m² · d)]，所以人们需要找寻更加灵敏的测试方法。

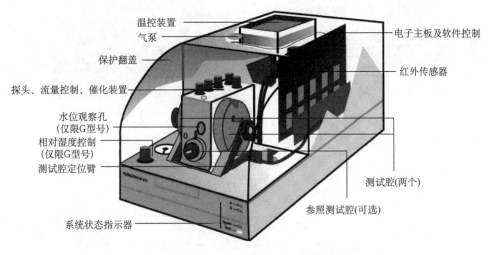

图 4-62　Mocon 测试原理图[110]

4) Ca 膜测试法

Ca 膜测试法是利用钙离子吸水后薄膜电阻发生变化，通过测试电阻随时间的变化值 dG/dt，并通过式(4-30)就能换算出该封装薄膜所对应的 WVTR 值[111]：

$$\text{WVTR}[\text{g}/(\text{m}^2 \cdot \text{d})] = -n\delta_{\text{Ca}}\rho_{\text{Ca}}\frac{\text{d}G}{\text{d}t}\frac{L}{W}\frac{M_{\text{H}_2\text{O}}}{M_{\text{Ca}}}\frac{S_{\text{Ca}}}{S_{\text{Window}}} \tag{4-30}$$

式中，G 为 Ca 膜的电导率；n 为降解反应的摩尔当量，在 Ca 与 H_2O 的反应中，该值通常为 2；δ_{Ca} 与 ρ_{Ca} 分别为 Ca 膜的电阻率(3.4×10^{-8} $\Omega\cdot\text{m}$)及薄膜密度(1.55 g/cm^3)，$M_{\text{H}_2\text{O}}$ 与 M_{Ca} 分别为 H_2O 和 Ca 的摩尔质量。其中 Ca 膜面积 S_{Ca} 和实际水氧渗透的窗口面积 S_{Window} 的几何尺寸是由实验设置所决定的，在研究内容中这两个面积相等。使用 Ca 膜测试方法进行 WVTR 测试的检测下限可以达到 10^{-7} g/(m^2 · d)。

　　Ca 膜腐蚀的 WVTR 电阻测试法评估叠层结构封装薄膜的水氧阻隔性能。该测试方法集成了数据自动采集系统，能够实时动态监测 Ca 膜电阻的变化，而这种变化一般具有欧姆特性。测试过程中采用的 Ca 膜厚度为 200 nm，测试区域的长宽尺寸为 10 mm×20 mm，测试所用的接触电阻为两个长条形状厚度为 100 nm 的 Al 电极，如图 4-63 所示。测试的 Ca 膜器件置于恒温恒湿的烘箱中，其中温度为 40℃，相对湿度为 100%，采用 Keithley 2400 SMU 探针系统提供检测电压。

(a) Ca膜腐蚀前　　　　　　　　　　　　　　(b) Ca膜腐蚀后

图 4-63　WVTR 测试的 Ca 膜腐蚀电阻变化的表征

5) 其他检测方法

(1) 质谱法。

　　质谱法是采用质谱仪分别测出真空腔体的本底质谱图，再将待测薄膜作为渗透窗口，一定时间后测出渗透后的腔体质谱图，通过计算即可得到薄膜的渗透率，检测灵敏度理论上可达 1×10^{-6} g/(m^2 · d)[112]。质谱法检测时不区分渗透的气体成分，可直接检测所有扩散成分，具有灵敏度高、测试速度快的优点[113]。

(2) 放射性同位素标记法。

　　放射性同位素标记法是将放射性气体作为示踪剂，通过对放射性分子的 β 射线进行检测，计算示踪分子的渗透速率的方法。Dunkel[114]将待测薄膜对盛装重水 (HTO) 和水 (H_2O) 混合液体的容器进行密封，使用甲烷 (CH_4) 气体吹扫，将从薄膜内侧扩散出来的 HTO 分子吹入检测器，一段时间后，即可获得 HTO 渗透速率曲线。由于 HTO 与 H_2O 分子的物理性质和化学性质十分接近，该方法用易检测的 HTO 分子的扩散来替代 H_2O 分子的扩散行为，从而实现对薄膜水蒸气渗透率的测试。由于 ^{14}CO 与 O_2 分子量接近，所以作者认为以 ^{14}CO 作为示踪剂测得的渗透率可作为该薄膜的 OTR 值。放射性同位素标记法灵敏度高，其 WVTR 检测下限为 $3×10^{-8}$ g/($m^2 \cdot$ d)。

4.6.3　针对 OLED 器件的薄膜封装技术

由于 OLED 器件各膜层极易受到外界机械力损伤，传统的使用玻璃或是金属盖板封装结合环氧树脂或玻璃粉的封装方式，都需要将封装盖上对应 OLED 发光区域的位置开凹槽，以避免在封装贴合时对 OLED 器件造成划伤。这导致了封装盖板厚度较厚，无法降低 OLED 器件的整体厚度。因此 1998 年开始，LG 公司开始尝试使用被称为 "Face Seal" 的封装技术[115]。该技术是尝试使用 PECVD 在 OLED 器件上直接制作 SiN_x 薄膜作为缓冲层，然后可以使用玻璃盖板结合环氧树脂进行封装。由于 SiN_x 薄膜对 OLED 器件具有一定的保护作用，可以使用平面超薄玻璃直接封装，因此大大降低了 OLED 器件整体厚度。同时，由于 SiN_x 薄膜的阻隔作用，对边缘环氧树脂密封宽度的要求下降，进而也压缩了封装边框的宽度。该技术可以说是薄膜封装技术的原型。

但是由于 OLED 器件耐温性的限制，在其上制备的无机薄膜制备温度通常不能超过 100℃。因此，在如此低温度下所制备的无机薄膜通常有大量的孔洞缺陷，导致依靠单层薄膜无法有效阻隔水蒸气/氧气的渗透。因此，目前具有多层薄膜叠层结构封装技术成为发展的主流。

在封装薄膜制备技术的发展初期，为了获得封装效果较好的薄膜，人们将如溅射、化学气相沉积、电子束蒸发及热蒸发等多种真空薄膜沉积手段结合起来，组成非常复杂的薄膜沉积系统来满足封装要求。这意味着需要配备巨大的真空腔体，多种薄膜沉积组件。因此，初期的薄膜封装系统，在设备制造复杂性、运行经济性等方面都存在巨大的问题。随着对薄膜沉积技术的研究深入，人们逐渐优化成膜技术，一方面希望能简化系统，减少薄膜沉积工艺种类，提高效率；另一方面希望能尽量摆脱真空薄膜制备工艺，降低设备运行成本。下面分别介绍几种叠层薄膜封装技术。

1. 有机/无机杂化叠层薄膜封装技术

近年来，旨在针对提高 OLED 器件寿命和可靠性的透明水氧阻隔薄膜的开发取得了非常大的进展。其中，利用有机/无机薄膜叠层组成的多层杂化结构最为成熟。聚合物层制备是采用真空蒸镀方法沉积光敏有机物单体，然后经过紫外光照射实现交联。而无机薄膜为真空热蒸发方法制备的超薄金属薄膜。起初，该技术被用于沉积上千层的金属银/聚合物叠层结构以形成高性能的薄膜电容器。但是后续人们发现这样的叠层体系具有良好的表面平整性和水氧隔绝能力。因此，使用电子束蒸发 Al_2O_3 薄膜替代金属银薄膜，进而实现了透明的水氧阻隔薄膜。后续，美国西北太平洋国家实验室的 Affinito 等[116-118]利用物理气相沉积(physical vapor deposition，PVD)方法替代电子束蒸发制备 Al_2O_3 薄膜，大大提高了无机薄膜的质量，获得了 WVTR 低于 10^{-5} g/$(m^2 \cdot d)$ 的阻隔膜。

在该技术专利中，具有较高密度的无机薄膜在叠层结构中主要起到水氧阻隔作用。目前，无机薄膜材料的制备通常采用 PVD 或是 PECVD 等方法，在不超过100℃的制备温度下，沉积 SiN_x、SiO_2 或 Al_2O_3 等薄膜。

其中采用 PVD 溅射制备 SiN_x、SiO_2、Al_2O_3 等介质薄膜，可以选择使用陶瓷靶直接溅射或使用单质靶反应溅射两种方式。使用陶瓷靶直接溅射介质薄膜，需要较高的溅射功率，沉积速率较慢，对 OLED 器件的影响明显，容易造成等离子体损伤。而采用反应溅射的方法，虽然长膜速率得到提高，但是通常容易出现靶材中毒的情况，产业化困难。如果采用反应溅射制作氧化物薄膜还会涉及引入氧化气氛，可能对 OLED 器件产生影响。同时，PVD 溅射制备薄膜还存在密度较低，针孔缺陷较多，容易引入颗粒污染等缺点[119]。因此，使用 PVD 制作无机薄膜的封装技术已经逐渐被人们放弃。

与 PVD 溅射方法相比，PECVD 是一种气相反应薄膜沉积方法，具有长膜速率快、膜质较为致密、颗粒物少、表面覆盖性好的优点，更适合应用于薄膜封装工艺。其原理是在真空腔室中引入反应气体，同时施加射频电场在电极之间产生等离子体，将反应气体激活为具有较高化学反应活性的带电基团，这些反应基团在真空中沉降至衬底表面形成薄膜。但是在使用 PECVD 沉积薄膜中，反应基团在衬底表面的反应速率与温度相关性较大。而由于 OLED 的薄膜封装的工艺温度通常不超过 100℃，在等离子体中产生的反应基团沉积到衬底时能量过低，无法二次移动到薄膜内分子紧密排布的位置。在低温(100℃以内)下使用 PECVD 沉积的薄膜较为疏松[119]。使用 PECVD 或 PVD 方法在低温下制备无机薄膜时，都会因为薄膜内部的缺陷，而导致形成水/氧分子的输运通道，使得薄膜阻隔性降低。同时，无机薄膜内缺陷具有外延生长的特性，使得单纯增加无机薄膜厚度并不会改善水氧阻隔特性。

而在 Barix^{TM} 这种杂化多层封装薄膜结构中，每两层无机薄膜中间插入一层有机薄膜，能够覆盖无机薄膜中的缺陷或颗粒杂质，在结构上起到去耦合的作用，避免在无机薄膜中形成贯穿的水氧渗透通道。同时，通过优化多层薄膜中的材料和结构，形成阻止水氧输运的扩散延迟通道，这将有利于增加水氧分子的扩散长度，获得更优异的水氧阻隔效果。

日本 ULVAC 提出了使用 PECVD 制备的 SiN_x 薄膜与气相法制备聚甲基丙烯酸甲酯(Acryl)薄膜结合的超薄叠层封装薄膜的方案。其中，他们发现 SiN_x 中残留的氢易与水氧分子反应，导致无机薄膜阻隔性劣化。因此使用减少反应气体中氨气含量，并减慢沉积速率，获得了低氢残留的 SiN_x 薄膜。在有机薄膜方面，他们选择了特殊的反应单体，调整 Acryl 薄膜表面张力，使得有机膜仅仅在衬底上有存在高度差的部分进行定点沉积。这样仅用较薄的有机材料便可实现对缺陷的覆盖。因此即使仅使用 $SiN_x(400\ nm)/Acryl(250\ nm)/SiN_x(400\ nm)$ 的这样超薄的三层结构，WVTR 已经降至 $5\times10^{-5}\ g/(m^2 \cdot d)$。所封装的 OLED 器件在高温高湿(温度 60℃，相对湿度 90%)环境中点亮 500 h 以上无黑点产生，表现出了良好的封装性能。

在实际生产中，多层薄膜沉积采用具有有机/无机薄膜双沉积单元的线型设备制作。带封装衬底在双腔室之间来回传递，进而完成多层叠层膜制备。图 4-64 为日本 OLED 设备制造商 TOKKI 设计的薄膜封装系统。虽然真空法制备有机/无机杂化叠层薄膜封装技术所制备的阻隔薄膜能够满足最苛刻的水氧渗透率要求。

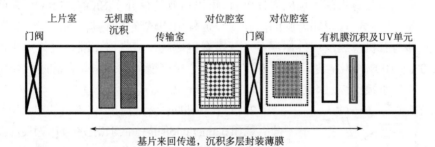

图 4-64 有机/无机杂化薄膜封装系统示意图

如果封装工艺中的所有薄膜都使用真空设备沉积的话，存在设备体积庞大、系统复杂、耗能高、生产效率低，以及无法灵活对应不同尺寸衬底的特点。所以人们希望能够找到在常压下制备封装薄膜的方法来替代真空镀膜的方法。目前，比较成熟的方案是将有机薄膜前驱体调制为溶液，然后用喷墨打印法(ink-jet)制备有机薄膜作为缺陷去耦层。2015 年，德国的设备商 Meyer Burger 将 PECVD 与一台喷墨打印机结合在一起推出了一款名为 CON_x 的薄膜封装设备，并成功交付给客户使用。美国的 Kateeva 公司开发了一系列应用于薄膜封装的喷墨打印系统。他们独特的氮气保护系统，能够通过对气流的控制，保证喷墨打印的有机薄膜具有较高的均匀性及表面平整性。由于喷墨打印设备的易扩展性，该公司在 2016 年还发布了对应 8 代线尺寸衬底的封装设备，预期在未来大尺寸 OLED 电视中有重要应用。

但是该技术也具有以下缺点：①工艺流程复杂，有机薄膜和无机薄膜通常为不同的沉积方式，因此往往需要在不同的腔室中进行沉积，生长切换过程比较复杂，同时容易引入污染，影响良率；②有机/无机界面问题，在多叠层结构中，存在多个有机/无机界面，而由于材料特性差异及不同材料之间黏附性的问题，在器件日后的使用中，特别是受到外力影响或是冷热冲击下，极易出现界面分离和脱落的问题，影响封装效果；③影响 OLED 器件性能，有机薄膜的制备通常需要 UV 照射或是加热使其高分子交联，但无论是加热或是 UV 照射都会对 OLED 器件性能造成影响；④弯折性能较差，目前所使用的有机薄膜通常较厚，这导致整体封装薄膜厚度无法降低，进而影响柔性显示屏整体的抗弯折性能。

2. PECVD 法制备成分梯度变化的多层复合阻隔膜

考虑到多层薄膜存在的工艺复杂，可靠性较差的问题，在 2005 年，通用电气(GE)公司提出了带有成分梯度变化的复合封装薄膜。Kim 等[120]使用常规的 PECVD 设备，利用硅烷、氨气和氧气反应制备 SiO_xN_y 薄膜作为无机薄膜反应气体。使用有机前驱体和氩气作为有机薄膜 SiO_xC_y 的反应气体。他们发现，当无机薄膜反应气体与有机薄膜反应气体混合，可以得到特性介于 SiON 与 SiOC 之间的混合薄膜。因此，在阻隔薄膜的薄膜生长过程中通过气体流量控制，将无机薄膜反应气体与有机薄膜反应气体混合，其中有机薄膜反应气体在混合气体中所占比例在 0%~100%变化，进而可以获得具有成分梯度变化的多层复合薄膜。使用该结构可以将水蒸气渗透率控制在 1×10^{-5} g/(m²·d) 以下。

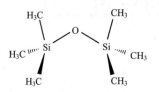

图 4-65　HMDSO 的结构式[122]

2011 年 Wolden 等[121]提出，仅需氧气和六甲基二硅氧烷(hexamethyldisiloxane, HMDSO)作为反应源，在薄膜沉积过程中,通过调整氧气和 HMDSO 的比例，便可以获得具有高阻隔性能无机硅/有机硅叠层薄膜。HMDSO 是一种无毒，非爆炸液体，在室温下其饱和蒸气压为 33Torr(1Torr=1.333 22×10² Pa)，具有便于储存和使用的特性，其结构式如图 4-65 所示[122]。

对于该材料的应用，人们在 20 世纪 80 年代便开始对其进行了广泛的研究，主要是用于低温下制备类二氧化硅(SiO_x)和类有机硅($SiO_xC_yH_z$)薄膜。在等离体中电子轰击的作用下，HMDSO 容易发生分解，失掉甲基形成 $(CH_3)_xSiOSi(CH_3)_y(0 \leqslant x, y \leqslant 3)$ 的活性基团。该活性基团会与 HMDSO 进一步反应，产生低聚物和具有高分子量的硅树脂薄膜。如果反应气体中有较强的氧化气氛的话，氧气活性基团会进一步氧化烷基链(—CH_3)和氢键(—H)，形成 Si—O—Si 的网络结构。所生成的薄膜特性介于 SiOCH 和 SiO_2 之间，其物理特性，包括硬度、弹性、阻隔特性等，是由薄膜中 Si—O—Si 键和烷基链的比值所决定。

Si—O—Si 键越多，薄膜越接近无机相，其阻隔特性、硬度和密度越高；而烷基链越多的薄膜，弹性、台阶覆盖性越好。因此，利用 HMDSO 和氧气作为反应气体可以方便地制备得到具有特性梯度变化的有机/无机叠层薄膜。特别是通过对膜层结构和膜层厚度的特殊设计，可以大大提高叠层薄膜的抗弯折特性。2015 年 3M 公司面对柔性电子的封装要求，推出了基于 $SiO_x/SiOC_xH_y$ 叠层结构的阻隔薄膜（3M^{TM} FTB3）。该产品采用 PET 作为衬底，阻隔层整体厚度仅为 900 nm，共有 8 层 $SiO_x/SiOC_xH_y$ 的叠层薄膜组成。使用 Ca 膜测试方法测试其水蒸气渗透率小于 1×10^{-5} g/（m^2 · d）。

3. 原子层沉积及分子层沉积制备叠层薄膜

原子层沉积（atomic layer deposition，ALD）技术最早在 20 世纪 70 年代被开发出来，用于制作无机电致发光显示器中的高质量介质层和发光层[123-125]。之后，ALD 技术还在硅基微电子工艺中被大量使用。特别是当微电子电路的特征尺寸降至 45 nm 以下时，ALD 技术能保证在仅有数十个分子层的厚度下制备出高质量的高 k 薄膜作为栅极绝缘层，进而能够大大提高微电子电路的集成度，并降低功耗[105]。

ALD 技术是一种基于表面饱和吸附生长的薄膜沉积技术。在镀膜过程中，两种或更多的化学气相前驱体依次在衬底表面发生化学反应从而产生固态的薄膜。前驱体通过极短的脉冲注入到惰性载气中，由惰性载气携带着不同的反应前驱体，依次进入反应腔、真空泵管路、过滤系统，并由真空泵排除。表面单分子层气相生长的技术特点，使其可以在任何形状的衬底表面实现高保形的薄膜沉积，同时其制备的薄膜具有无针孔、密度高的特点[126]。

ALD 沉积的 Al_2O_3 薄膜是研究最为广泛的水氧阻隔膜[126-129]，下面以三甲基铝（TMA）与 H_2O 反应沉积 Al_2O_3 为例，介绍 ALD 薄膜沉积原理。一个典型的 ALD 循环，如图 4-66 所示。首先，向反应腔室通入 TMA 脉冲，TMA 分子与衬底发生反应并吸附到衬底材料上。此时，衬底表面任何部位都发生饱和吸附。然后使用 N_2 冲扫腔室，取出未被吸附的 TMA 分子。接下来，向腔室内通入 H_2O 脉冲。H_2O 分子迅速与之前吸附在衬底表面的 TMA 分子发生反应，生成 Al_2O_3 与 CH_4，其中气态反应物 CH_4 会通过真空系统被排出。接下来，再通入 N_2 冲洗腔室。然后重复上述步骤，可以逐个分子层的生长 Al_2O_3 薄膜。

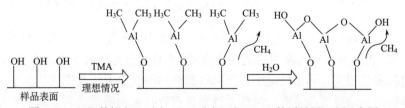

图 4-66 三甲基铝（TMA）与 H_2O 反应沉积 Al_2O_3 的原子层沉积示意图

与 CVD 设备不同，ALD 设备能够精确控制薄膜沉积厚度及薄膜的成分。表面饱和吸附的生长方式，也使得 ALD 制备的薄膜具有极佳的台阶覆盖性及薄膜平整性，可以在具有不同形貌的衬底表面制备出无缺陷的薄膜。另外，用 ALD 制备的薄膜对温度要求较低：通过对前驱体的选择，薄膜生长温度可以低至室温。因此，ALD 技术非常适合用于 AMOLED 的封装薄膜的制备。

另外，利用表面饱和吸附进行单分子层反应的方法也可用于生长有机聚合物薄膜。这种薄膜沉积方法被称为分子层沉积(molecular layer depositon，MLD)[130]。MLD 可以用于制备聚酰亚胺(polyimide)[131]、聚脲(polyurea)[132]、聚氨酯(polyurethane)[133]及聚甲亚胺(polyazomethines)[134]等聚合物材料。其中，铝醇盐类聚合物薄膜(Alucone)最早被用于有机/无机杂化叠层薄膜研究。Alucone 的反应前驱体为 TMA 和乙二醇(EG)[134]。MLD 制备的 Alucone 薄膜具有较快的长膜速率、良好的机械性能，非常适合用于柔性 OLED 器件的封装。如图 4-66 所示，人们使用 TMA、H_2O 和 EG 三种前驱体，便可以方便地制备叠层薄膜。

但是对于 MLD 技术，还存在有机物前驱体对温度过于敏感，在大规模量产中存在实用性的问题。另外，MLD 所制备的有机薄膜也容易出现多孔状的缺陷，导致封装效果下降。

由于 MLD 薄膜生长过程中存在表面位阻现象，在 MLD 的薄膜中还是会有缺陷存在，同时 Al_2O_3 薄膜在高温高湿的情况下也会发生水解反应，导致 AlO_x 基薄膜迅速裂解。另外，由于 MLD 薄膜的生长速率极慢，量产性较差。

因此，无论是采用无极/有机叠层薄膜，在提高封装可靠性、降低生产成本、与工业化大生产技术兼容性等方面都需要进一步优化与改进。

4. 新型无机薄膜沉积方法

由于薄膜封装除了能有效抵挡外界的水蒸气和氧气对有机半导体器件的侵蚀外，还需要为有机器件提供有效的机械保护。特别是对于柔性显示器件来说，封装薄膜需要在经过多次弯折后仍能保持良好的隔绝性能。而对于薄膜器件来说，当其形变为曲率半径为 R 的圆弧时，其中薄膜表面所受应力 $\varepsilon_{\text{surface}}$ 可以用式(4-31)得到[135]：

$$\varepsilon_{\text{surface}} = \left(\frac{1}{R} \pm \frac{1}{R_0}\right)\frac{d_S + d_{f1} + d_{f2}}{2} \cdot \frac{\chi\left(\eta_1^2 + \eta_2^2\right) + 2\left(\chi\eta_1 + \chi\eta_1\eta_2 + \eta_2\right) + 1}{\chi\left(\eta_1 + \eta_2\right)^2 + \left(\eta_1 + \eta_2\right)(1 + \chi) + 1} \quad (4\text{-}31)$$

式中，$\chi = Y_f/Y_S$，$\eta_1 = d_{f1}/d_S$，$\eta_2 = d_{f2}/d_S$，d_S、d_f 和 Y_f、Y_S 分别为衬底厚度、薄膜厚度、薄膜杨氏模量及衬底的杨氏模量。柔性器件形变时的表面应力与衬底、膜层材料密切相关。通常情况下，当衬底材料和厚度已无法改变的情况下，大幅降低薄膜封装的厚度，是唯一减低柔性器件弯折时表面所承受应力的有效方法。

上节介绍了常见的有机/无机薄膜叠层工艺,其中有机薄膜主要用于对无机薄膜中的缺陷进行结构上的去耦合作用,因此需要达到一定的厚度,才能覆盖无机薄膜中的缺陷或是颗粒污染物的影响。为了降低整体封装薄膜的厚度,增强器件的抗弯折能力,开发高质量无缺陷的无机薄膜沉积工艺是未来薄膜封装的主要发展方向。下面介绍几种高性能无机封装薄膜的制备方案。

5. 电感耦合型化学气相沉积技术

虽然 PECVD 制备有机/无机多层结构的阻隔薄膜相对成熟,但是目前广泛商用的 PECVD 所用的等离子源大多为平板电容型电源(CCP)。CCP 型等离子源的特点是等离子密度较低、反应温度要求较高。如果需要获得致密的无机薄膜,需要较高的沉积温度,通常需要到 300℃左右。因此在 OLED 耐温限制的条件下,很难使用常规的 CCP 型 PECVD 获得高质量的无机薄膜。目前人们试图将电感耦合等离子体-化学气相沉积(ICP-CVD)引入封装薄膜的制作。相比于传统 CCP 等离体发生装置, 电感耦合等离子体(inductive coupled plasma, ICP)的等离子源所产生的有效离子密度高达 $5×10^{11} cm^{-3}$,可以在 0~100℃的温度范围内制备高质量的 SiO_2、SiN_x 及 $SiON_x$ 薄膜[136]。电感耦合型化学气相沉积(ICP-PECVD)结构原理如图 4-67 所示。在电感线圈电极施加交变电场,形成高密度的等离子体。接下来,反应气体在高密度等离子体的激发下形成激子团,然后在底部射频(RF)偏置电压作用下,沉积到衬底上形成薄膜。

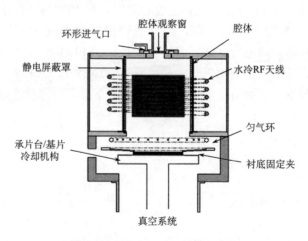

图 4-67 ICP-PECVD 结构示意图

2007 年,Kim 等[137]便报道了使用 ICP-CVD 设备,在 40℃的低温下,制备 SiN_x 薄膜用于顶发射 OLED 器件的封装。他们通过对 ICP 功率、偏压功率及气体流量等方面的调节,获得了较好的薄膜质量。所得到的 SiN_x 薄膜在仅有 100 nm 厚的情况下，WVTR 也可以达到 5×10^{-2} g/(m²·d)。2014 年，中国科学院苏州纳米技术与纳米仿生研究所的 Li(李锋)等基于 ICP-CVD 设备，使用 HMDSO 作为反应前驱体与 Ar、O_2 共同反应。通过对 ICP 功率的调节，他们发现在 ICP 功率较低时，由于前驱体分解不完全，倾向于获得类聚合物薄膜。而当提高 ICP 功率时，得到类 SiO_2 薄膜。因此在叠层薄膜生长过程中，仅仅通过 ICP 功率调整，便可获得有机/无机的叠层薄膜。他们报道仅仅在 60℃ 的反应温度下，制备 3 组类聚合物/类 SiO_2 薄膜的叠层结构，所得到的薄膜 WVTR 就可低于 3×10^{-4} g/(m²·d)[138]。

6. 先进 ALD 工艺开发：基于 ALD 在低温下制备高质量阻隔薄膜

当前基于 ALD 的薄膜封装技术还存在很多问题：首先，ALD 薄膜生长的特点决定了其较低的长膜速率，而导致较低的应用化产率；其次，目前仅有 Al_2O_3、ZrO_2、TiO_2 等少数氧化物薄膜可以在低温下(<100℃)实现生长，低温生长所需的前驱体材料较为匮乏；水氧阻隔效果较佳的 Al_2O_3 薄膜易于在高温度高湿度环境下发生水解，大大降低了封装薄膜的实用性及可靠性。因此，目前基于 ALD 薄膜封装技术的实用化，人们从薄膜沉积工艺、设备结构等方面进行了大量的改进，希望能将 ALD 制备方法实用化。

最常用的水蒸气阻隔层 Al_2O_3 薄膜的沉积，通常采用 TMA 和 H_2O 作为前驱体和反应物。这两种前驱体被认为是理想的 ALD 反应材料。但是由于 OLED 器件耐温特性限制，Al_2O_3 薄膜的生长温度必须控制在 100℃ 以内。因此 TMA 中的甲基并不能完全与羟基方式反应，而这些残留的甲基就会在薄膜中形成杂质(图 4-68)，导致薄膜阻隔特性降低。另外，由于 OLED 器件上不能进行表面修饰或处理，因此表面所吸附的化学基团种类较多，TMA 在 OLED 器件表面不能形成有效的化学吸附，这杂质也会导致薄膜的密度下降、阻隔特性衰退。

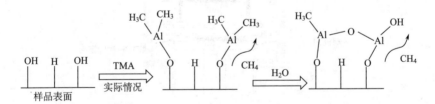

图 4-68　三甲基铝(TMA)与 H_2O 反应沉积 Al_2O_3 缺陷产生示意图

Duan 等深入研究了 ALD 生长机理与阻隔特性的关系，分别制备了单层的 ZrO_2 和 Al_2O_3 作为阻隔薄膜，充分讨论使用不同氧源前驱体(H_2O 和 O_3)对薄膜阻隔性能的影响，其 WVTR 达到了 6.0×10^{-4} g/(m²·d) 和 8.7×10^{-6} g/(m²·d)，展现出了极大的封装应用潜力[139,140]。Meyer 研究组在 2009 年，使用 Al_2O_3/ZrO_2 纳米叠层结构，使得封装薄膜的 WVTR 降至 $1×10^{-6}$ g/(m² · d) 以下[141]。Singh 研究组使用 Al_2O_3/TiO_2 的纳米叠层结构，利用 ALD 可以在分子层面控制多层膜结构的特点，优化了薄膜应力，使得封装薄膜获得了优异的抗弯折性能[142]。

华南理工大学彭俊彪课题组研究了不同形式的氧源在低温长膜环境下的长膜机制及所制备薄膜的物理特性。同时引入 H_2O、O_3 作为氧源，与 TMA 形成三元反应过程（图 4-69），制备出了高质量的 Al_2O_3 薄膜阻隔层[143]。

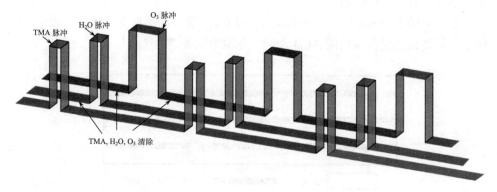

图 4-69　前驱体 TMA+H_2O+O_3 三元反应示意图[143]

为了分析 Al_2O_3 薄膜的生长机制，使用椭偏仪分析了 Al_2O_3 薄膜的生长速率。在 TMA+H_2O 的反应中，氧气脉冲的时间由 0.25 s 增加到 2.0 s，薄膜的生长速率会逐步增加且趋近于饱和值 0.943 Å/周期。这意味着 H_2O 前驱体在低温下并不能完全消耗 TMA 前驱体的分子基团。但通过在一个 H_2O 循环后引入 O_3，生长速率开始快速地增加。如图 4-70 所示，O_3 输入时间的增加会快速提高反应速率，O_3 持续时间为 2 s 和 30 s 时，生长速率分别是 1.16 Å/周期和 1.36 Å/周期。沉积速率的提高意味着在低反应温度下的 TMA+H_2O 反应中残留的 TMA 前驱体可以被后

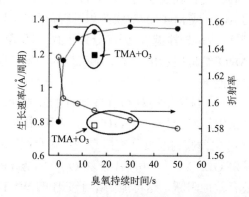

图 4-70　不同氧前驱体的 Al_2O_3 薄膜的生长速率和折射率

来的 O_3 循环消耗掉。通过 X 射线反射率(XRR)测得，用 TMA+H_2O 和 TMA+O_3 沉积的薄膜密度分别为 2.95 g/cm³ 和 2.80 g/cm³，而三元反应获得的薄膜密度最高(3.00 g/cm³)。这说明 O_3 能够有效减少 Al_2O_3 薄膜中的缺陷数量。针对 100 nm 厚的 Al_2O_3 薄膜，使用 Ca 膜测试评估，测得 TMA+O_3 的 Al_2O_3 薄膜的 WVTR 为 $4.15×10^{-4}$ g/(m²·d)，而 TMA+H_2O 薄膜的 WVTR 为 $9.64×10^{-5}$ g/(m²·d)。三元反应系统 TMA+H_2O+O_3 中，WVTR 低于 $5.43×10^{-5}$ g/(m²·d)，与其他 Al_2O_3 相比具有更高的水氧阻隔性能。

在此基础上，研究者进一步引入纳米级别的 MgO 薄膜作为吸湿层，如图 4-71 所示，该复合薄膜直接使用 ALD 在同一腔室中制备[144]。

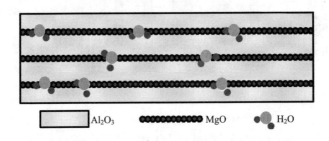

图 4-71 Al_2O_3/MgO 叠层薄膜封装结构示意图

通过改变 Al_2O_3 和 MgO 薄膜生长的比例，研究了两层薄膜成膜结构对水氧阻隔性能的比较。研究者制备了具有固定 ALD 循环数比例为 5/1、25/5 和 50/10 的 Al_2O_3/MgO 叠层薄膜。5/1 和 25/5 比例的叠层薄膜的 WVTR 值分别为 $2.6×10^{-5}$ g/(m²·d) 和 $7.8×10^{-6}$ g/(m²·d)，而 50/10 比例的 Al_2O_3/MgO 叠层薄膜的 WVTR 值达到了 $4.6×10^{-6}$ g/(m²·d)。换言之，适当的 MgO 含量与合适的 Al_2O_3/MgO 循环比可以保证最佳的水氧阻隔性能。通过 TEM 测试发现(图 4-72)，循环比例为 5/1 和 25/5 的 Al_2O_3/MgO 复合膜表现为一种共混结构，没有明显的纳米叠层结构。原因可能在于相应的 Al_2O_3 或 MgO 的薄膜沉积过程，促进了许多内部缺陷嵌入在本体材料或界面中(最可能是悬挂键)，因此导致了封装薄膜的较差阻隔性能。但 50/10 比例的 Al_2O_3/MgO 结构展示出一个清晰明显的纳米叠层结构的界面，这将有助于提高水氧阻隔性能。

如图 4-73 所示，ALD 封装结构对 OLED 器件的发光性能及光谱性能没有任何影响。而在寿命测试中，经 Al_2O_3/MgO(50/10 循环)叠层薄膜封装的器件的亮度比 5/1 和 25/5 循环叠层薄膜封装器件亮度衰减更慢(前者寿命超过了 600 h)。这表明由渗透到顶发射 OLED 器件中的 H_2O 和 O_2 气体诱导的降解在具有合适循环数的叠层薄膜中被有效地阻断，这可能归结于更佳的 WVTR。

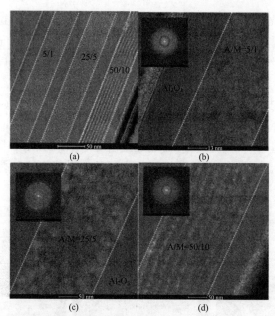

图 4-72　ALD 沉积固定循环比例的层压 Al$_2$O$_3$/MgO 薄膜的 TEM 和 FFT 图像（插图）

FFT 代表快速傅里叶变换（fast Fourier transform）

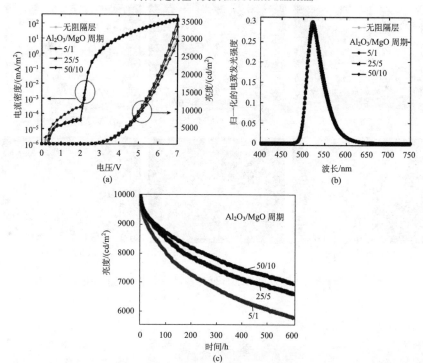

图 4-73　不同 Al$_2$O$_3$/MgO 周期下制备的器件的电流密度-电压-亮度曲线（a）、EL 光谱（b）和亮度-时间曲线（c）被具有不同比例的底层

在烘箱(温度 60℃，相对湿度 100%)中存储了 600 h，已经封装的顶发射器件的照片验证了阻隔膜的效果。图片中的黑点通常是环境中 H_2O 和 O_2 与 OLED 器件反应导致的阴极分层引起的。如图 4-74 所示，用 Al_2O_3/MgO(A/M，按 50/10 循环比例沉积)叠层薄膜封装的顶发射 OLED 器件没有明显黑点。在进一步的观察中，采用 5/1 和 25/5 比例沉积的 Al_2O_3/MgO 叠层薄膜封装的 OLED 器件已经开始损坏，产生了许多大尺寸的黑点，并且这些黑点的数量持续增加，并产生更多的渗透路径，引起进一步的损伤。而通过致密叠层 Al_2O_3/MgO 阻隔薄膜封装后，OLED 器件的初始黑点仅以非常缓慢的速率生长，表现出这种叠层结构优异的阻隔性能。

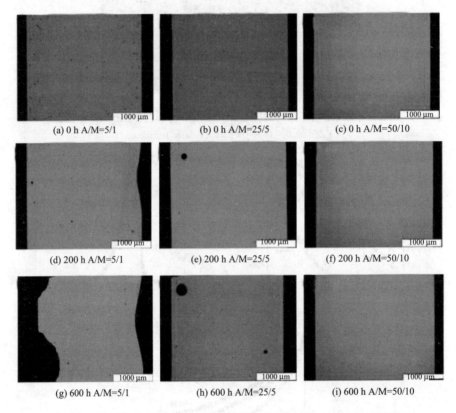

图 4-74　三种情形下顶发射 OLED 器件在烘箱中老化之前和之后的照片

参 考 文 献

[1] Moon J M, Bae J H, Jeong J A, et al. Enhancement of hole injection using ozone treated Ag

nanodots dispersed on indium tin oxide anode for organic light emitting diodes. Appl Phys Lett, 2007, 90(16): 163516.

［2］Bernius M T, Inbasekaran M, O'Brien J, et al. Progress with light-emitting polymers. Adv Mater, 2000, 12(23): 1737-1750.

［3］Liu J, Zou J, Yang W, et al. Highly efficient and spectrally stable blue-light-emitting polyfluorenes containing a dibenzothiophene-*S*,*S*-dioxide unit. Chem Mater, 2008, 20(13): 4499-4506.

［4］Ying L, Ho C L, Wu H, et al. White polymer light-emitting devices for solid-state lighting: Materials, devices, and recent progress. Adv Mater, 2014, 26(16): 2459-2473.

［5］Calvert P. Inkjet printing for materials and devices. Chem Mater, 2001, 13(10): 3299-3305.

［6］Tirtaatmadja V, Mckinley G H, Cooperwhite J J. Drop formation and breakup of low viscosity elastic fluids: Effects of molecular weight and concentration. Phys Fluids, 2006, 18(4): 043101-1-18.

［7］Hoath S D, Harlen O G, Hutchings I M. Jetting behavior of polymer solutions in drop-on-demand inkjet printing. J Rheol, 2012, 56(5): 1109-1127.

［8］Christanti Y, Walker L M. Surface tension driven breakup of strain-hardening polymer solutions. J Non-Newtonian Fluid Mech, 2001, 100: 9-26.

［9］Mun R P, Byars J A, Boger D V. The effects of polymer concentration and molecular weight on the breakup of laminar capillary jets. J Non-Newton Fluid, 1998, 74(74): 285-297.

［10］邢汝博, 丁艳, 韩艳春. 喷墨打印图案化高分子薄膜及其在有机电子器件加工中的应用. 分子科学学报: 中英文版, 2007, 23(2): 75-81.

［11］De Gans B J, Xue L, Agarwal U S, et al. Ink-jet printing of linear and star polymers. Macromol Rapid Commun, 2005, 26(4): 310-314.

［12］Cossiello R F, Akcelrud L, Atvars T D Z, et al. Solvent and molecular weight effects on fluorescence emission of MEH-PPV. J Braz Chem Soc, 2005, 16(1): 74-86.

［13］Tekin E, Holder E, Kozodaev D, et al. Controlled pattern formation of poly [2-methoxy-5-(2'-ethylhexyloxyl)-1,4-phenylenevinylene] (MEH-PPV) by ink-jet printing. Adv Funct Mater, 2007, 17(2): 277-284.

［14］Kajiya T, Nishitani E, Yamaue T, et al. Piling-to-buckling transition in the drying process of polymer solution drop on substrate having a large contact angle. Phys Rev E, 2006, 73(1): 11601.

［15］Fukai J, Ishizuka H, Sakai Y, et al. Effects of droplet size and solute concentration on drying process of polymer solution droplets deposited on homogeneous surfaces. Int J Heat Mass Transfer, 2006, 49(19-20): 3561-3567.

［16］Babatunde P O, Wang J H, Nakaso K, et al. Effect of solute- and solvent-derived Marangoni flows on the shape of polymer films formed from drying droplets. AIChE J, 2013, 59(3): 699-702.

［17］Letendre W. Challenges in jetting OLED fluids in the manufacturing of FPD using piezoelectric micro-pumps. Sid Symp Dig Tech Pap, 2004, 35(1): 1273-1275.

［18］Mcdonald M. Manufacture of flat panel displays using piezoelectric drop-on-demand ink jet.

Sid Symp Dig Tech Pap, 2003, 34 (1): 1186-1189.

[19] Dongliang T, Yanlin S, Lei J. Patterning of controllable surface wettability for printing techniques. Chem Soc Rev, 2013, 42 (12): 5184-5209.

[20] Li J S, Ueda E, Nallapaneni A, et al. Printable superhydrophilic-superhydrophobic micropatterns based on supported lipid layers. Langmuir, 2012, 28 (22): 8286-8291.

[21] Wang J Z, Zheng Z H, Li H W, et al. Dewetting of conducting polymer inkjet droplets on patterned surfaces. Int J Adapt Control, 2004, 3 (3): 171-176.

[22] Wijshoff H. Drop formation mechanisms in piezo-acoustic inkjet. Proc Nanotech, 2007, 3: 448.

[23] Shin P, Sung J, Lee M H. Control of droplet formation for low viscosity fluid by double waveforms applied to a piezoelectric inkjet nozzle. Microelectron Reliab, 2011, 51 (4): 797-804.

[24] Kwon K. Experimental analysis of waveform effects on satellite and ligament behavior via *in situ* measurement of the drop-on-demand drop formation curve and the instantaneous jetting speed curve. J Micromech Microeng, 2010, 20 (11): 115005.

[25] Dong H, Carr W W, Morris J F. An experimental study of drop-on-demand drop formation. Phys Fluids, 2006, 18 (7): 72102.

[26] Kwon K, Kim W. A waveform design method for high-speed inkjet printing based on self-sensing measurement. Sens Actuators A: Phys, 2007, 140 (1): 75-83.

[27] Gan H Y, Shan X, Eriksson T, et al. Reduction of droplet volume by controlling actuating waveforms in inkjet printing for micro-pattern formation. J Micromech Microeng, 2009, 19 (5): 1050-1055.

[28] Bechtel S E. Bogy D B, Talke F E. Impact of a liquid drop against a flat surface. IBMJ Res Dev, 1981, 25 (6): 963-971.

[29] Berg A M J V, Laat A W M D, Smith P J, et al. Geometric control of inkjet printed features using a gelating polymer. J Mater Chem, 2007, 17 (7): 677-683.

[30] Duineveld P C. The stability of ink-jet printed lines of liquid with zero receding contact angle on a homogeneous substrate. J Fluid Mech, 2003, 477 (6): 175-200.

[31] Wang J Z, Gu J, Zenhausern F, et al. Low-cost fabrication of submicron all polymer field effect transistors. Appl Phys Lett, 2006, 88 (88): 133502.

[32] Menard E, Meitl M A, Sun Y, et al. Micro-and nanopatterning techniques for organic electronic and optoelectronic systems. Chem Rev, 2007, 107 (4): 1117-1160.

[33] Bae C, Shin H, Moon J. Facile route to aligned one-dimensional arrays of colloidal nanoparticles. Chem Mater, 2007, 19 (7): 1531-1533.

[34] Sirringhaus H, Kawase T, Friend R H, et al. High-resolution inkjet printing of all-polymer transistor circuits. Science, 2000, 290 (5000): 2123-2126.

[35] Deegan R D, Bakajin O, Dupont T F, et al. Contact line deposits in an evaporating drop. Phys Rev E, 2000, 62 (1): 756.

[36] Ikegawa M, Azuma H. Droplet behaviors on substrates in thin-film formation using ink-jet printing. JSME Int J B-Fluid T, 2004, 47 (3): 490-496.

[37] Le H P. Progress and trends in ink-jet printing technology. J Imaging Sci Technol, 1998, 42 (1):

49-62.

[38] Berg A M J V, Laat A W M D, Smith P J, et al. Geometric control of inkjet printed features using a gelating polymer. J Mater Chem, 2007, 17(7): 677-683.

[39] Seerden K A, Reis N, Evans J R, et al. Ink-jet printing of wax-based alumina suspensions. J Am Ceram Soc, 2001, 84(11): 2514-2520.

[40] 胡文华. 基于喷墨印刷的有机薄膜晶体管的研制: 导电聚合物 PEDOT/PSS 薄膜的制备与表征. 无锡: 江南大学, 2009.

[41] Liu Z, Su Y, Varahramyan K. Inkjet-printed silver conductors using silver nitrate ink and their electrical contacts with conducting polymers. Thin Solid Films, 2005, 478(1-2): 275-279.

[42] Yoshiaki N, Tsuyoshi S, Tomoyuki Y, et al. Direct inkjet printing of silver electrodes on organic semiconductors for thin-film transistors with top contact geometry. Appl Phys Lett, 2008, 93: 043303.

[43] 杨丽媛, 刘永强, 魏雨, 等. 气溶胶喷印技术研究进展. 中国印刷与包装研究, 2012, 4(2): 9-16.

[44] 杨丽媛. 气溶胶喷印技术的研究及其在有机薄膜晶体管中的应用. 石家庄: 河北师范大学, 2012.

[45] 王莎莎. 基于电-液耦合动力学原理(EHD)的喷墨印刷研究. 无锡: 江南大学, 2015.

[46] Taylor G. Disintegration of water drops in an electric field. Proc R Soc London, Ser A, 1964, 280(1382): 383-397.

[47] Lee D Y, Hwang E S, Yu T U, et al. Structure of micro line conductor using electro-hydrodynamic printing of a silver nanoparticle suspension. Seoul: Yonsei University, 2006.

[48] 朱乐永. 铪铝氧化物复合绝缘介质薄膜及高迁移率锌铟锡氧化物薄膜晶体管的研究. 上海: 上海大学, 2005.

[49] 王东, 刘红缨, 贺军辉, 等. 旋涂法制备功能薄膜的研究进展. 影像科学与光化学, 2012, 30(2): 91-94.

[50] Emslie A G, Bonner F T, Peek L G. Flow of a viscous liquid on a rotating disk. J Appl Phys, 1958, 29(5): 858-862.

[51] Washo B D. Rheology and modeling of the spin coating process. IBM J Res Dev, 1977, 21(2): 190-198.

[52] Meyerhofer D. Characteristics of resist films produced by spinning. J Appl Phys, 2008, 49(7): 3993-3997.

[53] Chen B T. Investigation of the solvent-evaporation effect on spin coating of thin films. Polym Eng Sci, 1983, 23(7): 399-403.

[54] Gao Y N, Zhang J H, Li X F. Solution-processed zirconium oxide gate insulatorsfor top gate and low operating voltage thin-film transistor. J Disp Technol, 2015, 11(9): 764-767.

[55] Sekine T, Ikeda H, Kosakai A, et al. Improvement of mechanical durability on organic TFT with printed electrodes prepared from nanoparticle ink. Appl Surf Sci, 2014, 294(294): 20-23.

[56] 张君, 郭伟, 袁倬斌, 等. 用丝网印刷技术制备薄膜微电极的方法研究. 分析化学, 2005, 33(7): 1045-1048.

[57] Lee T M, Lee S H, Noh J H, et al. The effect of shear force on ink transfer in gravure offset printing. J Micromech Microeng, 2010, 20(12): 125026-125033.

[58] Zhang Y C, Fei L I. Analysis of the screen-printing parameters by orthogonal experiment. Packag Eng, 2008, 8: 50-51, 96.

[59] Galagan Y, Rubingh J E J M, Andriessen R, et al. ITO-free flexible organic solar cells with printed current collecting grids. Sol Energy Mater Sol Cells, 2011, 95(5): 1339-1343.

[60] Garnier F, Hajlaoui R, Yassar A, et al. All-polymer field-effect transistor realized by printing techniques. Science, 1994, 265(5179): 1684-1686.

[61] Bao Z, Feng Y, Dodabalapur A, et al. High-performance plastic transistors fabricated by printing techniques. Chem Mater, 1997, 9(6): 1299-1301.

[62] Jabbour G E, Radspinner R, Peyghambarian N. Screenprinting for the fabrication of organic light-emitting devices. IEEE J Sel Top Quantum Electron, 2001, 7(5): 769-773.

[63] 张迪, 李嘉, 李祖发, 等. 丝网印刷技术在有机电子领域的应用进展. 信息记录材料, 2013, 14(5): 52-60.

[64] 丁玉成. 纳米压印光刻工艺的研究进展和技术挑战. 青岛理工大学学报, 2010, 31(1): 9-15.

[65] Schumm B, Wisser F M, Mondin G, et al. Semi-transparent silver electrodes for flexible electronic devices prepared by nanoimprint lithography. J Mater Chem C, 2013, 1(4), 638-645.

[66] Nasibulin A G, Moisala A, Brown D P, et al. Carbon nanotubes and onions from carbon monoxide using Ni(acac)$_2$ and Cu(acac)$_2$ as catalyst precursors. Carbon, 2003, 41(14): 2711-2724.

[67] 兰洪波, 丁玉成, 刘红忠, 等. 纳米压印光刻模具制作技术研究进展及其发展趋势. 机械工程学报, 2009, 45(6): 1-13.

[68] Palfinger U, Auner C, Gold H, et al. Fabrication of n- and p-type organic thin film transistors with minimized gate overlaps by self-aligned nanoimprinting. Adv Mater, 2010, 22(45): 5115-5119.

[69] Guan F, Chen M, Yang W, et al. Fabrication of patterned polyaniline microstructure through microcontact printing and electrochemistry. Appl Surf Sci, 2004, 230(1-4): 131-137.

[70] Fenter P, Eberhardt A, Eisenberger P. Self-assembly of *n*-alkyl thiols as disulfides on Au(111). Science, 1994, 266(5188): 1216-1218.

[71] Atre S V, Liedberg B, Allara D L. Chain length dependence of the structure and wetting properties in binary composition monolayers of OH- and CH$_3$-terminated alkanethiolates on gold. Langmuir, 1995, 11(10): 3882-3893.

[72] Wagner P, Hegner M, Guntherodt H J, et al. Formation and *in situ* modification of monolayers chemisorbed on ultraflat template-stripped gold surfaces. Langlluir, 1995, 11(10): 3867-3875.

[73] Kim Y J, Kim G H, Lee J J. Fabrication of a conductive nanoscale electrode for functional devices using nanoimprint lithography with printable metallic nanoink. Microelectron Eng, 2010, 87(5): 839-842.

[74] Rogers J A, Bao Z, Meier M, et al. Printing, molding, and near-field photolithographic methods for patterning organic lasers, smart pixels and simple circuits. Synth Met, 2016, 115(1): 5-11.

[75] Li M, Xu M, Zou J, et al. Realization of Al$_2$O$_3$/MgO laminated structure at low temperature for

thin-film encapsulation in organic light-emitting diodes. Nanotechnology, 2016, 27(49): 494003.

[76] Peng J, Li Y, Lan L, et al. All inkjet-printed metal-oxide thin-film transistor array with good stability and uniformity using surface-energy patterns. ACS Appl Mater Interfaces, 2017, 9(9): 8194-8200.

[77] Gu G, Forrest S R. Design of flat-panel displays based on organic light-emitting devices. IEEE J Sel Top Quantum Electron, 1998, 4(1): 83-99.

[78] 张彤, 郭小军, 赵毅, 等. a-Si TFT OLED 有源驱动阵列参数的优化与布局设计. 液晶与显示, 2003, 18(5): 332-337.

[79] Nathan A, Chaji G R, Ashtiani S J. Driving schemes for a-Si and LTPS AMOLED displays. J Disp Technol, 2005, 1(2): 267-277.

[80] Dawson R M A, Shen Z, Furest D A, et al. The impact of the transient response of organic light emitting diodes on the design of active matrix OLED displays. Int Electron Devices Meet, 2002, 168(3): 875-878.

[81] Park D W, Kang C K, Park Y S, et al. High-speed pixel circuits for large-sized 3-D AMOLED displays. J Soc Inf Disp, 2011, 19(4): 329-334.

[82] Wu W J, Zhou L, Yao R H, et al. A new voltage-programmed pixel circuit for enhancing the uniformity of AMOLED displays. IEEE Electron Device Lett, 2011, 32(7): 931-933.

[83] Tanabe T, Amano S, Miyake H, et al. New threshold voltage compensation pixel circuits in 13.5-inch quad full high definition OLED display of crystalline In-Ga-Zn-oxide FETs. Sid Symp Dig Tech Pap, 2012, 43(1): 88-91.

[84] Xia X H, Wu W J, Li G M, et al. A new compensation pixel circuit with metal oxide thin-film transistors for active-matrix organic light-emitting diode displays. J Soc Inf Disp, 2015, 23(6): 233-239.

[85] Chaji G R, Nathan A. Parallel addressing scheme for voltage programmed active-matrix OLED displays. IEEE Trans Electron Devices, 2007, 54(5): 1095-1100.

[86] Chaji G R, Nathan A. Low-power low-cost voltage-programmed a-Si: H AMOLED display for portable devices. J Disp Technol, 2008, 4(2): 233-237.

[87] Xia X H, Wu W J, Song X F, et al. High-speed low-power voltage-programmed driving scheme for AMOLED displays. J Semicond, 2015, 36(12): 139-146.

[88] Wu Z Y, Duan L Y, Yuan G C, et al. An integrated gate driver circuit employing depletion-mode IGZO TFTs. Sid Symp Dig Tech Pap, 2012, 43(1): 5-7.

[89] Jung S H, Shin H S, Lee J H, et al. An AMOLED pixel for the VT compensation of TFT and a p-type LTPS shift register by employing 1 phase clock signal. Sid Symp Dig Tech Pap, 2012, 36(1): 300-303.

[90] Kim B, Chan S, Lee S Y, et al. A depletion-mode a-IGZO TFT shift register with a single low-voltage-level power signal. IEEE Electron Device Lett, 2011, 32(8): 1092-1094.

[91] Wu W J, Li G M, Xia X H, et al. Low-power bi-side scan driver integrated by IZO TFTs including a clock-controlled inverter. J Disp Technol, 2014, 10(7): 523-525.

[92] Wu W J, Song X F, Zhang L R, et al. A highly stable biside gate driver integrated by IZO TFTs.

IEEE Trans Electron Devices, 2014, 61(9): 3335-3338.

[93] Zhang L R, Huang C Y, Li G M, et al. A low-power high-stability flexible scan driver integrated by IZO TFTs. IEEE Trans Electron Devices, 2016, 63(4): 1779-1782.

[94] Wu W J, Zhang L R, Xu Z P, et al. A high-reliability gate driver integrated in flexible AMOLED display by IZO TFTs. IEEE Trans Electron Devices, 2017, 64(5): 1991-1996.

[95] Moro L L, Krajewski T A, Rutherford N M, et al. Process and design of a multilayer thin film encapsulation of passive matrix OLED displays. Proceedings of SPIE-The International Society for Optical Engineering, 2004: 83-93.

[96] Guenther E, Kumar R S, Zhu F, et al. Building blocks for ultrathin flexible organic electroluminescent devices. Proc SPIE, 2002, 4464: 23-33.

[97] Lewis J. Material challenge for flexible organic devices. Mater Today, 2006, 9(4): 38-45.

[98] Auch M D J, Soo O K, Ewald G, et al. Ultrathin glass for flexible OLED application. Thin Solid Films, 2002, 417(1): 47-50.

[99] Burrows P E, Bulovic V, Forrest S R, et al. Reliability and degradation of organic light emitting devices. Appl Phys Lett, 1994, 65(23): 2922-2924.

[100] Park J S, Chae H, Chung H K, et al. Thin film encapsulation for flexible AM-OLED: A review. Semicond Sci Tech, 2011, 26(3): 034001.

[101] Lewis J S, Weaver M S. Thin-film permeation barrier technology for flexible organic light-emitting devices. IEEE J Sel Top Quantum Electron, 2004, 10(1): 45-57.

[102] Hanika M, Langowski H C, Moosheimer U, et al. Inorganic layers on polymeric films-influence of defects and morphology on barrier properties. Chem Eng Technol, 2003, 26(5), 605-614.

[103] Roberts A P, Henry B M, Sutton A P, et al. Gas permeation in silicon-oxide/polymer (SiO$_x$/PET) barrier films: Role of the oxide lattice, nano-defects and macro-defects. J Membr Sci, 2002, 208, 75.

[104] Graff G L, Williford R E, Burrows P E. Mechanisms of vapor permeation through multilayer barrier films: Lag time versus equilibrium permeation. J Appl Phys, 2004, 96, 1840.

[105] Namsu K. Fabrication and characterization of thin-film encapsulation for organic electronics. Trans Korean Soc Mech Eng-B, 2012, 36(10): 10996-11006.

[106] Yan M, Kim T W, Erlat A G, et al. A transparent, high barrier, and high heat substrate for organic electronics. Proc IEEE, 2005, 93(8): 1468-1477.

[107] Standard test methods for water vapor transmission of materials. [2018-5-25] https://www.astm.org/Standards/E96.htm.

[108] Tessier Y, Klemberg-Sapieha J E. Poulin-Dandurand S, et al. Silicon nitride from microwave plasma: Fabrication and characterization. Can J Phys, 1987, 65(8): 859-863.

[109] 黄卫东. 高可靠性电子封装中防潮薄膜技术的研究. 上海: 中国科学院研究生院(上海微系统与信息技术研究所), 2003.

[110] Kim S H, Kim D, Kim N. A study on the lifetime prediction of organic photovoltaic modules under accelerated environmental conditions. IEEE J Photovol, 2017, 7(2): 525-531.

[111] Paetzold R, Winnacker A, Henseler D, et al. Permeation rate measurements by electrical

analysis of calcium corrosion. Rev Sci Instrum, 2003, 74(12): 5147-5150.

[112] Bredeweg R L. Method for determining water vapor transmission rate or water content: US 4050995. 1977-09-27.

[113] 王栋梁. 有机电致发光器件封装技术的研究. 成都: 电子科技大学, 2010.

[114] Dunkel R, Bujas R, Klein A, et al. Method of measuring ultralow water vapor permeation for OLED displays. Proc IEEE, 2005, 93(8): 1478-1482.

[115] Yamashita K, Mori T, Mizutani T. Encapsulation of organic light-emitting diode using thermal chemical-vapour-deposition polymer film. J Phys D Appl Phys, 2001, 34: 740-743.

[116] Affinito J D, Martin P M, Gross M E, et al. Vacuum deposited polymer/metal multilayer films for optical application. Thin Solid Films, 1995, 270: 43.

[117] Martin P M, Affinito J D, Gross M E, et al. Coatings for large-area low-cost solar concentrators and reflectors. Proceedings of the SPIE - The International Society for Optical Engineerin, 1994, 2262:217.

[118] Affinito J D, Eufinger S, Gross M E, et al. PML/oxide/PML barrier layer performance differences arising from use of UV or electron beam polymerization of the PML layers. Thin Solid Films, 1997, 308(1): 19-25.

[119] Sobrinho A S D S, Czeremuszkin G, Latreche M, et al. Defect-permeation correlation for ultrathin transparent barrier coatings on polymers. J Vac Sci Technol A, 2000, 18(1): 149-157.

[120] Kim T W, Yan M, Erlat A G, et al. Transparent hybrid inorganic/organic barrier coatings for plastic organic light-emitting diode substrates. J Vac Sci Technol, A, 2005, 23(4): 971-977.

[121] Patel R P, Chiavetta D, Wolden C A. Dielectric performance of hybrid alumina-silicone nanolaminates synthesized by plasma enhanced chemical vapor deposition. J Vac Sci Technol A, 2011, 29(6): 061508-061508-6.

[122] Basner R, Foest R, Schmidt M, et al. Absolute total and partial electron impact ionization cross sections of hexamethydisiloxane. Int J Mass Spectrom, 1998, 176(3): 245-252.

[123] Suntola T. Atomic layer epitaxy. Thin Solid Films, 1992, 216(1): 84-89.

[124] Ahonen M, Pessa M, Suntola T. A study of ZnTe films grown on glass substrates using an atomic layer evaporation method. Thin Solid Films, 1980, 65(3): 301-307.

[125] George S M. Atomic layer deposition: An overview. Chem Rev, 2009, 110(1): 111-131.

[126] Fabreguette F H, Wind R A, George S M. Ultrahigh X-ray reflectivity from W/Al_2O_3 multilayers fabricated using atomic layer deposition. Appl Phys Lett, 2006, 88(1): 013116.

[127] Carcia P F, Mclean R S, Reilly M H, et al. Ca test of Al_2O_3 gas diffusion barriers grown by atomic layer deposition on polymers. Appl Phys Lett, 2006, 89(3): 913.

[128] Park S H, Oh J, Hwang C S, et al. Ultrathin film encapsulation of an OLED by ALD. Electrochem Solid-State Lett, 2005, 8(2): H21-3.

[129] Langereis E, Creatore M, Heil S B, et al. Plasma-assisted atomic layer deposition of Al_2O_3 moisture permeation barriers on polymers. Appl Phys Lett, 2006, 89(8): 081915.

[130] Yoshimura T, Tatsuura S, Sotoyama W. Polymer films formed with monolayer growth steps by molecular layer deposition. Appl Phys Lett, 1991, 59(4): 482-484.

[131] Kim A, Filler M A, Kim S, et al. Layer-by-layer growth on Ge(100)via spontaneous urea coupling reactions. J Am Chem Soc, 2005, 127(16): 6123-6132.

[132] Jin S L, Lee Y J, Tae E L, et al. Synthesis of zeolite as ordered multicrystal arrays. Science, 2003, 301(5634): 818-821.

[133] Yoshimura T, Ito S, Nakayama T, et al. Orientation-controlled molecule-by-molecule polymer wire growth by the carrier-gas-type organic chemical vapor deposition and the molecular layer deposition. Appl Phys Lett, 2007, 91(3): 033103.

[134] Dameron A A, Seghete D, Burton B B, et al. Molecular layer deposition of alucone polymer films using trimethylaluminum and ethylene glycol. Chem Mater, 2008, 20(10): 3315-3326.

[135] Gleskova H, Wagner S, Suo Z. Failure resistance of amorphous silicon transistors under extreme in-plane strain. Appl Phys Lett, 1999, 75(19): 3011-3013.

[136] Mackenzie K D, Lee J W, Johnson D. Inductively-coupled plasma deposition of low temperature silicon dioxide and silicon nitride films for III-V applications//Invited paper presented at 195th Electrochemical Society Meeting, Seattle WA, May 1999. Proc. Symp. 30th State-of-the-Art Program on Compound Semiconductors, 99-4, 1-12, Electrochemical Society, Pennington, NJ (1999).

[137] Kim H K, Kim S W, Kim D G, et al. Thin film passivation of organic light emitting diodes by inductively coupled plasma chemical vapor deposition. Thin Solid Films, 2007, 515(11): 4758-4762.

[138] Shi Z, Zhang J, Deng M, et al. Multilayer nano-thin-film encapsulation for flexible and printable electronics//International Conference on Nanomanufacturing, 2014.

[139] Yang Y Q, Duan Y. Optimization of Al_2O_3 films deposited by ALD at low temperatures for OLED encapsulation. J Phys Chem C, 2014, 118(32): 18783-18787.

[140] Duan Y, Sun F, Yang Y, et al. Thin-Film barrier performance of zirconium oxide using the low-temperature atomic layer deposition method. ACS Appl Mater Interfaces, 2014, 6(6): 3799-3804.

[141] Meyer J, Schneidenbach D, Winkler T, et al. Reliable thin film encapsulation for organic light emitting diodes grown by low-temperature atomic layer deposition. Appl Phys Lett, 2009, 94(23): 233305.

[142] Nehm F, Dollinger F, Klumbies H, et al. Atomic layer deposited TiO_x/AlO_x nanolaminates as moisture barriers for organic devices. Org Electron, 2016, 38: 84-88.

[143] Li M, Gao D, Li S, et al. Realization of highly-dense Al_2O_3 gas barrier for top-emitting organic light-emitting diodes by atomic layer deposition. RSC Adv, 2015, 5(127): 104613-104620.

[144] Li M, Xu M, Zou J, et al. Realization of Al_2O_3/MgO laminated structure at low temperature for thin-film encapsulation in organic light-emitting diodes. Nanotechnology, 2016, 27(49): 494003.

第 **5** 章

印刷显示材料与技术展望

近年来，印刷显示相关材料发展迅速。在印刷发光材料方面，热延迟荧光（TADF）材料和杂化"局域-电荷转移"（HLCT）材料具有低成本、高效率、可溶液加工等特点；另外，量子点发光材料、钙钛矿发光材料、聚集诱导发光材料的研究也取得了很大的进展。在印刷 TFT 材料方面，以碳纳米管为代表的一维材料和以石墨烯、二硫化钼为代表的二维材料也得到了快速的发展。

在印刷显示技术方面，高分辨率印刷是其与光刻技术竞争中必须突破的技术之一。另外，柔性卷对卷印刷技术是将印刷显示制造成本极小化的终极目标。

5.1 新型可印刷发光材料

基于印刷工艺加工的 OLED 可以有效地提高材料的利用率及降低对设备的要求，实现低成本、大面积器件的规模化生产，对推动 OLED 在显示和照明领域的应用具有十分重要的意义。目前，基于溶液加工工艺的材料主要包括第一代荧光材料及第二代磷光材料。其中，第一代荧光材料的发光效率普遍偏低，而第二代磷光材料虽然具有较高的激子利用率，但其中的重金属成本高昂、资源紧缺，这些因素制约了磷光材料在印刷显示方面的应用。为了推动可印刷 OLED 的应用，开发新型高效、价廉、稳定的发光材料具有十分重要的意义。近年来，具有高激子利用率的新一代有机发光材料引起了人们的广泛关注，有望解决第一代荧光材料发光效率低、第二代磷光材料成本高等问题。此外，量子点发光材料也得到了快速发展，目前基于红光和绿光的量子点发光材料的内量子效率均已接近 100%。作为一种新型的发光材料，可印刷聚集诱导发光材料可实现固态薄膜状态下的高量子效率，引起了广泛关注。新型可印刷材料的发展大大推动了印刷显示产业的快速发展，为未来产业化奠定了材料基础。

5.1.1　新型可印刷有机/高分子发光材料

1. 新一代有机发光材料

目前，常用的发光材料包括荧光材料和磷光材料，虽然经过多年的发展，在发光效率及使用寿命上都取得了长足的进步，但其自身的一些缺点限制了其应用。荧光材料由于受三线态激子自旋禁阻的限制，生成的75%的三线态激子不能通过辐射跃迁的方式实现发光，只有25%的单线态激子可以通过辐射跃迁实现发光。因此，该类材料生成的激子大部分通过非辐射跃迁的方式而损耗掉，使得这类材料的器件效率普遍偏低，难以满足OLED在显示及照明领域的节能应用。相对荧光材料而言，磷光材料含有重金属元素，因此生成的三线态激子可以在重金属参与的自旋-轨道耦合作用下发生辐射跃迁，使材料的激子利用率大大提高，有效提高了材料的发光效率。虽然磷光材料的激子利用率很高，但是存在价格昂贵、色度不饱和、高效重金属资源紧缺等问题，使磷光材料难以实现大范围的使用。针对荧光及磷光材料面临的问题，各研究机构和业界人士正积极投入研究高激子利用率的新一代发光材料。这些新型材料主要是通过三线态激发态到单线态激发态的能量反转，提高单线态激子的生成概率，从而实现高激子利用率。主要涉及的发光机理包括TADF和HLCT发光机制。

TADF材料主要具有低成本、高效率及双极性载流子传输特性，有望实现高效溶液加工的OLED。TADF现象最早发现于四溴荧光素(eosin)体系，材料的激子寿命比较长，具有磷光材料激子的部分特征，在激发源除去后还会在一定的时间内发光，因此被称为E型延迟荧光。它既具备了第一代荧光材料价格低廉、合成简单、色域齐全的特点，同时也具备了第二代磷光材料激子利用率高、易于实现高效发光器件的特点。TADF的基本原理是利用分子设计第一单线态与第一三线态之间存在一个较小的能级差，使得自旋禁阻的三线态激子在室温条件下即可实现高效的电荷反系间窜越，从而有效地增加了材料的激子利用率。通过分子设计，调节分子的单线态与三线态能级差，激子的反系间窜越速率明显高于激子的系间窜越速率，从而可以实现激子的100%辐射发光，该类材料的最大内量子效率可以达到理论最大值(图5-1)。

分子的单线态和三线态能量由轨道能E、轨道排斥能K和交换能J决定。由于是同一种分子，所以E、K和J都是一样的。但是由于单线态和三线态的自旋不一样，单线态的能量$E_S = E + K + J$，三线态的能量$E_T = E + K - J$，两者之差$\Delta E_{ST} = 2J$，其中，J与分子HOMO和LUMO的波函数重叠积分成正比。因此，可以通过减少HOMO和LUMO重叠程度来获得ΔE_{ST}小的分子。

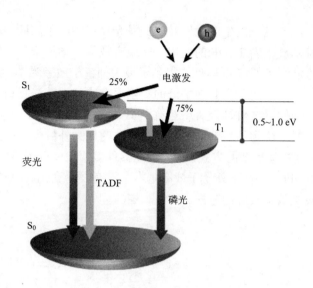

图 5-1 热激活延迟荧光材料的发光机制(见文后彩图)

一般情况下，高激子利用的荧光材料需要合适的给受体单元并且需要二者具有合适的较大的二面角，使得材料的 HOMO 和 LUMO 能级实现分离而减小单线态与三线态能级的差值。这样一种分子设计思路对于合成高效蓝光发光材料是十分有利的。因此，TADF 材料被认为是解决目前蓝光材料效率低、光谱不纯的有效方法。虽然 TADF 体系荧光材料具有很高的激子利用率，但是其发展也面临着重大的挑战。其中，高电流密度下效率滚降是最重要的挑战。近期，日本九州大学的 Adachi 等利用"给体-受体"结构设计合成强分子间电荷转移体系，利用分子间电荷转移态(CT)性质拉近 T_1-S_1 带隙，得到了一系列的高荧光效率材料。例如，他们以咔唑为给体单元，苯二甲腈为受体单元合成的延迟荧光材料。通过调控电子给体单元的位置、调整分子的电子云密度的分布，分子的 HOMO 和 LUMO 进一步地分离，分子的 T_1-S_1 带隙变得更小，所制得器件的最大外量子效率高达 20%，达到了高效磷光材料外量子效率的水平[1]。由于器件采用了主客体的能量转移有效降低了高电流密度下激子密度，并缩短了激子寿命，因此器件的效率并未出现明显的滚降现象。

随着近年来印刷显示领域的快速发展，可溶液加工的蓝光 TADF 材料也逐渐问世。目前，开发的印刷型 TADF 材料包括聚合物、树枝状化合物及小分子。例如，Lu 等[2]合成了一种可溶液加工的以铜为中心原子的深蓝色延迟荧光材料，基于该材料的器件最大外量子效率达 8.47%，流明效率高达 23.68 cd/A，对于解决蓝光材料效率低的问题具有重要指导意义。

通过在聚合物主链上引入电子给体及受体单元形成热激活延迟发光单元。为了提高 TADF 三线态激子的生成比例及降低发光材料的激子浓度，在聚合物主链上引入非共轭烷基链作为 TADF 的主体，实现有效的化学掺杂型 TADF 聚合物。通过溶液加工方法制备 OLED 器件，得到了最大外量子效率为 10% 的器件[3]。最近，Adachi 等[4]合成了两个全共轭主链的新型聚合物延迟荧光材料。为了改善器件的效率滚降，他们以 TAPC 及 TATC 作为共混主体(图 5-2)，通过掺杂 10% 聚合物延迟荧光材料，得到了高效的溶液加工器件的最大外量子效率接近 10%。值得注意的是，通过物理掺杂的方式，延迟荧光器件效率滚降现象得到明显的抑制，两个器件在 100 cd/m² 条件下外量子效率基本上没有发生变化。该思路提供了一种有效抑制延迟荧光效率滚降的方法。

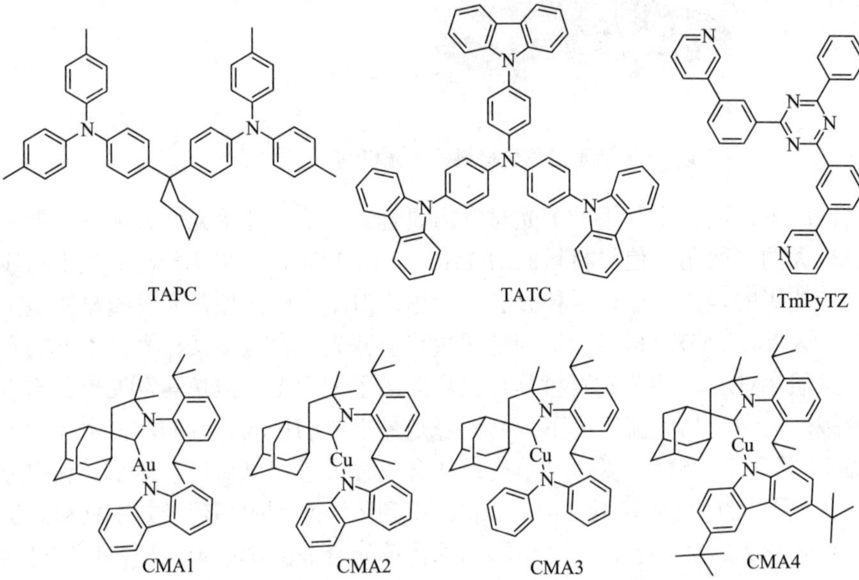

TAPC   TATC   TmPyTZ

CMA1   CMA2   CMA3   CMA4

图 5-2 各种 TADF 化学材料的结构式

  树枝状化合物由于具有确定的化学结构及优异的成膜特性而受到广泛的关注。Yamamoto 等[5]通过以受体单元三嗪为核，以咔唑单元为枝构造了一种新型树枝状 TADF 材料。光物理测试表明，该类树枝状化合物的第一单线态和第一三线态能级差均在 60 meV 以内，这样一个小的能级差有利于三线态激子实现高效的反系间窜越，因提高了材料的激子利用率从而实现高效的发光效率。基于该类树枝状化合物的 OLED 器件的最大外量子效率为 3% 左右，导致这样较低器件效率的主要原因是纯树枝状化合物作为发光层，器件在高电流密度下存在很高的激子浓度，导致了严重的浓度猝灭使器件的效率偏低且效率滚降严重。

  小分子 TADF 是最早开发的材料体系，而且基于热蒸镀工艺制备的 OLED 器件效率已经取得了很大的进展。目前，开发基于溶液加工的小分子 TADF 材料已经成为 TADF 材料研究的热点。Lee 等[6]通过在 4CzIPN 的咔唑单元接上甲基和叔丁基以改善 4CzIPN 的溶解性及成膜特性。薄膜的原子力显微镜测试表明，接上叔丁基后的小分子具有更好的成膜特性及聚集态形貌结构，这有利于得到高效稳定的溶液加工的 OLED 器件。通过实验对比基于热蒸镀和溶液加工的 OLED 器件性能，发现叔丁基改性的 4CzIPN 可以同时实现高效的蒸镀和溶液加工器件。最近，Su 等[7]开发了一种新型可溶液加工的 TADF 材料。该类小分子材料的 HOMO 能级约为 -5.26 eV，有利于空穴在阳极界面的注入，可实现在低电压下的高亮度、高效率的发射。实验结果表明，基于溶液加工的 OLED 器件最大外量子效率为 17.5%，基本上和热蒸镀型器件的一样。而且，该器件在高亮度下表现出很低的效率滚降(在 1000 cd/m^2 亮度下，器件的外量子效率下降小于 10%)，这主要归结于载流子注入及传输的平衡。

Huang 课题组[8]设计并合成了一系列高效 TADF 型聚合物材料，以缺电子的二苯砜(DPS)和富电子的 4-辛氧基-苯胺基团为主链，通过钯催化的 C-N 偶联反应共聚获得深蓝光的聚合物材料，进一步在主链中引入不同含量的二三苯基胺官能化的三嗪单元(DPA-TRZ)作为发光客体单元，得到了一系列从天蓝到绿光的聚合物材料。其中基于聚合物 P0 的 OLED 器件具有纯蓝光发射，其电致发光峰值为 438 nm，CIE 色坐标为(0.16, 0.10)，最大外量子效率为 5.3%，是目前报道的深蓝光 TADF 聚合物发光二极管器件的最高效率之一。

高效的激基复合物发光也是基于类似的原理，激基复合物的 HOMO 轨道和 LUMO 轨道分别位于不同的分子上，也能实现非常小的单线态-三线态能级差。苏仕健等[9]开发了高效的 p-n 面异质结型激基复合物 OLED，外量子效率可以达到 12%，还具有超低的工作电压。该课题组进一步将 n 型分子 TmPyTZ(图 5-2)作为客体掺杂到宽带隙的均三咔唑苯中，和 TAPC 形成高效稳定的激基复合物，进一步提高了器件的发光性能[10]。

Friend 等[11]开发了一系列可溶液加工的新型金属配合物，其分子构型可以通过基团旋转发生改变，从而可调整三线态和单线态的能级差，甚至可以实现负的 ΔE_{ST}，三线态激子可以顺利地通过系间窜越转换为单线态激子，同时这些分子具有纳秒级别的瞬态荧光寿命。其中蓝绿光发射的分子 CMA1 的器件获得了超过 26%的外量子效率，绿光发射的分子 CMA4 的器件获得了 27.5%的外量子效率，是目前报道的溶液加工 OLED 器件的最高效率之一。

2. 高激子利用率的杂化"局域-电荷转移"材料

HLCT 是由马於光等[12]提出的一种高能激子有效利用的机理。主要的思路是利用 D-A 结构设计一种具有合适激子束缚能的材料，将 CT 与局域态杂化，进而形成新的激发态。如图 5-3 所示，HLCT 态利用的是高激发态能级的激子的系间窜越，不同能级的二线态激子在条件允许的情况下可以直接发生反系间窜越回迁到与它能量相近的单线态能级，材料对分子的最低单线态激发态和最低三线态激发态带隙没有要求。而 TADF 是利用最低三线态(T_1)激子通过反系间窜越回迁到最低单线态激发态(S_1)，不涉及高单线态和三线态能级的系间窜越，仅利用最低能级的激发态的激子，对体系的给受体的选取就有很高的要求，给受体的电子云密度要完全分离。HLCT 态分子要求引入的电子给体和受体之间的相互作用既不能太强也不能太弱，并且给受体之间存在一定的扭转角，使得分子的 HOMO 和 LUMO 之间的电子云分布呈现一定的分离。从分子设计的角度来说，HLCT 分子具有更大的灵活性，同时分子的激子寿命相对 TADF 的激子寿命要短，因此在高电流密度下不会出现明显的效率滚降，可以得到稳定高效的发光器件。

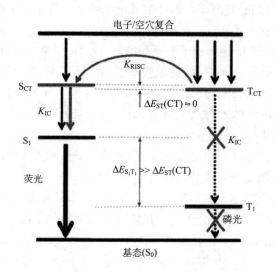

图 5-3　杂化"局域-电荷转移"分子的发光机制示意图(见文后彩图)

　　近年来，马於光课题组对 HLCT 发光机理做了大量的研究。他们合成了一系列以三苯胺为给体单元，以蒽、吖啶、萘并噻二唑等为受体单元的荧光材料[13]。通过改变不同的受体单元，得到了从蓝光到绿光再到深红光的材料。基于这些材料所制得的发光器件都具有较高的 EL 效率，而且在高电流密度下没有出现明显的效率滚降现象。除此之外，他们还合成出一种高效的近红外荧光材料 PTZ-BZP。基于该荧光材料所制得的非掺杂型器件的外量子效率为 1.54%，是所报道的最高效非掺杂近红外材料[14]。这些研究表明，基于 HLCT 机理的荧光材料具有色度易调整、高效、稳定等优点，是一类很有潜力的荧光材料。利用 TADF 及 HLCT 高激子利用分子设计方法，开发新型的高效率激子利用率的可溶液加工荧光材料，是一种实现低成本、高效 OLED 器件的有效途径。

　　HLCT 发光机理与 TADF 相似，都是针对第一、二代发光材料的缺点而提出的。但与 TADF 机理不同的是，HLCT 是利用强度适中的电子给体与受体之间的相互作用得到的 CT 与分子的局域态之间形成相互作用而形成一种新的杂化局域电荷转移态，使得分子的高三线态能级(第二及以上的三线态)的能量与分子的第一单线态实现较小的能级差，而且第一、三线态能级(T_1)与第二、三线态能级(T_2)间存在较大的能量差。这样有利于抑制高三线态能级的激子通过内转换的非辐射跃迁损耗能量，使得高三线态能级的激子在室温下可以通过反系间窜越生成单线态的激子，然后通过在第一单线态激子的辐射实现发光。这一发光机理可以突破统计理论的荧光材料的激子利用率，使得分子的激子利用率大大提高。Li 等[15]利用电子给体单元三苯胺和电子受体单元蒽并噻二唑之间形成有效的杂化局域电荷转移态，得到了激子利用率接近 100%的深红光荧光小分子材料(TPA-NZP)。计算结果表明，第一、三线态能级与第二、三线态能级为 1.80 eV，可以有效地抑制高三线态能级通过内转换方式损耗能量；而且较小的高三线态能级与第一单线态能级差有利于提高材料的激子利用率。TPA-NZP 的外量子效率为 2.8%，这表明 TPA-NZP 的激子利用率高达 93%，同时也证明了杂化局域电荷转移态可以有效提高材料的激子利用率。

　　3. 其他利用三线态激子的材料体系

　　三线态激子可以通过三线态-三线态湮灭(triplet-triplet annihilation，TTA)过程来转换成单线态激子($T_1+T_1 \rightarrow S_1 + S_0$)。Kondakov[16]通过实验和理论估算得出，如果所有的三线态激子都能通过 TTA 过程转换成单线态激子，那么单线态产率可以高达 62.5% (25%+0.5×75%)，假设光取出效率为 0.2，那么荧光器件的理论外量子效率可以高达 12.5%。他们的红色荧光器件率先实现了 11.5%的外量子效率，突破了最初的理论限制。很多研究发现，基于碳氢稠环的衍生物中很容易发生 TTA 过程，表 5-1 列举了文献报道中的高效荧光器件。Song 和 Suh 等[17]报道了基于苯并蒽的主客体分子 SBTF 和 CN-SBAF(图 5-4)，其外量子效率高达 14.8%的深蓝荧光，最大流明效率为 15.1 cd/A，色坐标为(0.14, 0.11)，是目前文献报道的基于 TTA 的性能最好的器件。Chou 和 Cheng 等[18]报道了基于三苯并苯的客体分子 TSTA 和基于芘的主体 DM-PPP，最大外量子效率为 10.2%，流明效率为 12.3 cd/A，色坐标为(0.14, 0.14)。Lu 等[19]开发了基于菲并咪唑和蒽的蓝光分子，其非掺杂的器件最大流明效率为 13.2 cd/A，色坐标为(0.14, 0.19)，最大外量子效率为 9.4%。Suzuki 等[20]用蒽的主体和二芳胺芘的客体，制备出最大外量子效率为 11.9%的蓝光器件，色坐标为(0.14, 0.16)，并且具有极强的稳定性，亮度在 1000 cd/m^2 下的半衰期超过 8000 h。

表 5-1　基于 TTA 的高效荧光器件及其相应文献

编号	颜色	外量子效率/%	文献	编号	颜色	外量子效率/%	文献
1	红	11.5	[16]	7	蓝	8.7	[25]
2	绿	约 10	[21]	8	深蓝	10	[26]
3	绿	7.5	[22]	9	天蓝	9.4	[19]
4	蓝	8.2		10	蓝	10.2	[18]
5	天蓝	6.89	[23]	11	蓝	11.9	[27]
6	蓝	7.4	[24]	12	深蓝	14.8	[17]

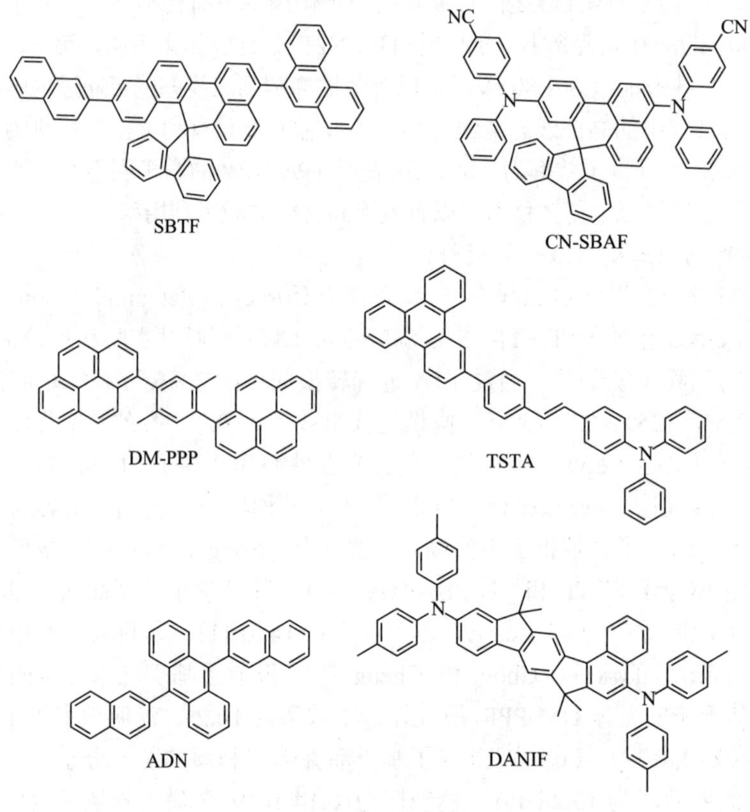

图 5-4　其他利用三线态激子的材料体系

　　Ying 课题组[23]开发了一种新型的高效天蓝光染料分子 DANIF，其以萘并茚芴为核心，两端为非平面的二苯胺端基组成，可抑制荧光猝灭相互作用，降低分子间相互作用引起的非辐射能量衰减。其中，萘并茚芴部分具有较大的平面结构，具有较高的荧光量子效率。将其掺杂入 ADN 主体，借助 TTA 效应，可以实现

11.0 cd/A 的最大流明效率和 6.89% 的最大外量子效率，色坐标为(0.15, 0.22)。基于 DANIF 的器件在 1000 cd/m² 的亮度下的 LT85(连续工作直到衰减到初始亮度的 85%)超过了 160 h。

李峰等[27-29]开发了基于中性自由基的发光材料，由于中性自由基的未成对电子不稳定，他们采用大位阻的基团包裹来保护中性自由基中心。由于中性自由基的价电子不成对，因此其激发态不存在单线态和三线态，也不存在自旋禁阻效应，在理论上能实现激子的 100% 利用。李峰和帅志刚等[30]还开发了三线态和极化子相互作用诱导上转换(TPI)的体系。如图 5-5 所示，通过三线态激子和自旋匹配的极化子相互作用，借助电荷置换将三线态激子转换。

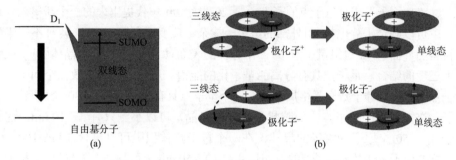

图 5-5 中性自由基发光材料(a)及 TPI 机理(b)

SOMO 代表单电子填充最高占据轨道；SUMO 代表单电子填充最低未占据轨道

5.1.2 量子点发光材料

量子点(quantum dot，QD)是准零维(quasi-zero-dimensional)纳米材料，由少量的原子所构成。粗略地说，量子点三个维度的尺寸都在 100 nm 以下，外观恰似一极小的点状物，其内部电子在各方向上的运动都受到局限，所以量子限域效应特别显著。量子点又可称为纳米晶，是一种由Ⅱ-Ⅵ族或Ⅲ-Ⅴ族元素组成的纳米颗粒。量子点的粒径一般介于 2～20 nm，由于电子和空穴被量子限域，连续的能带结构变成具有分子特性的分立能级结构，受激后可以发射荧光，并且半峰宽非常窄，在显示领域具有明显优势。基于量子效应，量子点在太阳电池、发光器件、光学生物标记等领域具有广泛的应用前景。科学家已经发明许多不同的方法来制造量子点，并预期这种纳米材料在 21 世纪的纳米电子学(nanoelectronics)方面有极大的应用潜力。

量子点作为一种新型发光材料，由于其具有优异的溶液加工特性、稳定性、色纯度及荧光量子效率而受到广泛的关注[31]。与有机发光材料不同的是，量子点发光材料存在明显的尺寸依赖特性，使得材料的带隙不仅依赖于量子点材料的结构，而且受到材料尺寸的影响。因此，对于特定的量子点材料的发光颜色可以通过调节量子点的半径实现有效的调控[32]。量子点发光材料的快速发展提供了一种新型简单调节发光颜色的材料体系。因此,量子点发光材料也被认为是未来基于溶液加工显示器的主要发光材料而受到业界和学术界的广泛关注。

量子点一般为球形或类球形,是在纳米尺度上的原子和分子的集合体,既可由一种半导体材料组成,如由ⅡB-VIA族元素(如CdS、CdSe、CdTe、ZnSe等)或ⅢA-VA族元素(如InP、InAs等)组成,也可以由两种或两种以上的半导体材料组成。作为一种新颖的半导体纳米材料,量子点具有许多独特的纳米性质。量子点是把导带电子、价带空穴及激子在三个空间方向上束缚住的半导体纳米结构。量子点、电子运动在三维空间都受到了限制,因此有时被称为"人造原子"、"超晶格"、"超原子"或"量子点原子",是20世纪90年代提出来的一个新概念。这种约束可以归结于静电势(由外部的电极、掺杂、应变或杂质产生),两种不同半导体材料的界面(如在自组量子点中),半导体的表面(如在半导体纳米晶体中),或者以上三者的结合。量子点具有分离的量子化的能谱。所对应的波函数在空间上位于量子点中,但延伸于数个晶格周期中。一个量子点具有少量的(1~100个)整数个的电子、空穴或小的量子点,如胶状半导体纳米晶,可以小到只有2~10 nm,这相当于10~50个原子的直径的尺寸,在一个量子点体积中可以包含100~100 000个这样的原子。自组装量子点的典型尺寸在10~50 nm。通过光刻成型的门电极或者半导体异质结中的二维电子气形成的量子点横向尺寸可以超过100 nm。将10 nm尺寸的三百万个量子点首尾相接排列起来,可以达到人类拇指的宽度。

量子点结构从单一的核,演变成核-壳结构,并在外围引入了有机配体来钝化表面缺陷态。此外,还有从核到壳的元素成分和晶格传输梯度变化的核-壳梯度合金型的量子点结构。这些方法的目的都是为了提高量子点的荧光量子效率。量子点的发光机理和无机晶体半导体一样,由于激子离域程度高、束缚能小、寿命长,三线态激子可以较方便地通过上述途径转变为单线态激子。

最近,Qian等[33]开发了一系列新型的CdSe-ZnS全色量子点材料,基于这些新型材料的量子点发光二极管(QD-LED)最大外量子效率均超过10.0%。在亮度为1000 cd/m^{2}下,红光外量子效率为14.5%,绿光外量子效率为12.0%,蓝光外量子效率为10.7%。值得注意的是,器件的效率随着亮度从100 cd/m^{2}增加到10000 cd/m^{2}时,器件的效率下降小于20%,这些结果表明QD-LED可以在高亮度下实现高效稳定的发射。器件的寿命测试发现,绿光的半衰期寿命大于90000 h,红光的半衰期寿命大于30000 h,蓝光的半衰期寿命为1000 h左右。这些实验结果表明,QD-LED在未来溶液加工器件中具有很大的应用潜力。基于CdSe的量子点由于有较好的发光效率而得到广泛的研究,然而Cd为重金属元素,对人体有十分严重的危害,因此,开发新型无毒的量子点材料具有十分重要的意义。Hu等[34]最近合成了一系列新型的碳量子点材料,这种新型的碳量子点可以通过简单改变合成条件就可实现可见光区的发射。通过调节反应过程溶剂的酸碱特性，得到了紫光、蓝光、绿光、黄光、橙光及红光发射的碳量子点材料。通过在蓝光量子点中掺杂适量的红光量子点，可实现白光量子点的 PL 发射。这一研究结果表明了碳量子点在发光二极管中具有很光明的应用前景。Lee 等[135]报道了将红、绿、蓝量子点按照一定的比例混合作为发光层，获得了 21.8 cd/A 的最大发光效率，结合商业化的滤色片实现了 126%的色域(NTSC 色度空间)。但相比于成熟的白光 OLED，其效率依旧偏低。彭俊彪等[136]报道了全溶液加工的高效率量子点叠层白光器件，为了克服溶液加工过程中的溶剂侵蚀和薄膜形貌被破坏的问题，采用无机的纳米氧化锌(ZnO nanoparticle)和多金属氧酸盐(磷钼酸，PMA)组合为链接层(interconnecting layer，ICL)。该 ICL 具有抗溶剂侵蚀和阻挡溶剂渗透的作用，并且在可见光区内的透光性高，具有优异的电荷传输能力。采用正装器件结构，实现了流明效率超过 60.0 cd/A，外量子效率超过 27.0%的白光器件。同时，结合滤色片可以实现 124%的色域(NTSC 色度空间)。该工作为大面积印刷制备叠层器件奠定了基础。

　　2016 年 12 月，华南理工大学彭俊彪课题组联合广州新视界光电科技有限公司开发了稳定的墨水配方，在 PEI 修饰的 ZnO 衬底上实现了喷墨打印制备无"咖啡环"的绿光 QD 薄膜，并制备了倒装结构的绿光 QLED 器件像素阵列[35]。随后，该团队研究了发光量子点墨水研制方法和电致发光显示屏结构设计，解决了溶液加工多层电致发光器件界面互溶等科学问题，利用自主开发的稀土掺杂氧化物 TFT(Ln-IZO TFT)背板研制了全彩色有源驱动电致发光量子点显示屏(AM-QLED)，实现了彩色图像显示[36]。该显示屏尺寸为 2 in，亮度为 400 cd/m^2，分辨率为 200×(RGB)×150，像素密度为 120 ppi，色域为 109%(NTSC 色度空间)，对比度超过 50 000∶1，如图 5-6 所示。

图 5-6　2 in 彩色 AM-QLED 显示屏(见文后彩图)

5.1.3　聚集诱导发光材料

　　传统的荧光材料在稀溶液状态下中容易实现强烈的荧光，然而在浓溶液或者聚集状态下其荧光强度会变弱甚至猝灭，这种现象被定义为聚集诱导猝灭(aggregation-caused quenching, ACQ)。这种特性明显降低固态材料的荧光量子效率，严重限制了荧光材料在传感等方面的应用。2001 年，唐本忠等[37]发现了一系列螺旋状的分子(如硅杂戊二烯、四苯基乙烯衍生物等)在稀溶液下没有荧光发射，但在浓溶液及聚集状态下发出出强烈的荧光。这种材料的光物理现象与传统的荧光染料所具有的 ACQ 现象正好相反，被定义为聚集诱导发光(aggregated induced fluorescence, AIE)。AIE 效应不仅可以有效克服传统荧光材料在不同浓度下发生斯托克斯(Stokes)位移改变致使浓度与荧光强度非线性关系的缺点，而且可以有效地提高材料在聚集状态下的荧光强度，使其在显示、照明及传感等领域具有重大的应用前景而受到广泛的关注，也促使了国内外众多课题组对其发光机理进行研究和探讨。

AIE 材料的发光机理主要包括分子内旋转受限、堆积形成激基缔合物、分子内扭转电荷转移及聚集限制激发态的无辐射跃迁等，其中分子内旋转受限机理最为大家接受[38]。分子内旋转受限机理认为 AIE 的产生主要是由于荧光材料在聚集体状态下，分子间的距离减小，分子间产生明显的重叠，可以有效地抑制分子内芳香取代基的自由旋转。当 AIE 分子在光照激活的状态下，分子的能量不能通过单键自由旋转的热振动方式将吸收的能量释放出来，有效地限制了材料的非辐射跃迁，使得吸收的能量只能通过辐射跃迁的方式释放(即发射出荧光)，有效地提高材料的聚集态发光效率，如图 5-7 所示。一般情况下，AIE 材料可以通过可旋转的单键连接芳香族的取代基或者引入可形成氢键官能团等方式，使得聚集态的荧光分子在物理力的限制下有效增强分子的辐射跃迁，从而实现材料发光强度的提高。

利用 AIE 荧光材料制作 OLED，可以有效提高器件的性能。最近华南理工大学的赵祖金等[40]合成了一系列的杂硅戊二烯衍生物的 AIE 发光材料用于制备OLED，基于新型的 AIE 材料制备的 OLED 得到的最大功率效率为 11.6 lm/W。该系列杂硅戊二烯表现出明显的 AIE 现象，材料的稀溶液荧光量子效率仅仅只有 1%左右，然而薄膜聚集态的荧光量子效率最大为 62%。这一实验结果表明，该系列AIE 材料在聚集态下可以有效地抑制材料的非辐射跃迁，降低能量的损耗，从而达到提高材料聚集体的发光效率。针对 AIE 材料载流子传输不平衡的现象，引入三苯基硼作为电子的给体单元，平衡 AIE 材料的载流子传输，使得器件的效率得到明显的提高。苏仕健和唐本忠课题组[41,42]合作开发了一系列基于 AIE 的 TADF黄光和绿光分子体系，如图 5-8 所示，其非掺杂绿光器件的最大外量子效率可达17.9%。这些研究结果表明，AIE 荧光材料作为 OLED 的发光层可以有效提高器件的发光效率。

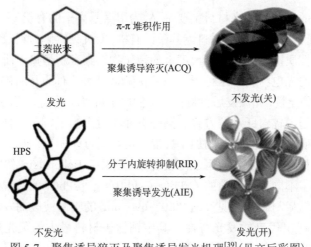

图 5-7　聚集诱导猝灭及聚集诱导发光机理[39]（见文后彩图）

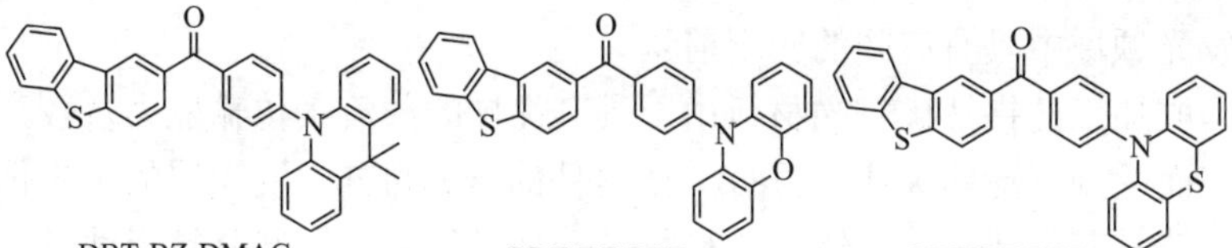

DBT-BZ-DMAC　　　　DBT-BZ-PXZ　　　　DBT-BZ-PXT

图 5-8　部分 AIE 材料的结构式

5.1.4　钙钛矿发光材料

近年来，钙钛矿（perovskite）发光材料由于其成本低廉、易于合成及可溶液加工等特点而受到广泛的关注。钙钛矿材料一般具有较窄的发光光谱（半峰宽约为 20 nm），这一特点有利于实现高色纯度的发光器件，是制备高色纯度发光二极管的最佳选择之一。一般情况下，钙钛矿材料是指具有 ABX_3 的晶体结构（图 5-9），其中 A 指单价的阳离子，B 指可以形成八面体结构的金属阳离子，X 指卤族元素。

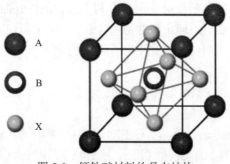

图 5-9　钙钛矿材料的晶态结构

目前研究的钙钛矿发光材料主要是 A 为甲氨基离子的有机-无机钙钛矿材料及 A 为铯离子的无机钙钛矿材料。其中，有机-无机钙钛矿材料兼具有机材料和无机材料部分性质，是一种分子尺度上的杂化物，具有新型量子阱结构的材料，可以作为新型的光电材料。这种新型的钙钛矿材料所具有的八面体晶型结构在室温下有较高的稳定性，光激发后材料价带上的电子可以跃迁到对应的导带上形成激发态，激发态通过辐射跃迁的方式回到基态并发射出光子，是一种良好的光致发光材料。钙钛矿材料具有良好的加工性能，可以通过印刷工艺加工得到良好的薄膜，使得此类材料具有潜力应用于薄膜发光器件中。Bekenstein 等[43]通过离子交换的方法合成了不同光学带隙的 CsPbI、CsPbBr 及 CsPbCl 的共混钙钛矿晶体材料，实现了钙钛矿材料在可见光区(380～690 nm)的不同波段的发射。这些钙钛矿晶体结构表现出优良的发光特性，其中钙钛矿材料最大的荧光量子效率高达84%。同样由于激子离域程度高、束缚能小、寿命长，三线态激子可以较方便地转变为单线态激子，钙钛矿材料也不存在 25%的内量子效率限制。因此，钙钛矿材料在发光领域中具有广阔的应用前景。

可印刷加工的钙钛矿发光材料由于具有优异的载流子传输能力及较高的荧光量子效率而受到广泛的关注。由 OLED 器件的研究可知，发光层的聚集体结构对器件的性能具有重要影响。钙钛矿材料是一种晶体结构，其晶粒尺寸及表面粗糙度难以控制，使得制备高性能钙钛矿发光二极管的难度较大。一般情况下，材料的结晶状况与材料的加工工艺及后处理工艺具有密切的联系。为了得到表面均匀、晶粒尺寸合适的钙钛矿发光层，采用合适的后处理工艺是必不可少的。最近，Guo 等[44]报道了一种甲醇蒸气处理 $CH_3NH_3PbBr_3$ 薄膜的后处理工艺，使得钙钛矿发光二极管的器件性能得到显著的提高。扫描电子显微镜实验结果表明，$CH_3NH_3PbBr_3$ 薄膜经甲醇蒸气处理后，表面形貌得到明显的改善；晶粒尺寸明显减小，薄膜的覆盖度得到显著的改善。基于甲醇蒸气处理后的钙钛矿活性层的器件的最大流明效率为 15.9 cd/A，最大亮度为 65 300 cd/m^2，显著高于未处理的器件。器件性能的改善主要得益于钙钛矿表面形貌、晶粒尺寸及晶粒均匀度的改善，这不仅有利于改善发光层与阴极界面的接触，而且有利于改善晶粒界面降低发光层的缺陷含量。$CH_3NH_3PbBr_3$ 由 CH_3NH_2Br 和 $PbBr_2$ 以 1∶1 的共混比例制备得到。然而反应不完全导致金属 Pb 残留使得发光层存在明显的激子猝灭中心，导致钙钛矿发光二极管性能受到严重的影响。

为了消除残留金属 Pb 对器件性能的影响，Cho 等[45]通过改变 CH_3NH_2Br 和 $PbBr_2$ 的共混比例，器件性能得到了显著的改善。优化 CH_3NH_2Br 和 $PbBr_2$ 的共混比例，使 CH_3NH_2Br 逐渐过量后，$CH_3NH_3PbBr_3$ 薄膜的表面形貌及晶粒均匀度得到明显的改善。CH_3NH_2Br 和 $PbBr_2$ 为 1.05∶1 时，器件的最大流明效率为42.9 cd/A，与标准器件相比提高了 4 个数量级。器件效率的明显提高主要是由于过量的 CH$_3$NH$_2$Br 有效地降低发光层金属 Pb 的含量，减少了活性层的激子猝灭中心；而且表面形貌的改善，有利于活性层与阴极更好的接触使得电子更容易注入活性层。

钙钛矿薄膜的湿法制备通常用一步法或者两步法工艺，但是结晶过程较难控制，获得的薄膜形貌粗糙度很大、缺陷很多，不利于发光。另外，钙钛矿材料还可以制成量子点，从而获得较好的加工和成膜特性。Yip 等[46]采用了一种高沸点添加剂 2-苯氧基乙胺（POEA）来调控钙钛矿晶体生长，利用氨基和铅的配位作用控制薄膜晶体的大小和生长方向，从而调控钙钛矿的缺陷态和带隙，实现了波长从绿光到深蓝光可调的一系列钙钛矿电致发光二极管器件，其中 POEA 添加比例为 30%对应的器件流明效率为 8.2 cd/A、最大亮度为 64.2 cd/m^2、发光波长为506 nm 和 520 nm。

Wang 课题组和 Huang 课题组[47]合作开发了一种多重量子阱结构的钙钛矿晶体，利用宽带隙的钙钛矿限制窄带隙的钙钛矿在量子阱中发光，从而提高了辐射跃迁概率，减少了缺陷和漏电流。其中，763 nm 发射峰值的近红外器件外量子效率高达 11.7%，并且具有较好的稳定性。

5.2 新型印刷 TFT 材料

除了 OTFT 和氧化物 TFT 外，目前还对多种材料用于印刷器件的半导体材料进行了探索，如一维碳纳米管，二维石墨烯、二硫化钼等。

5.2.1 碳纳米管 TFT

碳纳米管（carbon nanotube，CNT）的历史最早可以追溯到 1976 年，法国 Marcel Mathieu 实验室的 Endo 等[48]首次用气相生长技术制成了直径为 7 nm 的碳纤维，但并未引起人们的注意。直到 1991 年，美国海军研究实验室的一个研究组提交了一篇理论性文章，预测了碳纳米管的电子结构，但当时认为近期不可能合成，文章未能发表。然而，同年 1 月，日本筑波 NEC 实验室的 Iijima[49]发现了具有纳米尺寸的碳的多层管状物——碳纳米管。

碳纳米管是由单层或多层石墨片围绕同一中心轴按一定的螺旋角卷曲而成的无缝纳米级管结构，每层纳米管的管壁是一个由碳原子通过 sp^2 杂化与周围三个碳原子完全键合后构成的六边形网络平面所围成的圆柱面。按照石墨烯片的层数可以分为单壁碳纳米管（single-walled carbon nanotube, SWCNT）和多壁碳纳米管（multi-walled carbon nanotube, MWCNT）。多壁碳纳米管层与层之间易成为陷阱中心而捕获各种缺陷，导致附近电子能带结构发生改变，影响电学性能。与多壁碳纳米管相比，单壁碳纳米管直径范围分布窄、缺陷少、具有更高的均匀一致性。单壁碳纳米管典型直径为 0.6～2 nm；多壁碳纳米管最内层可达 0.4 nm，最粗可达数百纳米，但典型直径为 2～100 nm。研究发现，单根金属性的单壁碳纳米管其电导率可达 $2×10^5$ S/cm[50]。单壁碳纳米管透明导电薄膜不但展示良好的柔性，还具有良好的拉伸性，可用于可拉伸电子器件领域。

SWCNT 可以通过两个整数(m 和 n)定义的在六方晶系晶格中的手性向量进行分类。按照手性向量对应的方向沿着该石墨烯片缠绕一圈就可以得到 SWCNT。根据手性矢量的不同，SWCNT 可以分为扶手椅型($n=m$)、锯齿型(n 或 m 为 0)、螺旋型($n≠m$ 且 n 和 m 都不为 0)(图 5-10)。一般情况下，$m–n$ 是 3 的整数倍的 SWCNT 是金属性的，其他类型的 SWCNT 是半导体性的。

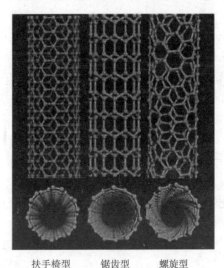

扶手椅型　　　锯齿型　　　螺旋型

图 5-10　SWCNT 结构分类图

由于 CNT 中碳采用的是 sp^2 杂化，且筒状弯曲会导致量子限域和 σ-π 再杂化，这种再杂化结构特点及 π 电子离域结构赋予了 CNT 特异的光、电、磁、热、化学和力学性质。具体来说，sp^2 杂化中 s 轨道成分比较大，因此 CNT 具有高模量和高强度。由于共轭效应显著，所以其拥有良好的电学性能，π 电子能集中在 CNT 管壁外表面上(轴向)高速流动，但在径向上，由于层与层之间存在较大空隙，电子的运动受限。CNT 大的长径比赋予了它良好的传热性能，并且可以制备出高各向异性的热传导材料。

1998 年，荷兰代尔夫特理工大学的 Tans、Verschueren 和 Dekker[51]报道了第一个基于单根 CNT 的晶体管。2003 年，Snow 等[52]利用随机分散的 SWCNT 网络

（图 5-11），构筑了 p 型 CNT TFT，开创了薄膜型 CNT TFT 的先河，使得 CNT TFT 应用于显示成为可能。2004 年，Seidel 等[53]制备了开态电流达到毫安级的 TFT，并且首次利用其点亮发光二极管和实现了驱动电子马达。

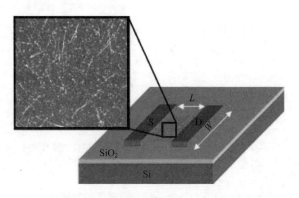

图 5-11　随机分散的 SWCNT 网络构筑的 TFT 器件

　　由于 CNT 可以通过分散的方法制成稳定的悬浮液，所以 CNT 可以通过印刷的方法制成网状薄膜。中国科学院苏州纳米技术与纳米仿生研究所的崔铮、赵建文等在印刷 CNT TFT 方面取得了很大的进展，并利用印刷 CNT TFT 成功驱动了 OLED 或 LED 的发光，如图 5-12 所示[54]。

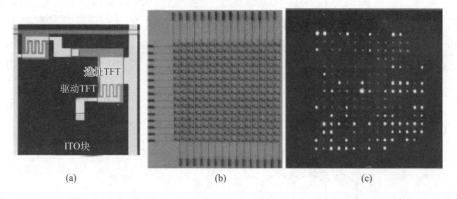

图 5-12　(a)印刷 CNT TFT 像素；(b)印刷 CNT TFT 阵列；(c)印刷 CNT TFT 驱动 LED 发光

　　目前，印刷 CNT TFT 是驱动 OLED 的选项之一，但要真正实现应用，还需要解决关态电流高、均匀性和稳定性差的问题。解决这些问题，一方面需要降低金属性 CNT 的比例，另一方面需要增加 CNT 的密度，如图 5-13 所示[55]。理论上，CNT 的密度可以达到每微米 500 个（假设 CNT 之间紧密排列，没有间隙），但如果能达到每微米 125 个以上，CNT TFT 的开关性和性能均一性都会得到很大的改善。

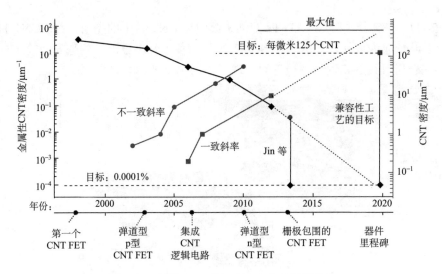

图 5-13　印刷 CNT 的纯度和密度的发展趋势

5.2.2　石墨烯 TFT

石墨烯(graphene)是一种以碳为基础的新型二维材料，如图 5-14 所示。2004 年，曼彻斯特大学的 Novoselov 和 Geim 等[56]首次用机械剥离法从石墨中分离出了单层石墨烯。石墨烯的厚度仅有一个碳原子，是人类首次制备出单原子级别厚度的二维材料。它具有诸多优良的力学、热学和电学性能，在很多领域都具有广阔的应用前景。因此，石墨烯的出现在科学界激起了巨大的波澜，而 Novoselov 和 Geim 也因为在石墨烯材料的开创性实验而获得了 2010 年的诺贝尔物理学奖。

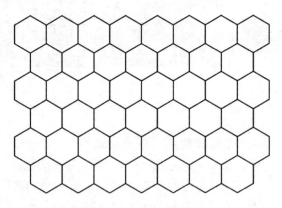

图 5-14　石墨烯结构示意图

石墨烯是已知的世上最薄、最坚硬的纳米材料，它几乎是完全透明的，只吸收 2.3%的光；导热系数高达 5300 $W/(m \cdot K)$，高于碳纳米管和金刚石，常温下其电子迁移率超过 15 000 $cm^2/(V \cdot s)$，电阻率比铜或银更低，为目前发现的电阻率最小的材料。同时它又有很好的弹性，拉伸幅度能达到自身尺寸的 20%。因其电阻率极低，电子迁移的速率极快，因此被期待可用来发展更薄、导电速度更快的新一代电子元件或晶体管。石墨烯独特的性能与其电子能带结构紧密相关。石墨烯具有完美的二维晶体结构，它的晶格是由六个碳原子围成的六边形，厚度为一个原子层。碳原子之间由 σ 键连接，碳原子采取 sp^2 杂化，这些 σ 键赋予了石墨烯极其优异的力学性质和结构刚性。石墨烯中每个碳原子都有一个未成键的 p 电子，这些 p 电子可以在晶体中自由移动，且运动速度高达光速的 1/300，赋予了石墨烯良好的导电性。

虽然石墨烯的理论导电性非常好，但是实际做出来效果不佳，这是因为制备大面积、高质量的石墨烯较为困难。此外，石墨烯是一种单原子层的二维材料，电导率随着石墨烯层数的增加而增加，但将石墨烯一层一层的叠加需要复杂的技术和大量的时间。虽然近些年在石墨烯的制备方法上取得了不少进展，但是石墨烯获得真正应用依然为时尚早。

石墨烯也可用作透明半导体材料，但是由于大面积的单层石墨烯是一个零带隙半导体[57]，栅极电压对其电导率的控制较弱，造成开关比低。通过剪裁形成石墨烯纳米带、制备多层石墨烯堆积、施加拉应力、吸附分子等方法可以使石墨烯的带隙增加至 0.5 eV 以上[58-64]。

Novoselov 和 Geim 等在关于石墨烯的第一篇文章中就报道了室温下开关比为 30 的 TFT 原型。随后他们又通过化学修饰的方法使开关比达到了 10^5[65]。2007 年，Lemme 等[66]报道了第一个顶栅石墨烯 TFT，虽然开关比和迁移率都相对较低，但对于非传统 TFT 技术来说，具有里程碑式的意义。Ahn 等[67]利用石墨烯作为半导体和电极材料、氧化石墨烯作为绝缘层材料，在 PET 衬底上构筑了柔性全石墨烯 TFT 器件，虽然开关比只有 1.8，但空穴和电子迁移率分别达到了 300 $cm^2/(V \cdot s)$ 和 250 $cm^2/(V \cdot s)$。此外，该器件在 0%～3.5%的拉伸应力下显示出良好的稳定性。

虽然对石墨烯作为半导体的 TFT 研究取得了一些进展，但非修饰的石墨烯 TFT 开关比较低始终是一个难以解决的问题，因此近年来研究人员将目光转移至一些具有本征带隙的二维材料，如 MoS_2，WS_2，$MoSe_2$，WSe_2，六方氮化硼(hBN，带隙较宽，通常属于绝缘材料)，石墨炔及黑磷(空气中易被氧化)等。MoS_2 是一种典型的二维过渡金属硫族化合物，层与层之间由较弱的范德瓦耳斯力结合在一起。由于不同层之间的耦合作用，不同层数的 MoS_2 表现出不同的电子结构和光学性质。单层 MoS_2 具有直接带隙结构(1.8 eV)，可以作为 TFT 的半导体的沟道层。Radisavljevic 等[68]率先报道了一种利用机械剥离的单层 MoS_2 制作的 TFT，在室温下测得的电子迁移率达到 200 $cm^2/(V \cdot s)$，开关比高达 10^8。这个结果展示了单层 MoS_2 极大的应用前景。与 MoS_2 不同的是，WSe_2 展现出双极性行为[69]，因此，可以用 WSe_2 构筑双极型 TFT 和互补电路。

虽然上述二维材料具有很大的应用潜力，但是它们的制备方法(如机械剥离法、水热法、溶液剥离法、化学气相沉积法、电化学法及超声法等)相对复杂且控制较为困难，与传统的量产工艺不兼容。最近，有报道采用液相剥离技术制备石墨烯墨水，通过印刷的方式制备石墨烯导电膜[70]，但其电导率和可控性需要进一步提高。

5.3　高分辨率印刷显示

目前，人们通过墨水配制、墨滴精确定位、调控墨滴在基材表面的浸润铺展行为，已实现喷墨打印制作高质量有机功能层薄膜和阴极薄膜。这种全溶液加工技术消除了对真空热蒸镀阴极金属的依赖，为实现工业化卷对卷方式生产平板显示器奠定了基础。但对于生产大面积、高分辨率、大批量及高发光效率的 OLED 显示屏而言，各功能层材料及墨水配方等都需要进一步开发才能满足要求。高分辨率印刷像素是其中的难点，它主要面临像素发光点的均一性、印刷膜的均一性、各像素的均一性等挑战。如果要做一个 640 ppi 分辨率的印刷结构，通常会借助隔离柱(Bank)结构，先用光刻的方法做成 Bank 结构，然后将墨水直接喷射到 Bank 结构里面去，液滴在很小的像素中会形成 U 形界面。待膜干以后，像素边缘的膜层会更厚，更厚的膜层导致电流分布不均匀，会减少像素的寿命。如果要保证膜层厚度均匀，只能在每一个结构里面滴等量的墨，这对喷头墨滴量的控制要求很高，因为很小的误差就会导致很大的相对误差；另外，墨水喷墨成膜质量非常关键。为了确保建构更好的像素，应该选择正多边形 Bank、梯形切面、疏水表面，这样更有利于墨滴的成型和均一。此外，喷墨打印设备与墨水配套也非常重要，因为喷墨设备适印窗口很窄。

然而，高分辨率印刷显示的最大挑战在于 TFT 阵列背板的制备，因为 TFT 的沟道尺寸是整个像素里面最小的，通常只有数微米，这对设备、材料和工艺控制都是一个很大的挑战。

传统的喷墨打印技术通过调整衬底的表面能、基台的温度及喷射的控制电压波形可以使 TFT 的沟道长度小至 4 μm[71]。但这些调整的窗口很小，只能针对一些特定的墨水，因此没有普适性。

电流体动力学(electrohydrodynamics，EHD)喷墨打印是目前喷墨打印技术中精度最高的。它的基本原理是使墨滴带电，利用泰勒效应使墨水形成稳定的锥射流，然后将墨滴喷印在对应位置上（详细介绍见本书 4.3 节）。最早使用 EHD 技术打印 TFT 的报道是由 Rogers 等[72]于 2007 年发表的。他们利用 EHD 技术将聚氨酯阻蚀剂打印在金电极上面，再进行刻蚀获得了线宽和线间距均为 2 μm 的图案。采用这种方法制备的 CNT TFT 器件的场效应迁移率为 $20\sim35\ cm^2/(V\cdot s)$。Sekitani 等[73]采用亚飞升墨滴 EHD 技术也实现了 2 μm 的沟道长度。Kim 等[74]采用 EHD 技术打印 OLED 显示屏，最小线宽为 1 μm，最小像素大小为 5 μm×5 μm，如图 5-15 所示。

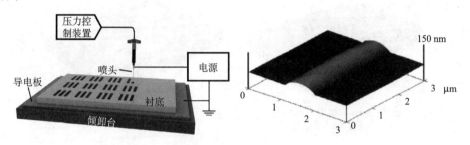

图 5-15　EHD 技术打印窄线宽 OLED 显示屏

但是由于墨滴太小，所以打印相同长度的线条需要的时间大幅增加；同时，需要打印多层才能达到所需厚度。Sirringhaus 等[75]利用电极自组装印刷的方法制备源/漏电极，获得了 500 nm 的沟道长度。他们先在衬底上打印一层 PBVE，再打印第一层 PEDOT，然后用 CF_4 离子处理 PEDOT，使 PEDOT 表面形成一层很薄的疏水氟化层，再打印第二层 PEDOT；由于第一层 PEDOT 表面含有疏水的氟化层，所以第二层 PEDOT 会与第一层 PEDOT 自然分离，形成很短的沟道。

兰林锋等[76]开发了一种通用的短沟道打印技术，利用"咖啡环"效应实现了稳定可重复的短沟道 TFT 的打印。如图 5-16 所示，首先打印第一层隔离条，再对其进行等离子体处理，去除隔离条中间的部分，留下两边的咖啡线；接着打印第二层隔离条，定义电极的长度，再打印源/漏电极，退火去除所有隔离条后，形成源/漏电极，沟道长度为 $(3.6\pm0.8)\mu m$。这种方法可以不受打印机精度的限制，实现短沟道的 TFT 阵列，器件的迁移率为 $(3.6\pm1.2)\ cm^2/(V\cdot s)$。

Suzuki 等[77]采用 UV 照射的方法在低表面能的绝缘层表面形成高表面能区域，在上面打印的墨水会聚集在这些高表面能区域而形成精细图案，如图 5-17 所示。他们利用这种方法制备了 200 ppi 的 TFT 阵列，并用其驱动电子纸显示，如图 5-17 所示。最近他们又用类似的方法实现了 300 ppi 的 OTFT 阵列[78]。

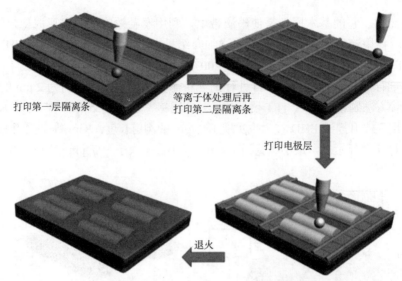

图 5-16　利用"咖啡环"效应实现稳定可重复的短沟道 TFT

图 5-17　利用 UV 照射改变表面能实现精细图案及基于此技术打印的 TFT 驱动的电子纸显示

　　采用凹版印刷技术可以提高印刷速率。凹版印刷是先将墨水填充至凹槽里，再用刮刀刮除表面的墨水残留，最后将凹槽里的墨水转移至衬底的印刷方法，如图 5-18 所示。凹版印刷的尺寸通常为 20 μm，但 Subramanian 等[79]通过优化墨水黏度的方法获得了 7.5 μm 的线宽和 2.5 μm 的线间距。

　　本书第 4 章 4.3 节介绍的 μCP 技术，它的精度取决于印章的精细程度，因此理论上可以实现纳米级的线条图案。Rogers 等[80]报道了基于 5 in×5 in PET 片的 μCP 技术的 OTFT 有源矩阵背板，同时还制备出电极宽 10 μm 和间隔 20 μm 的源/漏电极的底接触 TFT，并用其驱动了电子纸显示（图 5-19）。Kina 等[81]用 μCP 技术实现了 200 ppi 的 TFT 阵列。Leufgen 等[82]采用 μCP 技术甚至实现了 100 nm 的沟道长度。

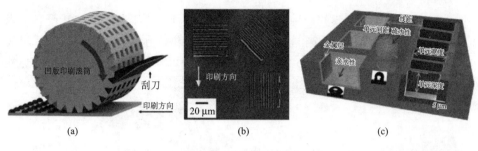

图 5-18　凹版印刷技术

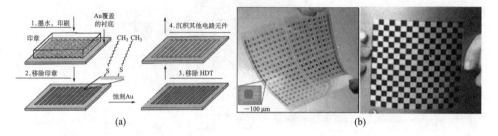

图 5-19　(a)完整的塑料有源矩阵电路背板实现流程(由 μCP 技术图案化)；(b)典型晶体管的
光学显微镜图像

　　此外，第 4 章 4.3 节中介绍的紫外固化纳米压印等一些其他的纳米压印方法也常用于高精度印刷。虽然所有这些纳米压印技术可以印刷精细的线条图案，但是它们都是接触式印刷技术，如何实现高精度的机械对位是一个挑战。此外，由于接触式印刷技术会造成较多的材料浪费，因此非接触式的打印技术依然很受青睐。

5.4　印刷柔性显示

　　柔性显示因具有可弯曲、折叠、超轻、超薄和抗机械击打能力强等特点受到学术界和工业界的广泛关注。特别地，因柔性显示屏可以任意改变形状，将会释放更多的创意空间，改变传统个人电子设备的形态。最近，柔性显示发展迅速，基于真空工艺的柔性显示技术日趋成熟，国内外众多显示企业已经开始着手布局柔性显示的生产线。

　　印刷电子学推动了柔性器件的快速发展。这一发展动力来自于有望使用低成本、大规模和高产量的 R2R 或者片对片生产线制备出小巧轻便、轻薄柔韧、价格便宜且方便回收的电子部件或电子设备。因此，R2R 工艺是印刷显示生产效率极大化、制造成本极小化的终极目标。

R2R 是快速流水制膜的一种形式，可以组合各种印刷工艺，如 R2R 配备纳米压印技术适用于柔性显示的高通量、大面积制造。纳米压印的印章可以制成辊筒型，以传送带形式打印，如图 5-20 所示。此外，还可以集成原位 UV 照射或热处理技术以便形成紫外固化纳米压印技术或热压印技术。

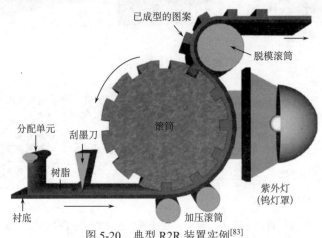

图 5-20　典型 R2R 装置实例[83]

日本柯尼卡美能达（Konica Minolta）公司构建了世界上第一台用于制备柔性 OLED 的 R2R 生产线，如图 5-21 所示，但主要是用于制备 OLED 照明，制备 OLED 显示还不现实。

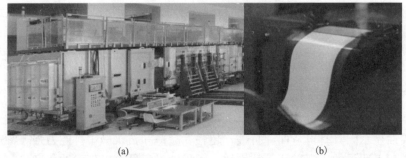

(a) (b)

图 5-21　用于制备柔性 OLED 的 R2R 生产线(a) 及其制备的柔性 OLED 照明样机(b)[84]

对于 TFT 的 R2R 制备技术的研究主要集中于如何提高印刷可控性和重复性方面。Ko 等[85]使用 R2R 在柔性 PET 衬底上构筑了顶栅底接触结构的 OTFT 器件。他们首先用 R2R 凹版印刷的方法在 PET 衬底上制备银电极作为源/漏电极，然后将其浸泡在 SAM 前驱体溶液进行 SAM 修饰，用板对卷(plate to roll，R2P) 的方法依次制备半导体层和绝缘层，最后用喷墨打印的方法制备栅极，如图 5-22 所示。所制备的 OTFT 器件的迁移率可以达到 0.2 cm²/(V·s)，与旋涂法制备的器件迁移率相当。

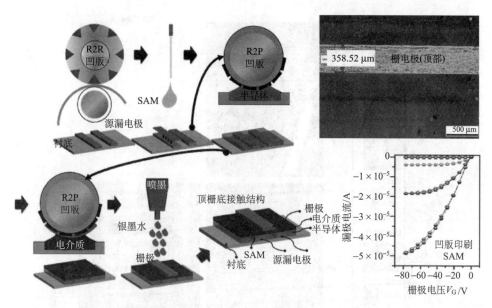

图 5-22　使用 R2R 在柔性 PET 衬底上构筑的顶栅底接触结构的 OTFT 器件及其输出特性曲线

SAM 代表自组装单分子层

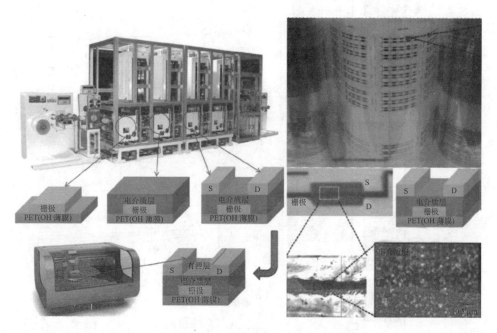

图 5-23　使用 R2R 制备柔性 SWCNT TFT 阵列

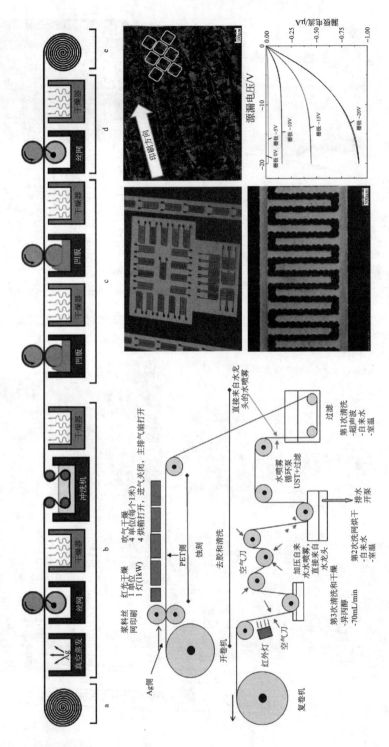

图 5-24 全 R2R 的 OTFT 阵列

Noh 等[86]采用 R2R 的方法制备了柔性 SWCNT TFT 阵列。其制备过程如图 5-23 所示。他们首先用 R2R 凹版印刷的方法在 PET 衬底上依次制备栅极、栅绝缘层和源/漏电极，然后用喷墨打印的方法制备 SWCNT 半导体层。但所制备 TFT 器件的迁移率比较低，仅为 0.1 cm^2/(V·s) 左右，可能是由于对准精度不够及寄生电容过大引起的。

Vilkman 等[87]制备了全 R2R 的 OTFT 阵列。他们首先用 R2R 蒸发设备制备一层银薄膜，然后用 R2R 丝网印刷的方法在银薄膜上印刷银的刻蚀液；使银薄膜被刻蚀形成所需图案作为源/漏电极；再利用 R2R 凹版印刷的方法依次制备半导体层和绝缘层；最后用 R2R 旋转筛(rotary screen)印刷纳米银作为栅极，整个制备过程如图 5-24 所示。所制备 TFT 器件的迁移率为 0.017～0.026 cm^2/(V·s)，与传统方法制备的器件相比依然有一定的差距。

虽然 R2R 制备 OLED 或 TFT 阵列取得了很大的进展，但用于构建多层薄膜图案依然存在对位上的困难。此外，由于 R2R 所有膜层都是动态(流动)制备，所以在工艺精度控制、各道工序之间的速率协调方面要比静态印刷困难很多。因此，R2R 工艺用于显示屏的制备还有很长的路要走。

参 考 文 献

[1] Ishimatsu R, Matsunami S, Shizu K, et al. Solvent effect on thermally activated delayed fluorescence by 1, 2, 3, 5-tetrakis(carbazol-9-yl)-4, 6-dicyanobenzene. J Phys Chem A, 2013, 117: 5607-5612.

[2] Chen X L, Yu R, Zhang Q K, et al. Rational design of strongly blue-emitting cuprous complexes with thermally activated delayed fluorescence and application in solution-processed OLEDs. Chem Mater, 2013, 25: 3910-3920.

[3] Nikolaenko A E, Cass M, Bourcet F, et al. Thermally activated delayed fluorescence in polymers: A new route toward highly efficient solution processable OLEDs. Adv Mater, 2015, 27: 7236-7240.

[4] Lee S, Yasuda T, Komiyama H, et al. Thermally activated delayed fluorescence polymers for efficient solution-processed organic light-emitting diodes. Adv Mater, 2016, 28: 4019-4024.

[5] Albrecht K, Matsuoka K, Fujita K, et al. Carbazole dendrimers as solution-processable thermally activated delayed-fluorescence materials. Angew Chem Int Ed, 2015, 54: 5677-5682.

[6] Cho Y J, Yook K S, Lee J Y, et al. High efficiency in a solution-processed thermally activated delayed-fluorescence device using a delayed-fluorescence emitting material with improved solubility. Adv Mater, 2014, 26: 6642-6646.

[7] Xie G Z, Li X L, Chen D J, et al. Evaporation- and solution-process-feasible highly efficient thianthrene-9, 9′,10,10′-tetraoxide-based thermally activated delayed fluorescence emitters with reduced efficiency roll-off. Adv Mater, 2016, 28: 181-187.

[8] Hu Y, Cai W, Chen D, et al. Novel efficient blue and bluish-green light-emitting polymers with delayed fluorescence. J Mater Chem C, 2018, 6: 2690-2695.

[9] Chen D, Xie G, Cai X, et al. Fluorescent organic planar pn heterojunction light-emitting diodes with simplified structure, extremely low driving voltage, and high efficiency. Adv Mater, 2016, 28: 239-244.

[10] Chen D, Li B, Gan L, et al. Enhanced performances of planar heterojunction organic light-emitting diodes via diluting an n-type transporter into a carbazole-based matrix. J Mater Chem C, 2018, 6: 29-35.

[11] Di D, Romanov A S, Yang L, et al. High-performance light-emitting diodes based on carbene-metal-amides. Science, 2017, 356: 159-163.

[12] 杨兵, 马於光. 新一代有机电致发光材料突破激子统计. 中国科学: 化学, 2013, 43: 1457-1467.

[13] 李维军. 扭曲结构 D-A 分子的设计、合成及激发态性质研究. 长春: 吉林大学, 2013.

[14] Yao L, Zhang S T, Wang R, et al. Highly efficient near-infrared organic light-emitting diode based on a butterfly-shaped donor-acceptor chromophore with strong solid-state fluorescence and a large proportion of radiative excitons. Angew Chem, 2014, 53: 2119-2123.

[15] Li W J, Pan Y Y, Xiao R, et al. Employing similar to 100% excitons in OLEDs by utilizing a fluorescent molecule with hybridized local and charge transfer excited state. Adv Funct Mater, 2014, 24: 1609-1614.

[16] Kondakov D Y, Pawlik T D, Hatwar T K, et al. Triplet annihilation exceeding spin statistical limit in highly efficient fluorescent organic light-emitting diodes. J Appl Phys, 2009, 106: 124510.

[17] Cha S J, Han N S, Song J K, et al. Efficient deep blue fluorescent emitter showing high external quantum efficiency. Dyes and Pigments, 2015, 120: 200-207.

[18] Chou P, Chou H, Chen Y, et al. Efficient delayed fluorescence via triplet-triplet annihilation for deep-blue electroluminescence. Chem Commun, 2014, 50: 6869-6871.

[19] Tang X, Bai Q, Shan T, et al. Efficient nondoped blue fluorescent organic light-emitting diodes (OLEDs) with a high external quantum efficiency of 9.4% @ 1000 cd·m^{-2} based on phenanthroimidazole: Anthracene derivative. Adv Funct Mater, 2018, 28: 1705813.

[20] Suzuki T. Highly efficient long-life blue fluorescent organic light-emitting diode exhibiting triplet-triplet annihilation effects enhanced by a novel hole-transporting material. Jpn Appl J Appl Phys, 2014, 53: 052102.

[21] Okumoto K, Kanno H, Shibata K, et al. Green fluorescent organic light-emitting device with external quantum efficiency of nearly 10%. Appl Phys Lett, 2006, 89: 063504.

[22] Pu Y J, Nakata G, Kido J, et al. Optimizing the charge balance of fluorescent organic light-emitting devices to achieve high external quantum efficiency beyond the conventional upper limit. Adv Mater, 2012, 24: 1765-1770.

[23] Wang X, Zhong Z M, Zhao S, et al. An efficient blue emitter based on a naphthalene indenofluorene core. Org Electron, 2018, 55: 157-164.

[24] Fukagawa H, Shimizu T, Fujikake H, et al. Anthracene derivatives as efficient emitting hosts

for blue organic light-emitting diodes utilizing triplet-triplet annihilation. Org Electron, 2012, 13: 1197-1203.

[25] Liao C H, Lee M T, Tsai C H, et al. Highly efficient blue organic light-emitting devices incorporating a composite hole transport layer. Appl Phys Lett, 2005, 86: 203507.

[26] Hu J Y, Pu Y J, Kido J, et al. Bisanthracene-based donor-acceptor-type light-emitting dopants: Highly efficient deep-blue emission in organic light-emitting devices. Adv Funct Mater, 2014, 24: 2064-2071.

[27] Gao Y C, Obolda A, Zhang M, et al. A pure red organic light-emitting diode based on a luminescent derivative of tris(2,4,6-trichlorotriphenyl)methyl radical. Dyes and Pigments, 2017, 139: 644-650.

[28] Peng Q, Obolda A, Li F, et al. Organic light-emitting diodes using a neutral π radical as emitter: The emission from a doublet. Angew Chem Int Ed, 2015, 54: 7091-7095.

[29] Obolda A, Ai X, Zhang M, et al. Up to 100% formation ratio of doublet exciton in deep-red organic light-emitting diodes based on neutral pi-radical. ACS Appl Mater Interfaces, 2016, 8: 35472-35478.

[30] Obolda A, Peng Q M, He C Y, et al. Triplet-polaron-interaction-induced upconversion from triplet to singlet: A possible way to obtain highly efficient OLEDs. Adv Mater, 2016, 28: 4740.

[31] Shirasaki Y, Supran G J, Bawendi M G, et al. Emergence of colloidal quantum-dot light-emitting technologies. Nature Photon, 2012, 7: 13-23.

[32] Lim J. Perspective on synthesis, device structures, and printing processes for quantum dot displays. Opt Mater Express, 2012, 2: 594-628.

[33] Yang Y X, Zheng Y, Cao W R, et al. High-efficiency light-emitting devices based on quantum dots with tailored nanostructures. Nature Photon, 2015, 4: 259-266.

[34] Hu S L, Trinchi A, Atkin P, et al. Tunable photoluminescence across the entire visible spectrum from carbon dots excited by white light. Angew Chem Int Ed, 2015, 10: 2970-2974.

[35] Jiang C B, Zhong Z M, Liu B Q, et al. Coffee-ring-free quantum dot thin film using inkjet printing from a mixed-solvent system on modified ZnO transport layer for light-emitting devices. ACS Appl Mater Interfaces, 2016, 8: 26162-26168.

[36] Jiang C B, Mu L, Zou J H, et al. Full-color quantum dots active matrix display fabricated by ink-jet printing. Sci China Chem, 2017, 60: 1349-1355.

[37] Luo J, Xie Z, Lam J W, et al. Aggregation-induced emission of 1-methyl-1,2,3,4,5-pentaphenylsilole. Chem Commun, 2001, 18: 1740-1741.

[38] Hong Y N, Lam J, Tang B Z. Aggregation-induced emission. Chem Soc Rev, 2011, 40: 5361-5388.

[39] Mei J, Hong Y, Lam J, et al. Aggregation-induced emission: The whole is more brilliant than the parts. Adv Mater, 2014, 26: 5429-5479.

[40] Chen L, Jiang Y B, Nie H, et al. Creation of bifunctional materials: Improve electron-transporting ability of light emitters based on AIE-active 2,3,4,5-tetraphenylsiloles. Adv Funct Mater, 2014, 24: 3621-3630.

[41] Guo J, Li X, Nie H, et al. Achieving high-performance nondoped OLEDs with extremely small

efficiency roll-off by combining aggregation-induced emission and thermally activated delayed fluorescence. Adv Funct Mater, 2017, 27: 1606458.

[42] Guo J, Li X, Nie H, et al. Robust luminescent materials with prominent aggregation-induced emission and thermally activated delayed fluorescence for high-performance organic light-emitting diodes. Chem Mater, 2017, 29: 3623-3631.

[43] Bekenstein Y, Koscher B A, Eaton S W, et al. Highly luminescent colloidal nanoplates of perovskite cesium lead halide and their oriented assemblies. J Am Chem Soc, 2015, 137: 16008-16011.

[44] Chih Y K, Wang J C, Yang R T, et al. NiO$_x$ electrode interlayer and CH$_3$NH$_2$/CH$_3$NH$_3$PbBr$_3$ interface treatment to markedly advance hybrid perovskite-based light-emitting diodes. Adv Mater, 2016, 27: 4883-4888.

[45] Cho H, Jeong S H, Park M H, et al. Overcoming the electroluminescence efficiency limitations of perovskite light-emitting diodes. Science, 2015, 350: 1222-1225.

[46] Chen Z, Zhang C, Jiang X, et al. High-performance color-tunable perovskite light emitting devices through structural modulation from bulk to layered film. Adv Mater, 2017, 29: 1603157.

[47] Wang N, Cheng L, Ge R, et al. Perovskite light-emitting diodes based on solution-processed self-organized multiple quantum wells. Nature Photonics, 2016, 10: 699-704.

[48] Oberlin A, Endo M, Koyama T. Filamentous growth of carbon through benzene decomposition. J Crystal Growth, 1976, 32: 335-349.

[49] Iijima S. Helical microtubules of graphitic carbon. Nature. 1991, 354: 56-58.

[50] Ebbesen T W, Lezec H J, Hiura H, et al. Electrical conductivity of individual carbon nanotubes. Nature, 382: 54-56.

[51] Tans S J, Verschueren A R M, Dekker C. Room-temperature transistor based on a single carbon nanotube. Nature, 1998, 393: 49-52.

[52] Snow E S, Novak J P, Park D, et al. Random networks of carbon nanotubes as an electronic material. Appl Phys Lett, 2003, 82: 2145-2147.

[53] Seidel R, Graham A P, Unger E, et al. High-current nanotube transistors. Nano Lett, 2004, 4: 831-834.

[54] Xing Z, Zhao J W, Shao L, et al. Highly flexible printed carbon nanotube thin film transistors using cross-linked poly(4-vinylphenol) as the gate dielectric and application for photosenstive light-emitting diode circuit. Carbon, 2018, 133: 390-397.

[55] Franklin A D. The road to carbon nanotube transistors. Nature, 2013, 498: 443-444.

[56] Novoselov K S, Geim A K, Firsov A A, et al. Electric field effect in atomically thin carbon films. Science, 2004, 306: 666-669.

[57] Schwierz F. Graphene transistors. Nat Nanotechnol, 2010, 5: 487-496.

[58] Zhang Y B, Tang T T, Wang F, et al. Direct observation of a widely tunable bandgap in bilayer graphene. Nature, 2009, 459: 820-823.

[59] Balog R, Jorgensen B, Lizzit S, et al. Bandgap opening in graphene induced by patterned hydrogen adsorption. Nat Mater, 2010, 9: 315-319.

［60］ Hicks J, Tejeda A, Kunc J A, et al. Wide- bandgap metal-semiconductor-metal nanostructure made entirely from graphene. Nat Phys, 2013, 9: 49-54.

［61］ Yavar F, Kritzinger C, Koratkar N, et al. Tunable bandgap in graphene by the controlled adsorption of water molecules. Small, 2010, 6: 2535-2538.

［62］ Li X L, Wang X R, Dai H J, et al. Chemically derived, ultrasmooth graphene nanoribbon semiconductors. Science, 2008, 319: 1229-1232.

［63］ Ni Z H, Yu T, Shen Z X, et al. Uniaxial strain on graphene: Raman spectroscopy study and band-gap opening. ACS Nano, 2008, 2: 2301-2305.

［64］ Han M Y, Ozyilmaz B, Kim P, et al. Energy band-gap engineering of graphene nanoribbons. Phys Rev Lett, 2007, 98: 206805.

［65］ Geim A K, Novoselov K S, The rise of grapheme. Nat Mater, 2007, 6: 183-191.

［66］ Lemme M C, Echtermeyer T J, Baus M, et al. A graphene field-effect device. IEEE Electron Device Lett, 2007, 28: 282-284.

［67］ Lee S K, Jang H Y, Jang S, et al. All graphene-based thin film transistors on flexible plastic substrates. Nano Lett, 2012, 12: 3472-3476.

［68］ Radisavljevic B, Radenovic A, Kis A, et al. Single-layer MoS_2 transistors. Nat Nanotechnol, 2011, 6: 147-150.

［69］ Das S, Appenzeller J. WSe_2 field effect transistors with enhanced ambipolar characteristics. Appl Phys Lett, 2013, 103: 103501.

［70］ Secor E B, Hersam M C. Emerging carbon and postcarbon nanomaterial inks for printed electronics J Phys Chem Lett, 2015, 6: 620-626.

［71］ Yoshimura Y, Takeda Y, Tokito S, et al. High-speed operation in printed organic inverter circuits with short channel length. Org Electron, 2014, 15: 2696-2701.

［72］ Park J U, Hardy M, Rogers J A, et al. High-resolution electrohydrodynamic jet printing. Nat Mater, 2007, 6: 782.

［73］Sekitani T, Noguchi Y, Someya T, et al. Organic transistors manufactured using inkjet technology with subfemtoliter accuracy. Proc Natl Acad Sci USA, 2008, 105: 4976.

［74］ Kim K, Kim G, Park J, et al. High-resolution electrohydrodynamic jet printing of small-molecule organic light-emitting diodes. Nanoscale, 2015, 7: 13410-13415.

［75］ Sele C W, Frend R H, Sirringhaus H, et al. Lithography-free, self-aligned injet printing with sub-hundred-nanometer resolution. Adv Mater, 2005, 17: 997.

［76］ Li Y, Lan L, Peng J, et al. Coffee-ring defined short channels for inkjet-printed metal oxide thin-film transistors. ACS Appl Mater Interfaces, 2016, 8: 19643-19648.

［77］ Yutani S K, et al. A 200ppi all-printed organic TFT backplane for flexible electrophoretic displays. Proc IDW 09, 2009: 1581-1584.

［78］ Suzuki K, Yutani K, Tomono H, et al. Fabrication of all-printed organic TFT array on flexible substrate. J Photopolym Sci Technol, 2011, 24: 565.

［79］ Kang H, Jang J, Subramanian V, et al. High-performance printed transistors realized using femtoliter gravure-printed sub-10 μm metallic nanoparticle patterns and highly uniform polymer dielectric and semiconductor layers. Adv Mater, 2012, 24: 3065-3069.

［80］ Rogers J A, Bao Z, Baldwin K, et al. Paper-like electronic displays: Large-area rubberstamped plastic sheets of electronics and microencapsulated electrophoretic inks. Proc Natl Acad Sci USA, 2001, 98: 4835-4840.

［81］ Kina O, Koutake M, Yase K, et al. Organic thin-film transistors fabricated by microcontact printing. Jpn J Appl Phys, 2010, 49: 01AB07.

［82］ Leufgen M, Lebib A, Molenkamp L W, et al. Organic thin-film transistors fabricated by microcontact printing. Appl Phys Lett, 2004, 84: 1582-1584.

［83］ Jarrett J D, Hong Y L. Recent developments and design challenges in continuous roller micro- and nanoimprinting. J Vac Sci Technol B, 2012, 30: 010801.

［84］ Tsujimura T, Fukawa J, Endoh K, et al. Development of flexible organic light-emitting diode on barrier film and roll-to-roll manufacturing. Journal of the SID, 2015, 22: 412-418.

［85］ Kim J, Hassinen T, Ko S, et al. Fully solution-processed organic thin-film transistors by consecutive roll-to-roll gravure printing. Org Electron, 2017, 42: 361-366.

［86］ Noh J, Jung M, Cho G, et al. Integrable single walled carbon nanotube（SWNT）network based thin film transistors using roll-to-roll gravure and inkjet. Org Electron, 2011, 12: 2185-2191.

［87］ Vilkman M, Hassinen T, Keränen M, et al. Fully roll-to-roll processed organic top gate transistors using a printable etchant for bottom electrode patterning. Org Electron, 2015, 20: 8-14.

索　引

彩　　图

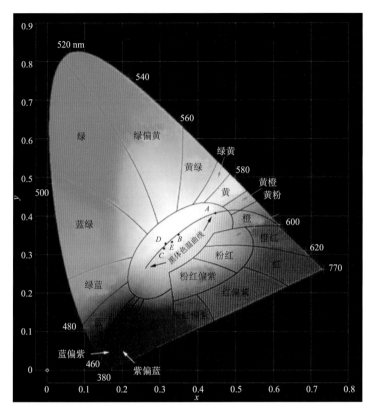

图 2-5　CIE 1931 系统下的色品坐标

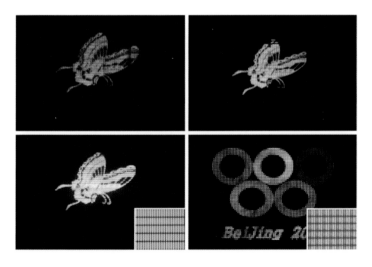

图 2-6　全喷墨打印制备的聚合物单色和彩色发光显示屏

图 3-4　氧化物 TFT 驱动的柔性 AMOLED 显示屏照片[11]

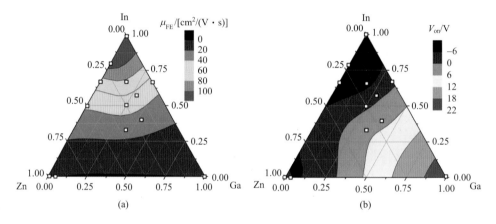

(a)

(b)

图 3-17　在 IGZO 体系中不同氧化物半导体成分的迁移率(a) 和开启电压(b)

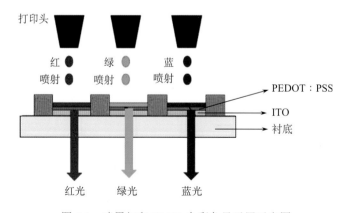

图 4-1　喷墨打印 OLED 全彩色显示屏示意图

方式	三基色发光法	彩色滤光片法	色转换法
	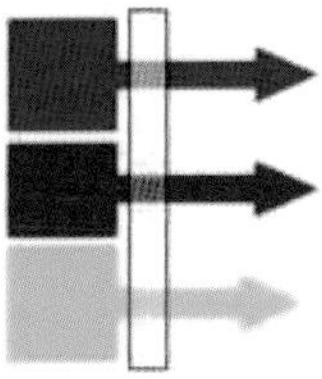 RGB EL 偏光片	 白光发射层 CF	 发光层 CCM CF
色纯度	优	佳	佳
发光效率	高	低	一般
尺寸	一般	可大尺寸	可大尺寸
精细度	一般	佳	佳
成本	高	低	中等
厂商	NEC、Pioneer、SONY、Stanley、Samsung 等	TDK、Sanyo	出光兴产、富士电机

图 4-14　OLED 显示的彩色化方案对比

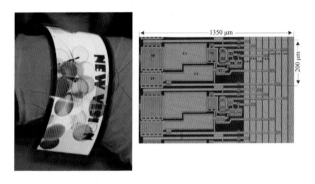

图 4-59　集成有行驱动电路的柔性 AMOLED 显示屏及驱动线路

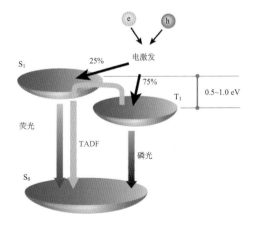

图 5-1　热激活延迟荧光材料的发光机制

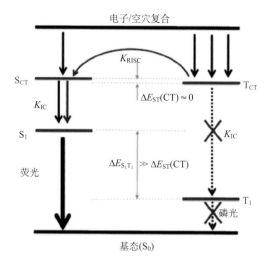

图 5-3　杂化"局域-电荷转移态"分子的发光机制示意图

图 5-6　2 in 彩色 AM-QLED 显示屏

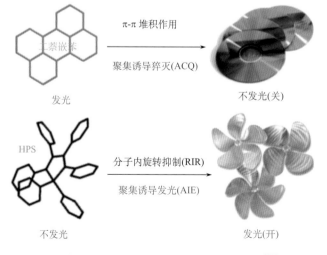

图 5-7　聚集诱导猝灭及聚集诱导发光机理[29]